园艺产品贮藏加工技术

主　编　江　明

副主编　顾昌华　张儒令

编　委　涂　刚　代仁发

北京理工大学出版社

BEIJING INSTITUTE OF TECHNOLOGY PRESS

图书在版编目(CIP)数据

园艺产品贮藏加工技术 / 江明主编. -- 北京：北京理工大学出版社, 2020.10
ISBN 978-7-5682-9050-0

Ⅰ.①园… Ⅱ.①江… Ⅲ.①园艺作物-贮藏②园艺作物-加工 Ⅳ.①S609

中国版本图书馆 CIP 数据核字(2020)第 176928 号

出版发行 / 北京理工大学出版社有限责任公司
社　　址 / 北京市海淀区中关村南大街 5 号
邮　　编 / 100081
电　　话 / (010)68914775(总编室)
(010)82562903(教材售后服务热线)
(010)68948351(其他图书服务热线)
网　　址 / http://www.bitpress.com.cn
经　　销 / 全国各地新华书店
印　　刷 / 定州市新华印刷有限公司
开　　本 / 787 毫米×1092 毫米　1/16
印　　张 / 13
字　　数 / 270 千字
版　　次 / 2020 年 10 月第 1 版　2020 年 10 月第 1 次印刷
定　　价 / 45.00 元

责任编辑 / 张荣君
文案编辑 / 曾繁荣
责任校对 / 周瑞红
责任印制 / 边心超

前言

PREFACE

中国虽然是举世公认的园艺产品生产大国，但却是商品化的小国。由于园艺产品贮藏观念和加工技术落后，以致产值较低。现如今，园艺产品已成为我国农业产业的支柱产业。随着产业的发展升级，人们开始重视贮藏保鲜生产过程及增加附加值的加工产业。为此，对园艺产品进行贮藏加工，有着十分重要的意义。

本书是根据农产品加工与质量检测、设施农业与设备专业的人才培养要求，结合园艺产品贮藏加工岗位的特点，以达到该职业岗位任职要求和行业职业标准，培养园艺产业发展所需要的高素质、高技能应用型人才的目标而编写的。

本书重基础、强技能，以园艺产品贮藏加工过程中所需的知识、技能及素质为主线，采用项目任务的形式，把知识点和技能训练有机结合起来，理论知识以够用为度，技能训练项目强调职业素质的培养。在内容的安排上根据园艺产品贮藏加工顺序，分解成 5 个项目 18 个任务，根据园艺产品贮藏加工技术典型工作任务与能力的要求，每个任务有明确的知识目标、能力目标及经验与提示、任务训练、知识拓展等内容。每个项目均有较为详细的评分考核标准，通过考核评价，验证学生通过学习及训练是否完成该项目的知识及能力目标要求。

本书由铜仁职业技术学院组织教研团队编写而成，江明担任主编，顾昌华、张儒令任副主编，参与编写的人员还有涂刚、代仁发。

本书在编写中得到江口仁发山野菜开发有限公司及铜仁慧民红薯蓝莓研究开发服务中心的大力支持，并引用了部分专家的研究成果，在此，表示衷心的感谢！由于时间有限，编写不当之处，恳请读者提出宝贵意见及建议，我们将逐步完善。

编　者

目录 CONTENTS

项目一 园艺产品内在品质测评

任务一 园艺产品的内在品质测定

学习目标

【知识目标】

明确园艺产品的营养与内在品质质量的关系，掌握影响园艺产品内在品质的因素。

【能力目标】

能根据营养成分（物理性状、酸、可溶性固形物、硬度）判断产品品质。

园艺产品一般指以较小规模进行集约栽培的具有较高经济价值的作物。园艺作物通常包括果树、蔬菜、各种观赏植物、香料植物及药用植物等，主要分为果树、蔬菜和观赏植物三大类。

一 影响园艺产品内在品质的因素

园艺产品品质是指园艺产品食用时的外观、风味和营养价值的优越程度。实际上，园艺产品品质与营养成分含量、呼吸作用、环境气体成分有较大关系。

从营养角度看，园艺产品的品质主要包括园艺产品的色、香、味、质地、安全性。但这些只是园艺产品采收以后的外在表现，实际上，在采收以前的因素如遗传因素、生态因素、农业技术因素对园艺产品的品质起更重要的作用，这些因素对园艺产品贮藏品质的影响比采收后的影响因素更重要，更应该引起人们的高度重视。只有重视采前因素，采收后的园艺产品的品质和贮藏潜力才能最大程度地发挥。采前因素与园艺产品贮藏质量的关系如图 1-1 所示。

普通消费者控制园艺产品品质是控制采收以后的园艺产品品质，采收以前的因素他们无法控制，只能通过控制园艺产品的色（外观品质）、香（风味）、味（营养价值）、质地（软硬度）、安全性来衡量产品品质。

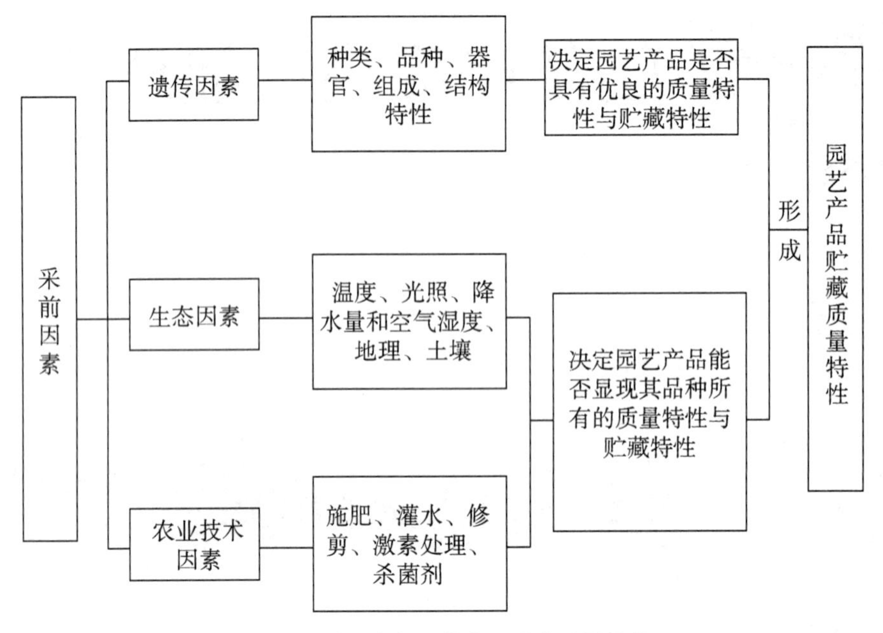

图 1-1　采前因素与园艺产品贮藏质量的关系

（一）遗传因素对园艺产品质量的影响

1. 种类品种

园艺产品种类不同，其具有的耐贮性差异较大。例如，蔬菜中，叶菜类耐贮性最差，极易萎蔫、黄化、败坏；叶球类植物一般是在生长停止后采收，其新陈代谢也有所降低，因此较难贮藏。

园艺产品种类间耐贮性的差异是由它们的遗传特性决定的。产于温带地区或在低温冷凉气候条件下成熟收获的产品，体内营养物质积累得多，收获后新陈代谢强度已降低，具有较好的贮藏性，例如，温带生长的水果如苹果、梨、海棠、山楂等仁果类大多耐贮藏；产于热带地区或在高温季节成熟的产品，收获后新陈代谢旺盛，不耐贮藏，如桃、李、杏、荔枝、菠萝等。

不同品种的园艺产品其耐贮性也有差异。例如，大白菜品种类型较多，一般直筒形比圆球型耐贮藏，青帮比白帮耐贮藏。通常，不同品种的园艺产品晚熟品种最耐藏，中熟品种次之，早熟品种耐贮性最差。晚熟品种生长期长，干物质含量较高，耐贮性好。如晚熟苹果品种富士、秦冠、国光、胜利等都较耐贮藏，而祝光、早捷、倭锦等早熟品种耐贮性差。

2. 树龄和树势

树龄和树势不同的果树，不仅果实的产量、品质有明显差异，耐贮性也有差别。通常，老龄树、幼龄树不如中龄树的果实耐贮藏。老龄树长势表现衰弱，所结果实较小，干物质含量少，根部吸收营养物质的能力减弱，耐贮性和抗病性较差；幼龄树的长势旺盛，所结的果实数量较少，果实个体较大、组织疏松、含钙少、含氮和糖高，呼吸水平高，耐贮性也比较差。

3. 砧木

砧木不同，其根系对水分、养分吸收力也不同。砧木与接穗有一定的亲和力，亲和力好的产品质量好。砧木对嫁接后果树的生长发育、环境的适应性、果实的产量、化学成分、抗病性和耐贮性均有影响。

考虑砧木对果实贮藏性状的影响，在果园规划、苗木选择时，实行砧穗配套，以解决果实贮藏质量和寿命等问题。

4. 结果部位

果实在树体上分布位置不同，其大小、颜色、化学成分以及耐贮性有明显的差异。生长在植株体的内膛果，由于光照不足，色泽、风味差，耐贮性也差；向阳面的果实个大，颜色好，在贮藏中不易皱缩。因此内膛果最差，中上层果最佳。除此之外，果实的大小与耐贮性有关，以中等大小和中等偏大的果实最耐贮藏。

实际植株有合理的负载量，从而保证果蔬有良好的营养供应，过大或过小的负载量都会影响其抗病性和耐贮性。

（二）农业技术因素对园艺产品质量的影响

1. 灌水

水分的多少关系土壤的湿度、及可溶性盐的含量。增加灌水量可以使产品个大、产量高，但含水量增高，口味淡，不耐贮藏。若灌水量少则园艺产品产量较低，但产品风味较浓，糖分高，耐贮藏。所以在灌水量适中时；其产品耐贮藏性提高。当降雨不足时，园艺产品在生长中灌溉是必要的，但灌溉应适当，尤其是采收前的灌溉会大大降低园艺产品的耐贮性。

2. 施肥

施肥给土壤，吸收在植物。肥料是影响园艺产品发育的重要因素，最终关系到园艺产品的化学成分、产量、品质、耐贮性、抗病性。

注意：施氮肥、磷肥、钾肥的同时多施含微量元素的肥料，才能获得较好的园艺产品。氮肥是园艺产品正常生长和获得高产不可缺少的营养元素。但是过量施用氮肥，产品耐贮性会降低。土壤中缺磷时，果实着色不好，果肉带绿色，含糖量降低，贮藏易发生果肉褐变和烂果等生理病害。钾肥能明显促使果实产生鲜红的颜色和芳香。缺钾时，果实颜色发暗，成熟度差，含酸量低，贮藏中易萎蔫皱缩；过多施用钾肥，又会使果肉变松，发生苦痘病和果心褐变等生理病害。施用有机肥料，土壤中微量元素缺乏的现象较少，所以应重视有机肥的施用。

3. 栽培技术

整形修剪、套袋、人工授粉、疏花疏果、铺反光膜等技术，均能提高园艺产品的质量，使果实形状端正、果个均匀、着色艳丽、可溶性固形物含量高，农药残留减少，产品抗逆性增强，防治病虫害，并且提高园艺产品的耐贮性。

例如，整形修剪可以调节果枝的密度，增加透光面积、提高果实品质。树冠中光的分布越不均匀，光照越弱，形成果实等级率差别就越大。合理的疏花疏果，可以保证适当的叶、果比例，获得一定大小和品质的果实。一般在果实细胞分裂之前进行疏果，可增加果实细胞数，太晚疏果则没有效果。因为疏花疏果影响到果实细胞的数量和大小，也决定着果实形成的大小，在某种程度上决定着果实的贮藏性能。

4. 病虫害

病虫害是园艺产品在生长中经常发生的现象，要以预防为主，不能等发生病虫害再治疗，可以适当使用农药进行防治。只要发生病虫害，就会导致产品商品价值下降，影响产品品质，缩短贮藏寿命。许多病害在田间侵染，采后条件适宜时表现出症状或扩大发展。此外，贮藏中产品因衰老而抗病力下降，造成腐烂。

（三）生态因素对园艺产品质量的影响

1. 温度

温度决定园艺植物的自然分布，也是影响其品质和贮藏性的非常重要的因素。园艺产品不同生育期的温度变化都会对其生长发育、产量、品质和耐贮性产生影响。当温度过高时，生长快，产品组织幼嫩，营养物质含量低，表皮保护组织发育不好；温度过低，特别是花期连续出现低温，会造成授粉、受精不良，落花落果严重，产量降低，品质和耐贮性差。昼夜温差大，有利于果蔬体内营养物质积累，可溶性物质含量增高，耐贮性强。园艺产品在生长发育期间，温度对其品质和耐贮性会产生重要影响。

2. 降水量

降水量与土壤、水分及可溶性盐类的含量有关。降水会增加土壤湿度、减少光照时间，因此影响园艺产品的化学组成、组织结构与耐贮性。高湿多雨季节，果实的含糖量低、酸味重、味淡、颜色及香味差，容易发生生理病害，不耐贮藏；在阳光充足、降水适宜的年份生产的园艺产品则耐贮性好。

3. 光照

大多数园艺植物属于喜光植物，它们的茎、叶、果都需要充足光照时间和强度。光照影响着园艺产品干物质的积累、风味、颜色、质地及形态结构，从而影响它的品质和耐贮性。光照充足时，干物质含量明显增加，耐贮性增强。光照还与花青素的形成、果实着色、维生素 C 的形成密切相关。可以说，光照是园艺产品生长发育形成良好品质的重要条件之一。光照不同，产品的质量和耐贮性有明显的差异。

4. 地理条件

同一种类的园艺产品，生长在不同的经纬度、地势地形、海拔高度等地理条件，对园艺产品的影响是间接的，主要是地理条件的不同引起日照、温度、紫外线等的差异。紫外线增多，昼夜温差大，有利于花青素的形成和糖分的积累。高原地区园艺产品中的糖、色素、维生素 C、蛋白质等都比平原地区的园艺产品有明显增高，且表面保护组织较发达。在高纬度地区生长的蔬菜，其保护组织比较发达，体内有适宜于低温的酶存在，适宜在较低的温度下贮藏。一些地方的名优特产，大都是由该地的自然生态环境条件决定的。

5. 土壤

不同种类的园艺产品对土壤要求亦不同，大多数园艺产品适宜生长在土质疏松、酸碱适中、养分充足、湿度适宜的土壤中。土壤的理化性状、营养状况、地下水位高低等直接影响园艺产品根系分布深浅、产量、化学组成、组织结构，进而影响其品质和耐贮性。

研究表明，黏质土壤种植的香蕉风味品质比砂质土壤上种植的品质好，耐贮藏。苹果、梨适宜在质地疏松、通气良好、富含有机质的中性或酸性土壤上生长。在砂土上生长的苹果容易发生苦痘病。洋葱种植在含硫量高的土壤中，则洋葱的香精油含量会升高，也较耐贮藏。

园艺产品营养成分与品质变化

园艺产品的品质变化包括色（外观品质）、香（气味、风味）、味（营养价值）、质地（软硬度）等变化。

（一）色泽变化

影响果蔬颜色变化的色素主要有叶绿素、类胡萝卜素和花青素。

1. 叶绿素

叶绿素是脂溶性色素，参与光合作用，使植物呈绿色。果蔬采后在贮运过程中叶绿素会逐渐降解减少。

2. 类胡萝卜素

类胡萝卜素是脂溶性色素，其比较稳定，主要包括胡萝卜素、番茄红素、番茄黄素、辣椒黄素、辣椒红素、叶黄素等。胡萝卜素营养丰富，可以在人体内转化成维生素 A，所以又叫维生素 A 原。当产品进入成熟阶段时，这类色素的含量增加，使其显示出特有的色彩，如黄色、橙色、橙红色。

3. 花青素

花青素属于酚类化合物中的类黄酮类，是一种水溶性色素。花青素是构成花瓣和果实颜色的主要色素之一，其呈现的颜色与细胞液的酸碱性有关。细胞液若为酸性则呈现红色，中性时显紫色，碱性时显蓝色。所以花瓣呈红、紫色是由于花青素作用，其颜色的深浅与花青素的含量呈正相关。紫红薯花青素在不同 pH 下的颜色变化如图 1-2 所示。

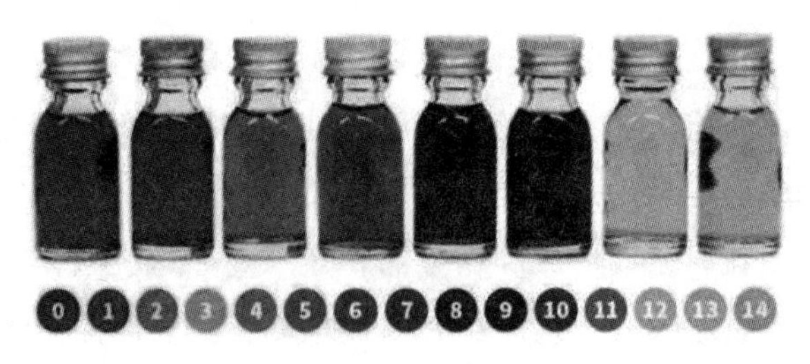

图 1-2 的彩图

图 1-2　紫红薯花青素在不同 pH 下的颜色变化

已知的花青素有二十多种，主要存在于植物中的有天竺葵色素（Pelargonidin）、矢车菊色素或芙蓉花色素（Cyanidin）、翠雀素或飞燕草色素（Delphindin）、芍药色素（Peonidin）、牵牛花色素（Petunidin）及锦葵色素（Malvidin）。目前，市场还没有出现花青素纯品，自然条件下游离状态的花青素极其少见，主要以糖苷形式存在。蓝莓、草莓、葡萄、紫薯等食品含丰富的花青素。

蓝莓所含的花青素是目前所有植物花青素中功能最优良（尤其是有 16 种生物类黄酮组成的花青素，有比一般植物花青素更优越的生理活性）、应用范围最广，副作用最低，也是价格最昂贵的品种。

（二）香味变化

许多园艺植物具有独特的香味，通过这些香味可以识别不同的植物。植物的香气是由其本身所含有的芳香成分决定的，随着植物成熟其芳香成分逐渐增多。

植物的芳香成分来源于各种微量的挥发性物质，芳香物质量少但种类多，主要成分有酯、醇、醛、酸、杂环族等，水果的香气比蔬菜浓郁。

现如今，芳香疗法使用的精油，特别是基础油，大多是用植物果实、种子低温压榨，未经化学提取得到的，其营养成分损失少。如薰衣草、甜橙、茶树油是基础油，还有比较昂贵、罕见的玫瑰精油、茉莉精油。

多数芳香物质具有杀菌作用，能刺激食欲，还能使人体放松、减轻压力。

在园艺产品贮运中，香味随芳香物质挥发和酶的分解而降低。芳香物质积累过多有催熟作用甚至引起生理病害，如苹果“烫伤病”与芳香物质积累过多有关。

（三）味道变化

不同的园艺产品具有不同的味道，有酸、甜、苦、辣、涩、鲜等。水果味道的变化是以甜酸比和固酸比表示，甜酸比是反映果实品质的重要指标，用于判断果实成熟度。

1. 酸味变化

果蔬中的酸味主要来源于有机酸，通常叫果酸，主要有柠檬酸、苹果酸和酒石酸三种，另外，还有草酸、琥珀酸等。草酸在果品中含量较少，而蔬菜中普遍存在。

有机酸是构成新鲜果蔬及加工品风味的主要成分。它与果蔬的色素物质变化和维生素 C 的保存性等有关，随果蔬成熟含酸量降低，到果蔬完全成熟时甜酸适口。有机酸也是产品贮藏期间的呼吸基质之一，贮藏过程中有机酸随着呼吸作用的消耗逐渐减少，使酸味变淡，甚至消失。

2. 甜味变化

果蔬甜味的浓淡、含糖总量与含糖种类有关。果蔬所含的糖主要有葡萄糖、果糖、蔗糖，它们是甜味的主要来源。除此之外，一些氨基酸、胺类等非糖物质也有甜味，但它们不是重要的甜味来源。

糖分是果蔬中可溶性固形物的主要成分，直接影响果实的风味、口感、营养。不同的果蔬含糖的种类不同，如仁果类的苹果、梨以果糖为主；浆果类以葡萄糖和果糖为主；切花体内多含葡萄糖。

糖是果蔬贮藏期呼吸的主要基质。一般情况下，含糖量高的产品耐贮藏、耐低温；相反，则不耐贮藏。园艺产品在贮藏过程中，其糖分会因生理活动的消耗而逐渐减少，随果蔬逐渐成熟含糖量越来越高。

3. 苦味变化

单纯的苦味并不能被普通人接受，因为苦味是最敏感的味道之一，但当它与甜味、酸味或其他味道恰当组合，形成复合的味道，就会形成食物特殊的风味，如咖啡、苦瓜、莲子。果蔬中的苦味物质主要是糖苷类，如苦杏仁苷主要存在于核果类和仁果类的果核、种仁中；黑芥子苷主要存在于十字花科的根茎、种子中；柚皮苷、橙皮苷主要存在于柑橘类果实。

有些果蔬中存在分解苦味的酶，当它们分解成其他物质，苦味会消失。例如，苦味物质黑芥子苷主要存在于十字花科的根茎、种子中，在芥酸酶的作用下分解成有特殊辣味和香气的芥子油、葡萄糖和其他化合物，苦味消失。

4. 辣味

辣味刺激能使人产生快感，增进食欲，蔬菜中的辣味物质有以下三种。

第一，芳香型辣味物质。其辣味有快感，如生姜中的黄酮、姜酚、姜醇等。

第二，无臭味辣味物质。如辣椒中的辣椒素、花椒中的花椒素。

第三，刺激性辣味物质。如蒜葱的辛辣味。

有的果蔬的辣味不会随着贮藏而发生变化。

5. 涩味变化

与苦味一样，单纯的涩味并不能被普通人接受，但它可以与甜味、酸味或其他味道恰当组合，形成复合的味道，如茶叶。

涩味是果实重要的风味组成成分之一。果蔬含的单宁是一种多酚类化合物，它有水溶性和不溶性两种，前者有涩味。水溶性单宁在未熟的果蔬中含量较多，引起涩味。水溶性单宁发生凝固成为不溶性单宁即可脱涩。如柿子有甜柿与涩柿子之分。我国的柿子主要是涩柿子，日本的是甜柿子。涩柿子可以进行脱涩处理后食用。

涩味主要来源是单宁类物质，水果中含有1%~2%的单宁时，就会感觉有强烈的涩味，蔬菜中的单宁含量较少。单宁在贮运中变化易发生褐变，从而影响果蔬的外观和色泽，降低品质。

（四）质地变化

质地是指果蔬的软硬程度，影响质地的营养成分有水分、果胶物质、纤维素及半纤维素。

1. 水分

水分是园艺产品中含量最高的成分，一般园艺产品的含水量在80%~90%。水分充盈膨压大，园艺产品新鲜饱满，富有光泽，手感较硬，这是园艺产品的卖点。采收后因失水，造成萎蔫、失重、鲜度下降、贮藏性差、易腐烂变质，其硬度下降造成质地下降。

2. 果胶物质

果胶物质以原果胶、果胶、果胶酸三种不同形态存在于果蔬中，果胶物质形态不同，会直接影响其食用性、工艺性及贮藏性。果胶物质形态变化是导致果蔬硬度变化的主要原因。

原果胶存在于未成熟果中，它不溶于水，与纤维素结合，细胞彼此黏结，使果实呈脆硬质地状态；随着果实成熟，原果胶在原果胶酶的作用下，分解为果胶。果胶具黏性，溶于水，与纤维素分离，转渗入细胞内，使细胞间的结合力松弛，果蔬质地变软；当成熟的果蔬向过熟期变化时，果胶在果胶酶的作用下转变为果胶酸。果胶酸无黏性，不溶于水，果蔬呈软烂状态。图1-3为果胶物质分解图。

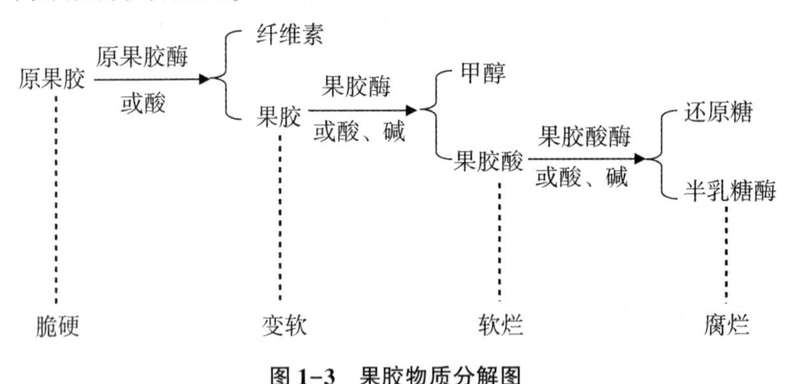

图1-3　果胶物质分解图

3. 纤维素及半纤维素

纤维素及半纤维素是植物骨架物质细胞壁的主要成分，对组织起着支撑作用。蔬菜幼嫩期含的纤维素是含水纤维素，它在成熟过程中逐渐木质化和角质化而使果蔬变硬、变粗糙。纤维素及半纤维素过多，质粗多渣，使产品品质下降。

纤维素不被人体吸收，但可促进肠蠕动，有助于消化。纤维素的作用正在被越来越多的人重视，人们甚至将它列入人体必需营养素中，称为第七大营养素。

（五）其他营养成分

1. 维生素

维生素在水果、蔬菜中含量极为丰富。果蔬在贮藏、加工时，维生素 C 极易受破坏，在维生素酶的作用下被分解。

2. 矿物质

水果和蔬菜中含有丰富的钾、钠、铁、钙、磷和微量的铅、砷等元素，与人体有密切的关系。果蔬中的矿物质容易被人体吸收，而且被消化后分解产生的物质大多呈碱性，因此，果蔬食品又叫作“碱性食品”，它对调节人体体液的微碱性起重要作用。

3. 含氮化合物

果品、蔬菜中主要含有蛋白质和氨基酸，此外，还有酰胺、铵盐、硝酸盐及亚硝酸盐等。蛋白质和氨基酸是鲜味的主要来源。果蔬含人体必需的氨基酸，这些氨基酸是人体不能制造的，但是生命活动不可缺少的。

经验与提示

水果的成熟程度与品质的关系

营养物质含量与成熟度有很大关系。园艺产品在生长阶段都在积累营养物质，生长成熟采收后，开始消耗营养物质。所以在园艺产品的生长阶段应尽量让其积累营养，成熟采收后则控制营养消耗。我们如何推测园艺产品的营养积累已经完成？为了控制其衰老，可以从它的成熟期进行判断。

以水果为例。水果成熟程度，按不同用途分为以下四种。

（1）绿熟：果个已充分长成，仍为绿色（绿色品种除外），质地坚硬，缺乏果蔬应有的香气、风味。

（2）坚熟：绿熟果继续生长，适当表现出固有的色、香、味，果肉坚密而不软。需长期贮存。长途运输果、用于糖制、罐藏、腌制加工可以选择坚熟果作原料。香蕉在绿熟与坚熟期采收，它有后熟过程。

（3）完熟：坚熟果进一步发展，原果胶水解，色素变化，单宁氧化变化，芳香物质、糖分增加，出汁率最高、质地变软、涩味消失，有本品种特有的色、香、味、外形，食用品质和营养价值达最高点。一般榨汁、干制品、鲜食选择完熟果作原料。完熟是成熟的最后阶段。

（4）过熟：完熟果进一步转变，质地软烂，组织解体，品质趋于恶化。以做果酱或留种为目的都在这时采收。

以上成熟度的划分很难区分明确界限，有时甚至互相交叉。

后熟过程与绿熟、坚熟、完熟、过熟不同。后熟是指果实采摘后，会利用自身的营养继续生长。

任务训练 1： 果蔬一般物理性状测定

物理性状的测定是用一些物理的测定方法来表示，可测果蔬的重量、大小、比重、容重、硬度等物理性状，其中也包含某些感官性状，如形状、色泽、新鲜度和成熟度等。果实在成熟、采收、运输、贮藏及加工期间的物理特性的变化，反映其组织内部一系列复杂的生理生化变化，帮助确定采收成熟度，识别品种及确定品质，因此对果蔬物理性状的测定是对其进行化学测定的基础。

对于贮藏加工原料进行物理性状的测定，是了解其加工贮藏适应性与拟定贮藏加工技术条件的依据。

【任务要点】

（1）物理性状测定是确定采收成熟度，识别品种特性，进行产品标准化的必要措施。

（2）物理性状测定是评定其加工适应性与拟定加工技术条件的依据。

【任务准备】

苹果、柑橘、番茄、甜椒、葡萄、萝卜等；卡尺、托盘台秤、果实硬度计、榨汁器、比色卡片、排水筒、量筒等。

【任务实施】

（1）取果实 10 个，分别放在托盘台秤上称重，记载单果重，并求出其平均果重（g）。

（2）取果实 10 个，用卡尺测量果实的横径（cm）、纵径（cm），分别求果形指数（即纵径/横径），以了解果实的形状和大小。通常果形指数在0.8~0.9为圆形或近圆形，0.6~0.8为扁圆形，0.9~1 为椭圆形或圆锥形，1 以上为长圆形。

（3）观察、记载果实的果皮粗细、底色和面色状态。果实底色可分深绿、绿、绿黄、浅黄、黄、乳白等，也可用特制的比色卡进行比较，分成若干级。果实因种类不同，显出的面色也不同，如绿色、紫色、粉红等。记载颜色的种类和深浅，以及占果实表面的百分数。

（4）取果实 10 个，除去果皮、果心、果核或种子，分别称各部分的重量，以求果肉（或可食部分）的百分率。汁液多的果实，可将果汁榨出，称量果汁重量，求该果实的出汁率。

（5）果实硬度的测定。果实的硬度是果实成熟度的重要指标之一。以苹果为例。取苹果 10 个，在对应两面薄薄地剥去一小块果皮，用果实压力硬度计，测定果肉的硬度，以每平方厘米面积上承受压力的千克数表示。在采用 M28ness-Tylor 型硬度计时，注明测头直径英寸数，压力以磅数表示（例如测头为 7/16 英寸，压力为 16 磅）。压力越强即果实硬度越大，也越耐贮藏。

（6）把各项观察与测定结果填入表 1-1 中。

表 1-1　果蔬物理性状

果蔬种类	物理性状							
	果形	果重	口尝	鼻嗅	出汁率	硬度	粗糙度	成熟度

任务训练 2：　果蔬含酸量的测定

【任务要点】

学会用滴定法测定总酸度的方法，根据含酸量判断果蔬的营养价值。

【任务准备】

1. 原料、试剂、仪器准备

桃、杏、葡萄、番茄、莴苣等；0.05mol/L 或0.1mol/L 氢氧化钠、1%酚酞指示剂。

50mL 或 10mL 滴定管、200mL 容量瓶、20mL 移液管、100mL 烧杯、研钵、分析天平、漏斗、棉花或滤纸、小刀、白瓷板。

2. 用滴定法测定总酸度

果蔬的酸度应区分为有效酸度和总酸度两种不同的概念，有效酸度指溶液中 H^+ 的浓度，用 pH 表示，可用比色法或电化学片测定；总酸度包括未离解酸和已离解酸的浓度，用当量浓度表示，可用滴定法测定。此外，果蔬中还含有某些具有挥发性的酸（如醋酸、丁酸等），称为挥发酸，可采用直接法或间接法进行测定。

本实验只以滴定法测定总酸度为例说明果蔬含酸量的测定方法。

果蔬种类不同，含主要有机酸的种类和数量也不同，果实的含酸量以其主要含酸种类的含量计。部分酸分子式如图 1-4 所示。

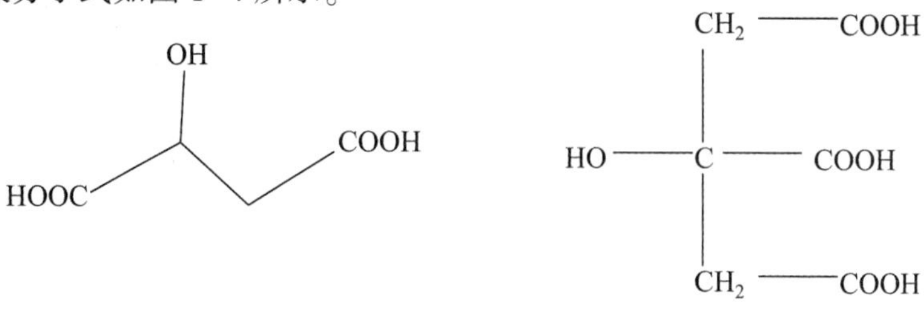

(a)　　(b)

图 1-4　部分酸分子式

（a）苹果酸；（b）柠檬酸

计算时以该果蔬所含主要的酸来表示，如苹果、梨、桃、杏、李、番茄、莴苣主要含苹果酸，以苹果酸计算，其毫克当量为 0.067g；柑橘类以柠檬酸计算，其毫克当量为 0.064g；葡萄以酒石酸计算，其毫克当量为 0.075g。

$$毫克当量=\frac{摩尔质量}{H^{+}的摩尔质量}$$

【任务实施】

（1）过滤：称取均匀样品 20g，置研钵中研碎，注入 200mL 容量瓶中，加蒸馏水至刻度。混合均匀后，用棉花或滤纸过滤。

（2）滴定：吸取滤液 20mL 放入烧杯中，加酚酞指示剂 2 滴，用0.05mol/L 或0.1mol/L 的氢氧化钠滴定，直至呈淡红色 30s 内不褪色为止。记下氢氧化钠溶液用量。重复滴定 3 次，取其平均值。

有些果蔬容易榨汁，而其汁液含酸量能代表果蔬含酸量，可以榨汁，取定量汁液（10mL）稀释后（加蒸馏水 20mL），直接用 0.05mol/L 或 0.1mol/L 的氢氧化钠溶液滴定。

（3）计算：

$$果蔬含酸量\%=\frac{V\times N\times 折算系数}{b}\times\frac{B}{A}\times 100$$

式中：V——氢氧化钠溶液用量（mL）；

N——氢氧化钠溶液当量浓度（mol/L）；

A——样品克数；

B——样品液制成的总毫升数；

b——滴定时用的样品液毫升数。

折算系数=以果蔬主要含酸种类计算，如苹果或番茄用0.067。

（4）记录：将测定数据填入表 1-2 中。

表 1-2　果蔬含酸量的测定记录表

样品名称	NaOH 浓度/（mol/L）	NaOH 用量/mL	含酸量/%	以哪种酸计

任务训练 3：固形物含量的测定（折光仪法）

手持式折光仪测定果蔬中的总可溶性固形物（TSS）含量，可大致表示果蔬的含糖量。

光线从一种介质进入另一种介质时会产生折射现象，且入射角正弦之比恒为定值，该比值称为折光率。果蔬汁液中可溶性固形物含量与折光率在一定条件下（同一温度、压力）成正比例，因此测定果蔬汁液的折光率，可求出果蔬汁液的浓度（含糖量的多少）。图1-5所示为果蔬汁液的折光率。

常用仪器是手持式折光仪，也称糖镜、手持式糖度计，该仪器的构造如图1-6所示。

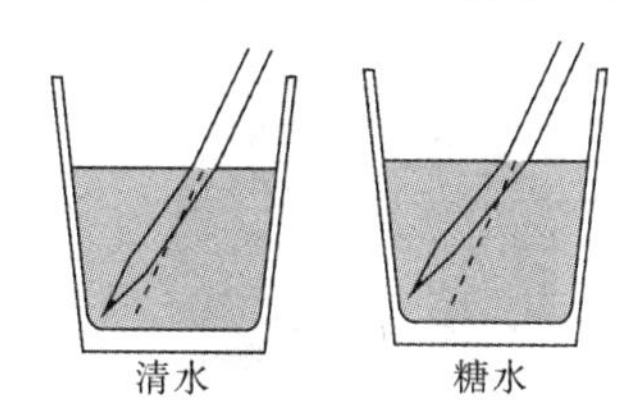

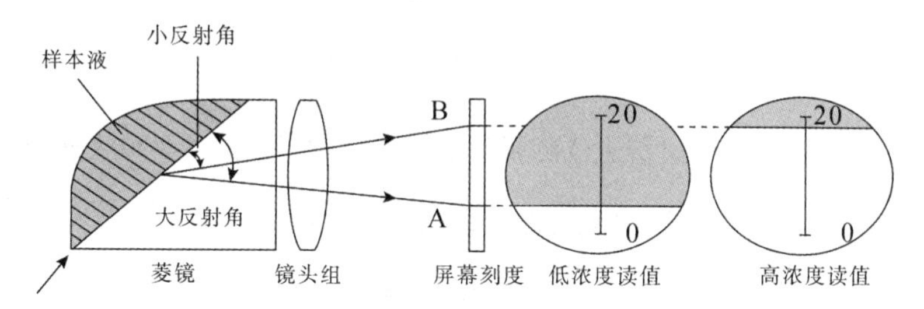

图1-5　果蔬汁液的折光率

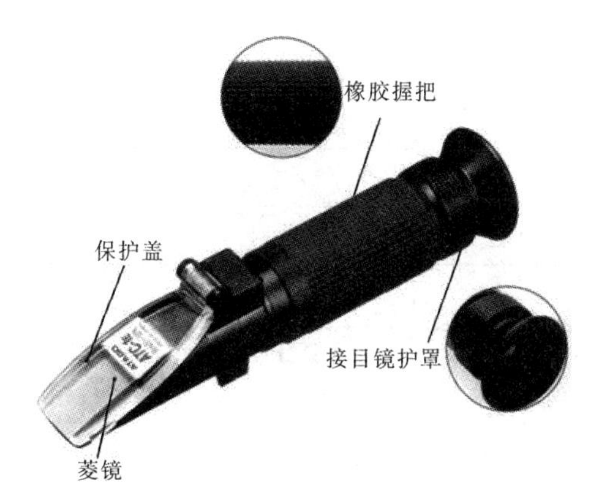

图1-6　手持式折光仪部件

【任务要点】

通过测定果蔬可溶性固形物含量（含糖量），可以了解果蔬的品质，估计果实的成熟度。

【任务准备】

果实、手持式折光仪、干净的纱布或卷纸、蒸馏水。

【任务实施】

（1）打开手持式折光仪保护盖，用干净的纱布或卷纸小心擦干棱镜玻璃面。在棱镜玻璃面上滴2滴蒸馏水，盖上盖板。

（2）于水平状态，从目镜处观察，检查视野中明暗交界线是否处在刻度的零线上。若与零线不重合，则旋动刻度调节螺旋，使分界线刚好落在零线上。

（3）打开盖板，用纱布或卷纸将水擦干，然后如上法在棱镜玻璃面上滴 2 滴果蔬汁，进行观测，读取视野中明暗交界线上的刻度，即为果蔬汁中可溶性固形物含量（%）（糖的大致含量）。重复三次。手持式折光仪刻度如图 1-7 所示。

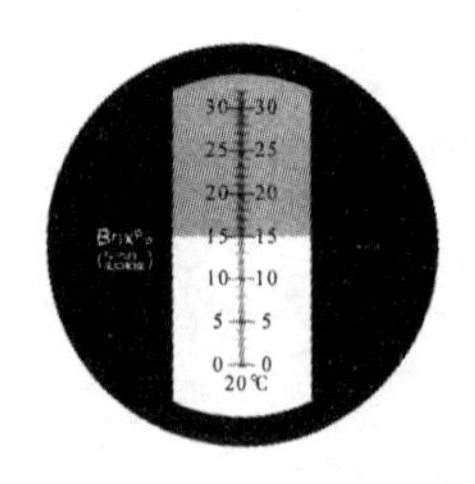

图 1-7　手持式折光仪刻度

（4）结果与计算。将手持式折光仪测量可溶性固形物含量的结果填入表 1-3。

表 1-3　手持式折光仪测量可溶性固形物含量

汁液种类	总可溶性固形物含量/%			平均/%
	读数 1	读数 2	读数 3	

任务训练 4：　果实硬度的测定

【任务要点】

质地是果蔬的重要属性之一，它不仅与产品的使用品质密切相关，而且是判断许多果蔬贮藏性和贮藏品质的重要指标。果蔬硬度是判断其质地的主要指标。

【任务原理】

果实的硬度是指果肉抗压力的强弱，以每平方厘米面积上承受的压力（N/cm^2）或磅数表示。果肉抗压力越强，果肉的硬度就越大，也越耐储藏，反之，抗压力越弱，果肉的硬度就小。果实硬度大小是衡量果实本身特性、贮藏过程及结束贮藏时果肉品质好坏的重要指标之一。这是因为随着果肉成熟度的提高，果肉逐渐变软，硬度降低，贮藏性下降。

【任务准备】

准备水果、硬度计、刀片。

果实硬度计（又名水果硬度计）用以测量苹果、梨、草莓、葡萄等水果的硬度，它适用于果树科研部门、果品公司、果树农场、农业大专院校等单位。果实硬度对培育良种，收获储存，产品运输和加工等都是一项重要的参考数据，通过果实硬度可以判断水果的成熟程度。

果实硬度计具有体积小、重量轻、直读式、携带方便的特点，特别适用于现场测定，直接出结果。图 1-8 所示为各种型号的硬度计。

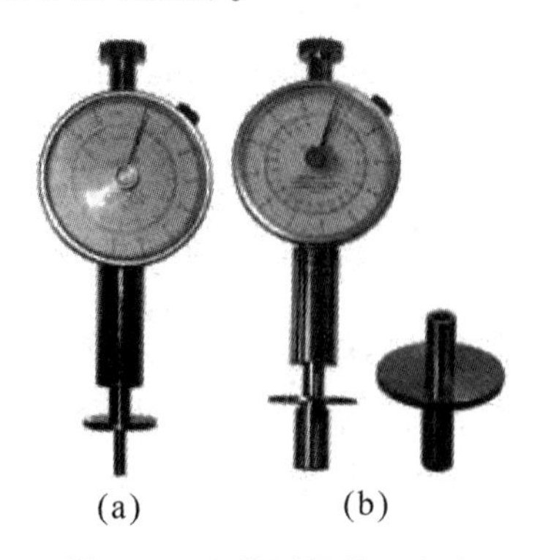

(a)　　(b)

图 1-8　各种型号的硬度计

（a）GY-1/GY-2；（b）GY-3

果实硬度是指某水果单位面积（S）承受测力弹簧的压力（N），它们的比值定义为果实硬度（P）。

$$P=N/S$$

式中：P——被测水果硬度值，100 000Pa 或 kg/cm^2；

N——测力弹簧压在果实面上的力，N 或 kg；

S——果实的受力面积，m^2 或 cm^2。

【任务实施】

（1）去皮：将果实待测部分的果皮削掉。

（2）对准部位：将硬度计压头与削去果皮的果肉相接触，并与果实切面垂直接触。

（3）加压：左手紧握果实，右手持硬度计缓缓增加压力，直到果肉切面达压头的刻度线上为止。

（4）读数：这时游标卡尺随压力增加而被移动，它所指的数值即表示每平方厘米（或 $0.5cm^2$）上的磅数。

注意事项：一是测定果实硬度最好是测定果肉的硬度，因为果皮的影响往往掩盖果肉真实硬度。二是加压时用力要均匀，既不可转动加压，也不能猛烈压入。三是探头必须与果肉垂直，不要倾斜压入。四是果实的各个部分硬度不同，所以测定各处理果实硬度时必须采用同一部位以减少测定误差。

知识拓展

有机食品、绿色食品和无公害食品

有机食品、绿色食品、无公害食品都是安全食品。安全是这三类食品突出的共性，它们在种植、收获到加工生产、贮存及运输过程中都采用了无污染的工艺技术，实行了从土地到餐桌的全程质量控制，保证了食品的安全性。

无公害食品是指产地生态环境清洁，按照特定的技术操作规程生产，将有害物质含量控制在规定标准内，并由授权部门审定批准，允许使用无公害标志的食品。无公害食品注重产品的安全质量，其标准要求不是很高，涉及的内容也不是很多，适合我国当前的农业生产发展水平和国内消费者的需求。无公害食品是绿色食品发展的初级阶段，有机食品是质量最高的绿色食品。

绿色食品是指遵循可持续发展原则，按照特定生产方式生产，经专门机构认证，可使用绿色食品标志的无污染的安全、优质、营养类食品。由于与环境保护有关的事物国际上通常都冠之以“绿色”，为了更加突出这类食品出自良好的生态环境，因此定名为绿色食品。

无污染、安全、优质、营养是绿色食品的特征。为适应我国国内消费者的需求及当前我国农业生产发展水平与国际市场竞争，从1996年开始，我国在申报审批过程中将绿色食品区分 AA 级和 A 级。

有机食品是国际上普遍认同的叫法。国际有机农业运动联合会（International Federal of Organic Agriculture Movement，IFOAM）给有机食品下的定义是：根据有机食品种植标准和生产加工技术规范生产的、经过有机食品颁证组织认证并颁发证书的一切食品和农产品。在其生产和加工过程中绝对禁止使用农药、化肥、除草剂、合成色素、激素等人工合成物质。

有机食品、绿色食品、无公害食品有什么不同?

1. 标准不同

关于有机食品，不同的国家、不同的认证机构，其标准不尽相同。在我国，国家环境保护总局有机食品发展中心制定了有机产品的认证标准。

我国的绿色食品标准是由中国绿色食品中心组织指定的统一标准，其标准分为 A 级和 AA 级。

无公害食品在我国是指产地环境、生产过程和最终产品符合无公害食品的标准和规范。这类产品中允许限量、限品种、限时间地使用人工合成化学农药、兽药、鱼药、肥料、饲料及食品添加剂等。

2. 标志不同

有机食品标志在不同国家和不同认证机构是不同的。在我国，国家环境保护总局有机食品发展中心在国家工商局注册了有机食品标志，中国农业科学研究院茶叶研究所亦制定了有机茶的标志。2001年 IFOAM 的成员拥有有机食品标志 380 多个。

绿色食品的标志在我国是统一的，也是唯一的，它是由中国绿色食品发展中心制定的，并在国家工商局注册的质量认证商标。中国绿色食品的标志由三部分组成，即上方是太阳，下方是叶片，中心是蓓蕾，正圆形，意为保护。

无公害食品的标志在我国由于认证机构不同而不同，山西省、湖南省、黑龙江省、天津市、广东省、江苏省、湖北省等地先后分别制定了各自的无公害农产品标志。

3. 级别不同

有机食品无级别之分。有机食品在生产过程中不允许添加任何人工合成的化学物质，而且需要3年的过渡期，过渡期生产的产品为“转化期”产品。

绿色食品分A级和AA级两个等次：A级绿色食品产地环境质量要求评价项目的综合污染指数不超过1，在生产加工过程中，允许限量、限品种、限时间地使用安全的人工合成农药、兽药、鱼药、肥料、饲料及食品添加剂；AA级绿色食品产地环境质量要求评价项目的单项污染指数不得超过1，生产过程中不得使用任何人工合成的化学物质，且产品需要3年的过渡期。

无公害食品不分级，在生产过程中允许使用限品种、限数量、限时间的安全的人工合成化学物质。

4. 认证机构不同

有机产品的认证由国家认监委批准、认可的认证机构进行，有中绿华夏、南京国环、五岳华夏、杭州万泰等26家机构。另外，也有一些国外有机食品认证机构在我国发展有机食品的认证工作，如德国的BCS。

绿色食品的认证机构在我国仅一家——中国绿色食品发展中心，该中心负责全国绿色食品的统一认证和最终审批。

5. 认证方法不同

无公害农产品和绿色食品的认证是依据标准，强调从土地到餐桌的全过程质量控制。检查、检测并重，注重产品质量。

有机食品的认证是实行检查员制度。国外通常只进行检查；国内一般以检查为主，检测为辅，注重生产方式，如农事操作的真实记录和生产资料购买及应用记录等。

无公害食品是把有毒有害物质控制在一定的范围内，主要强调安全性，是最基本的市场准入标准，是以大众化消费为主，而绿色食品、有机食品在强调安全周期的同时，还强调优质营养，它们有着特定的消费群体。安全食品对照如图1-9所示。

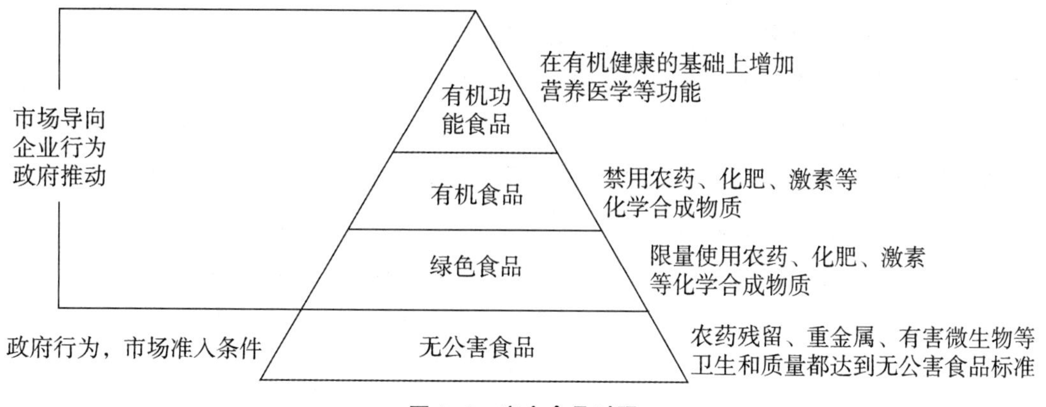

图1-9　安全食品对照

【练习与思考】

(1) 如何判定园艺产品的成熟度？

(2) 园艺产品的营养成分有哪些？

(3) 园艺产品的后熟与坚熟、绿熟、完熟、过熟有什么关系？

任务二 呼吸强度测定

学习目标

【知识目标】

了解园艺产品的呼吸强度与贮藏保鲜的关系，掌握影响园艺产品质量的主要因素及其控制。

【能力目标】

掌握园艺产品呼吸强度的测定方法。

园艺产品品质除与营养有关外，与采收后果蔬呼吸作用也密切相关，呼吸作用强，营养消耗大，果蔬很快衰老，品质下降。

呼吸作用的类型

呼吸作用分有氧呼吸和无氧呼吸两种类型。

园艺产品采收后，仍是一个活的有机体，其不能再进行营养物质积累和水分的吸收，采收后只是消耗积累的营养。园艺产品采收后在商品处理、运输、贮藏过程中继续进行着各种生理活动，如呼吸、蒸发、衰老、休眠等，其主要表现为呼吸作用，它对园艺产品贮藏至关重要。

呼吸作用是指有机物在酶的参与下，逐步分解成二氧化碳和水，同时释放出能量的过程。释放的能量一部分用来维持产品正常的生理功能，一部分转化为热能释放到环境中，这部分热称呼吸热。园艺产品贮藏时应尽快除去呼吸热，不然贮藏的营养会很快消耗掉，可以用预冷方法降低呼吸热，否则园艺产品品质下降较快。

呼吸作用为产品贮藏提供能量，同时也不断消耗自身的营养物质。园艺产品在贮藏中的质量变化、贮藏寿命、成熟和衰老的速度，以及病害的发生等都与呼吸作用密切相关。尽可能降低园艺产品的呼吸作用，是园艺产品贮运的基本原则和要求。

（一）有氧呼吸

有氧呼吸是主要的呼吸方式，在氧气参与下，将复杂的有机物（如糖、淀粉、有机酸等）彻底氧化，形成二氧化碳和水，同时释放大量的能量。反应式如下：

$$C_6H_{12}O_6+6O_2 = 6CO_2+6H_2O+2.82\times10^6J$$

（二）无氧呼吸

无氧呼吸是指在无氧条件下，把某些有机物分解成为不彻底的氧化产物（如酒精、乙醛、乳酸等），同时释放少量能量的过程。水果在贮藏过程中产生的酒精味，是无氧呼吸形成的。其反应式如下：

$$C_6H_{12}O_6 = 2C_2H_5OH+2CO_2+87.9kJ$$

对于高等植物，这一过程习惯上被称为无氧呼吸，有时也称为缺氧呼吸；在微生物学中则习惯被称为发酵，如葡萄酒就是利用葡萄中的糖发酵产生酒精做成的酒。

无氧呼吸的危害：无氧呼吸释放的能量较少，为了获得同样的能量，无氧呼吸就必须消耗更多的呼吸底物，即消耗更多的营养成分。同时，无氧呼吸的产物如乙醛、酒精等在园艺产品细胞内过多积累，使细胞中毒甚至死亡。因此，长时间的无氧呼吸对于园艺产品长期贮藏是不利的，它只是植物短暂适应环境的方式。

 与呼吸有关的概念

（一）呼吸强度

呼吸强度是指在一定温度下，单位时间内单位重量的园艺产品呼吸所排出的二氧化碳量或吸入氧气的量，常用单位为 mg（mL）/（kg · h）。

呼吸强度是衡量呼吸作用强弱（大小）的指标。园艺产品的贮藏寿命与呼吸强度成反比，呼吸强度越大，呼吸作用越旺盛，营养物质消耗越快，贮藏寿命越短。

（二）呼吸系数（呼吸商）

呼吸系数是指园艺产品在一定时间内，其呼吸所排出的二氧化碳和吸收的氧气的容量比，用 RQ 表示。

RQ 值的大小，在一定程度上可以估计呼吸作用的性质和呼吸底物的种类。以葡萄糖为底物的有氧呼吸，RQ=1；以脂肪为底物的有氧呼吸，RQ<1；以有机酸为底物的有氧呼吸，RQ>1。当发生无氧呼吸时，吸入的氧气少，RQ>1；RQ 值越大，无氧呼吸所占的比例也越大。但在实践中这一指标很难进行判断。

（三）呼吸热

呼吸产生的热量中除用来维持产品正常的生理功能外，还要转化为呼吸热释放到环境中。

园艺产品在贮藏运输中应尽快排除呼吸热，降低品温，否则温度升高将会产生更多呼吸热，降低产品品质，加速腐败变质。园艺产品能否长期保藏与是否尽快排除呼吸热关系密切，很多园艺产品如果不能做到尽快排除呼吸热，会很快变质腐败，如花卉。

（四）呼吸跃变

在果实生命活动中，呼吸作用强弱是有高低起伏的，这种呼吸作用强度总的变化趋势又

叫作呼吸漂移，即果实在不同的生长发育阶段，呼吸强度起伏的模式。

不同果蔬呼吸趋势不同，有的是采收后呼吸强度下降，不再出现上升；有的是在果实成熟过程中呼吸强度骤然升高，当达到一个峰值后又快速下降，这种现象叫作呼吸跃变，跃变的最高点叫呼吸高峰。

根据园艺产品采后呼吸趋势不同，园艺产品可分为跃变型果实（鳄梨、香蕉、猕猴桃、梨、苹果、芒果、西瓜、番茄、月季、香石竹）和非跃变型果实（草莓、柠檬、葡萄、菠萝、樱桃、柑橘、黄瓜、菊花）。跃变型果实达到呼吸高峰时，果实达到最佳鲜食品质，呼吸高峰过后果实品质则迅速下降。非跃变型果实采收后没有呼吸高峰，不会出现呼吸跃变。跃变型果实与非跃变型果实呼吸曲线如图 1-10 所示。

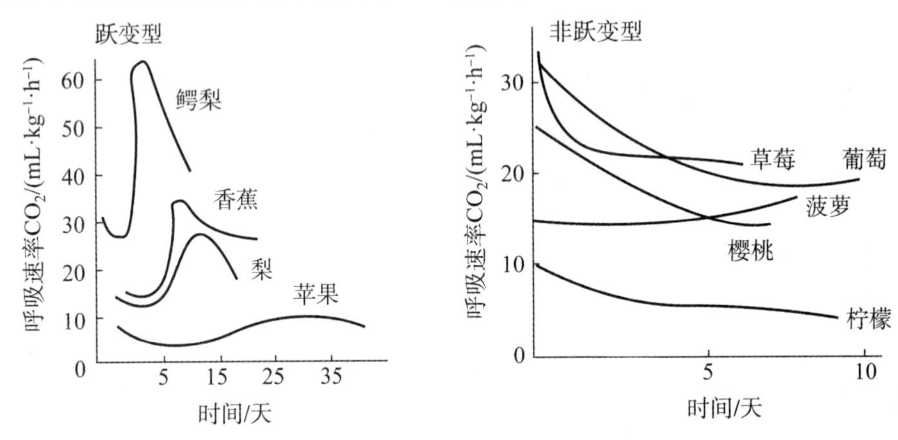

图 1-10　跃变型果实与非跃变型果实呼吸曲线

（五）呼吸温度系数

呼吸温度系数是在生理温度范围内（0℃～35℃），温度升高 10℃时呼吸强度与原来温度下呼吸强度的比值，用 Q_{10}来表示。它能反映呼吸强度随温度而变化的程度，如 $Q_{10}=2\sim2.5$ 时，表示呼吸强度增加了 1～1.5 倍。Q_{10}值越高，产品呼吸受温度影响越大。因此，在贮藏中应严格控制温度，即维持适宜而稳定的低温，还是做好贮藏的前提。

 影响园艺产品呼吸强度的因素

（一）种类和品种

各种果蔬的呼吸强度有强弱之分，例如，水果中仁果类呼吸强度较弱，核果类次之，浆果类（葡萄除外）呼吸强度较强。蔬菜中，叶菜类呼吸强度较强，果菜类次之，直根、块茎较低。通常，中、早熟品种呼吸强度较强，晚熟品种次之；夏季成熟品种呼吸强度较强，秋冬成熟品种次之。

仁果类如苹果、梨生长期长，表皮形成的保护组织非常发达，进入果肉的氧气很少。另外，由于细胞组织致密，内部果肉与氧气接触得少，呼吸很弱。

浆果类，生长期短，含水较多，成熟期气温较高，酶活性较高，因此其呼吸强度较强。

蔬菜叶扁而平的结构且有大量气孔，使得叶片能进行旺盛的呼吸作用。果菜类的果皮组织处于果实的外表，与环境和空气接近，呼吸作用强。

成熟期较晚的果蔬品种，在 10 月到 11 月上旬，气温较低，与此相适应，与呼吸有关的酶活性较低，呼吸强度很低，所以比较耐贮藏。

（二）温度

温度是影响园艺产品呼吸作用最主要的环境因素。温度过低、过高都会影响园艺产品正常的生命活动。

在一定温度范围内，随温度的升高，酶活性增强，呼吸强度增大。呼吸强度与温度关系如下：在 0℃左右时，酶的活性极低，呼吸很弱，所以很多果蔬要放到冰箱中贮藏；在 5℃～35℃，如果不发生冷害，多数产品温度每升高 10℃，呼吸强度增加 1～1.5倍；高于 35℃时，呼吸作用各种酶的活性受到抑制或破坏，呼吸会大幅度下降。

另外，为了降低呼吸强度，温度并非越低越好。应根据果蔬对低温的忍耐能力，在不发生冷害的前提下，尽可能降低贮藏温度。

温度的稳定性也十分重要。贮藏环境温度波动会激活酶的活性，使呼吸强度增大，从而增加营养物质的消耗。

（三）成熟度

在园艺产品发育过程中，幼龄时期新陈代谢旺盛，其呼吸强度较强，随着发育的继续，其呼吸强度逐渐下降。而老熟的瓜果，新陈代谢强度降低，表皮组织和蜡质、角质层加厚并变得完整，因此，其呼吸强度较低，耐贮性加强。

（四）气体成分

对呼吸作用产生影响的气体主要是氧气、二氧化碳、乙烯等。适当降低贮藏环境的氧气浓度和提高二氧化碳浓度，既可抑制果蔬的呼吸作用，又不会干扰正常的代谢，这是气调的理论依据。

1. 氧气

氧气是园艺产品生物氧化不可缺少的条件。调节氧气浓度的原则是不可引起缺氧呼吸造成低氧伤害。一般果蔬氧气浓度在 3%～5%，当氧气浓度低于 10%时，呼吸强度明显降低。

2. 二氧化碳

提高二氧化碳浓度可以抑制呼吸。但二氧化碳浓度并不是越高越好，二氧化碳浓度过高，反而会刺激呼吸作用和引起无氧呼吸，产生二氧化碳中毒，这种伤害甚至比缺氧伤害更加严重，其伤害程度取决于贮藏产品周围的氧气和二氧化碳浓度、温度和持续的时间。提高二氧化碳浓度一般在 2%～4%，过高会造成二氧化碳中毒。

3. 乙烯

乙烯是促进园艺产品成熟衰老的植物激素，它是促进水果特别是跃变型水果的呼吸、增强园艺产品成熟衰老的主要因素。贮藏环境中调控乙烯浓度，可以促进或延迟果实成熟衰老。

（五）相对湿度

一般来说，轻微干燥处理可降低呼吸作用，如大白菜、菠菜、温州蜜柑采后稍经晾晒，可以增强耐藏性。但薯芋类蔬菜贮藏环境要求高湿，干燥环境反而产生生理病害。

（六）机械损伤和病虫害

机械损伤和病虫害都会增加乙烯释放量，加快果蔬成熟和衰老。园艺产品在采收、运输、贮藏过程中不可避免会因挤压、碰撞、刺扎等产生损伤，从而增加产品的呼吸强度，因而大大缩短贮藏时间。另外，伤口很容易侵染病菌而腐烂。

（七）涂料、植物生长调节剂处理

在果蔬表面人为涂一层薄膜，可抑制呼吸作用、减少水分蒸发。植物生长调节剂可抑制或促进呼吸作用。乙烯、乙烯利、萘乙酸甲酯均能提高呼吸作用，青鲜素、赤霉素、2,4-二氯苯氧乙酸等均能抑制呼吸作用。

经验与提示

园艺产品采后其他生理活动及伤害

园艺产品采收后除了呼吸生理活动外，还有其他生理活动及伤害。

1. 低温伤害

采收后的园艺产品尽可能降低其的呼吸作用，这是园艺产品贮运的基本原则和要求。

果蔬种类和品种不同，对低温的适应能力也不同，并不是温度越低，贮藏效果越好，超过果蔬的适应能力，则会影响正常的生理代谢，使产品出现生理性病害。园艺产品采收后贮藏在不适宜的低温下产生的生理病变叫作低温伤害。低温伤害又分为冷害和冻害两种。

（1）冷害：是指由园艺产品在组织冰点以上的不适宜低温引起的，它是园艺产品贮藏中最常见的生理病害。不同的园艺产品冷害出现的温度范围不同，一般来说，热带水果对低温最为敏感，亚热带果蔬产品次之，温带果蔬相对不敏感。

冷害的症状：出现水渍状斑点、凹陷、变色、成熟不均和产生异味、易被微生物污染、腐烂。

（2）冻害：是园艺产品在组织冰点以下的低温下，细胞间隙内水分结冰的现象。冻害发生需要一定时间，如果初期水分结冰只在细胞间歇，可以采用适当解冻技术，产品则能恢复正常；如果水分结冰不只在细胞间隙，原生质发生不可逆变性，加上冰晶体机械伤害，产品很快败坏。解冻后不能恢复原来的新鲜状态，风味受影响。

冻害的症状：组织最初出现水渍状，然后变为透明或半透明水煮状，有异味，产品会变色变暗，很快腐烂。

2. 休眠

休眠是植物为了躲避外界不良的环境条件及本身的生理需要而进入生长暂时停滞阶段的

现象。在休眠期，果蔬的各种生理代谢处于最低状态，营养物质的消耗也处于很低的水平。对于一些植物，如马铃薯、洋葱、大蒜，用人工方法延长其休眠期，对贮存有利。

休眠现象与蔬菜关系密切，而与果品关系不大。休眠后如有适宜的环境条件，蔬菜就能发芽生长，消耗积贮的营养物质，本身萎缩干空，质量恶化，不能食用。

休眠的类型分为生理休眠和强制休眠。

（1）生理休眠。生理休眠是植物因生理的需要而进行的休眠。即使条件适宜，也不能脱离休眠状态。

（2）强制休眠。强制休眠是为了躲避外界不良环境条件而被迫进入休眠状态。当条件适宜时即脱离休眠状态。

3. 蒸发与结露

果蔬采收以后，营养与水分供给断绝，水分由果蔬表面向周围环境扩散这一现象称为蒸发作用。水分过度蒸发而导致果蔬表面的皱缩现象称为萎蔫。

当空气中水蒸气的绝对含量不变，温度降到某一定点时，空气中的水蒸气达到饱和而凝结成水珠的现象称结露。特别是在贮运中，在果蔬表面或包装容器内壁有水珠时，微生物容易在其中繁殖生长而导致腐败。

萎蔫、结露使果蔬贮藏性有所降低，应当尽量避免。

首先，果蔬会失重和失鲜。失重是园艺产品重量上的损失，主要表现在产品失水后重量的减轻。失鲜是产品失水后造成的新鲜度的改变，是质量方面的损失。

其次，破坏正常的代谢过程，降低耐贮性和抗病性，任何生命活动必须要有水的参与，缺水后水解酶活性（如淀粉酶）的增高，加速物质的降解，营养消耗增加，代谢出现异常，耐贮性和抗病性降低。

影响蒸发作用的因素包括表面积比、空气流速、温湿度、果蔬角质层与蜡质层表面保护结构等。

任务训练：　呼吸强度测定

【任务要点】

（1）基础操作：试剂配制、酸碱滴定。

（2）二氧化碳的采集。

（3）滴定结果的分析。

【任务原理】

呼吸强度是呼吸作用强弱的表现，呼吸强度的测定是为了了解园艺产品采收后的生理状态，为产品贮运以及呼吸热计算提供必要依据。

呼吸密度测定通常是采用定量碱液吸收产品在一定时间内呼吸所释放出来的二氧化碳

量，再用酸滴定剩余的碱，即可计算出呼吸所释放出的二氧化碳量，求出其呼吸强度。反应式如下：

$$2NaOH+CO_2 = Na_2CO_3+H_2O$$
$$Na_2CO_3+BaCl_2 = BaCO_3\downarrow +2NaCl$$
$$2NaOH+H_2C_2O_4 = Na_2C_2O_4+2H_2O$$

【任务准备】

1. 试剂的配制

（1）NaOH 溶液。取 16g NaOH 溶于 1L 蒸馏水中，浓度为0.4mol/L。

（2）饱和 $BaCl_2$。

（3）酚酞。取 0.1g 酚酞溶于 100mL 60%酒精中。

（4）草酸。取 9g 草酸溶于 1L 蒸馏水中，浓度为0.1mol/L。

2. 材料、用具

果蔬（柑橘、香蕉、黄瓜、番茄等）；大气采样器、真空干燥器、吸收管、滴定管架、铁夹、25mL 滴定管、10mL 移液管、150mL 三角瓶、500mL 烧杯、100mL 容量瓶、直径 8cm 培养皿、小漏斗等仪器。

【任务实施】

1. 静置法测定

（1）放入定量碱液、定量样品。

①定量碱液：用移液管吸取 NaOH 20mL 放入培养皿中，再入呼吸室（干燥器）底部。

②放入定量样品：放置隔板，装入 1kg 果蔬，封盖。样品置于干燥器中，果蔬呼吸释放出的二氧化碳自然下沉而被碱液吸收。

同时做空白实验。

（2）取出碱液。放置 1h 后，取培养皿把碱液移入烧杯中，冲洗 4~5 次，冲洗液一并倒入烧杯中，加饱和 $BaCl_2$ 5mL、酚酞指示剂 2 滴。

（3）滴定。用 0.1mol/L 草酸滴定至红色完全消失，记录草酸用量。同时滴定空白样品，记录草酸用量。

2. 气流法测定

（1）安装。按图 1-11（暂不串接吸收管）连接好大气采样器，同时检查是否漏气。开启大气采样器中的空气泵，如果净化瓶中有连续不断的气泡产生，说明整个系统气密性良好，否则应检查是哪个接口漏气。

（2）抽空。称取产品 1kg，放入呼吸室，先将呼吸室与大气采样器的安全瓶连接，拨动开关，将空气流量调在 0.4L/min。然后将定时钟旋钮按反时针方向转到 30min 处，使呼吸室先抽空平衡 30min。

（3）测定。取一支吸收管装入 0.4mol/L 的 NaOH 溶液 10mL 和 1 滴正丁醇，当呼吸室抽空 30min 后，立即安上吸收管，把定时针重新转到 30min 处，调整流量保持 0.4L/min。待样品呼吸 30min 后，取下吸收管，将碱液移入三角瓶中，加饱和 $BaCl_2$ 5mL 和酚酞指示剂 2 滴，然后用0.1mol/L 草酸滴定至粉红色消失即为终点。记下滴定量（V_2）。

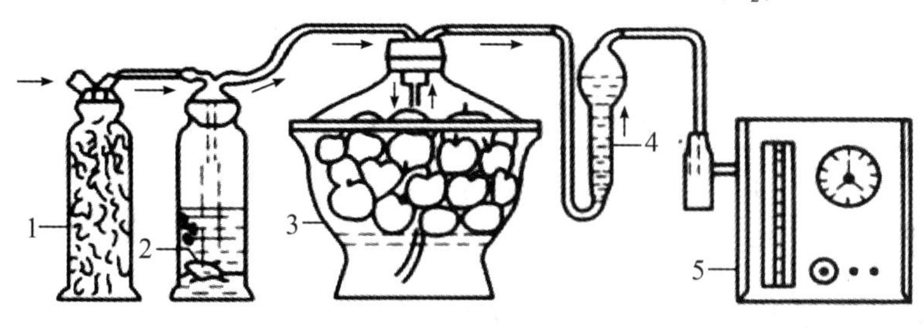

图 1-11　气流法装置图

1—钠石灰；2—NaOH 溶液；3—呼吸室；4—吸收管；5—大气采样器

（4）空白滴定。用移液管吸取 0.4mol/L 的 NaOH 溶液 10mL，放入一支吸收管中，加 1 滴正丁醇，稍加摇动后再将其中碱液毫无损失地移到三角瓶中，用蒸馏水冲洗 5 次，直至显中性为止。加少量饱和 $BaCl_2$ 溶液和酚酞指示剂 2 滴，然后用0.1mol/L 草酸滴定至粉红色消失即为终点。记下滴定量，重复一次，取平均值，即为空白滴定量（V_1）。如果两次滴定相差超过0.1mL，必须重滴一次。

（5）计算。呼吸强度(CO_2)mg/(kg · h)=(V_1-V_2)C×44/（W×H）

式中：C——草酸浓度，mol/L；

W——样品重量，kg；

H——测定时间，h；

V_1——空白草酸用量；

V_2——测定草酸浓度；

44——二氧化碳的分子量。

将测定数据填入表 1-4，列出计算式并计算结果。

表 1-4　呼吸强度测定记录表

样品重量/kg	测定时间/h	气流量(L/min)	NaOH/(0.4mol/L)	草酸用量（0.1mol/L）		滴定差/mL（V_1-V_2）	CO_2/（mg · kg^{-1} · h^{-1}）	测定温度/℃
				空白（V_1）	测定（V_2）			

注意事项：①滴定前检查滴定管的气密性。②滴定时摇匀，注意观察滴定终点。

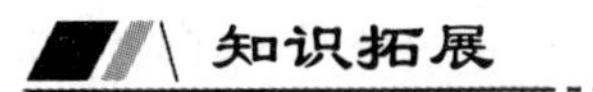

呼吸跃变

根据果蔬呼吸曲线变化将果蔬分成两类：呼吸跃变型果蔬、非呼吸跃变型果蔬。

（1）呼吸跃变型果蔬。这类果蔬进入完熟期时，其呼吸强度骤然升高，并随着产品衰老而逐渐下降。如苹果、梨、猕猴桃、香蕉、柿子、番茄、甜瓜、桃、李等。

（2）非呼吸跃变型果蔬。有些园艺产品进入完熟期时，其呼吸强度不提高，而是一直保持在较低水平。如柑橘、柠檬、黄瓜、茄子、辣椒、葡萄、菠萝、荔枝、草莓、樱桃。

有呼吸跃变的果蔬成熟期较短，有明显呼吸高峰，此时果实品质最佳，高峰过后果实品质迅速下降。对于这类产品，延迟呼吸高峰的到来就能达到延长贮藏寿命的目的。跃变型果蔬与非跃变型果蔬的特性比较见表1-5。

表1-5　跃变型果蔬与非跃变型果蔬的特性比较

特性项目	跃变型果蔬	非跃变型果蔬
后熟变化	明显	不明显
体内淀粉含量	富含淀粉	淀粉含量极少
内源乙烯产生量	多	极少
采收成熟度要求	一定成熟度时采收	成熟时采收

【练习与思考】

常见水果中有哪些是跃变型果实？

任务三　贮藏中乙烯气体吸收剂制作

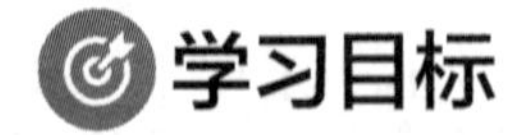

【知识目标】

掌握乙烯对果蔬成熟与衰老的控制，以及乙烯果蔬在成熟与衰老过程中的作用。

【能力目标】

学会乙烯气体吸收剂制作方法。

园艺产品品质除了与营养成分、果蔬呼吸作用有关外，与采收后果蔬贮藏环境气体成分也密切相关。果蔬贮藏中气体成分主要指氧气、二氧化碳、乙烯、氮气等，这些成分与果蔬成熟、衰老有密切的关系，特别是乙烯。当贮藏环境中乙烯含量高，呼吸强度强，营养消耗大，果蔬会很快衰老，品质下降。

成熟与衰老

（一）成熟与衰老的概念

园艺产品在授粉后可分为生长、成熟、衰老三个生理阶段。控制园艺产品的成熟和衰老生理，可以延长园艺产品的贮藏寿命。

由图 1-12 可知，控制园艺产品的成熟和衰老，与环境条件温湿度、气体成分有很大关系。这里以水果为例。

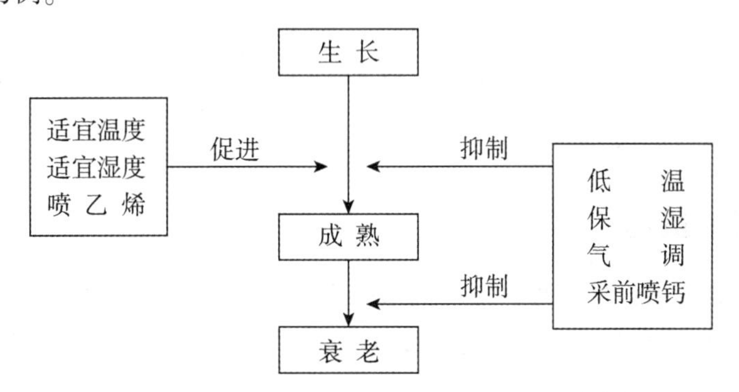

图 1-12　外界条件与成熟衰老的控制

（1）生长：指从授粉开始至果实生长到品种应有的大小。

（2）成熟：从果实发育定型到生理上完全成熟的阶段，分绿熟、完熟和过熟三个阶段。

（3）衰老：器官或产品已到个体发育的最后阶段，组织开始分解，生理上发生一系列不可逆的变化，最终导致细胞崩溃及整个器官死亡的过程。

（二）成熟与衰老期间的品质表现

（1）成熟的表现：果实含糖量增加、含酸量减少、涩味减退、淀粉减少、芳香物质形成、色素物质形成、叶绿素降解、硬度下降。蔬菜花卉则进入生殖生长。

（2）衰老的表现：组织细胞老化失去修复能力，胞间物质局部崩溃，胞间物质代谢、交换减少，膜的透性增加，最终导致细胞崩溃与死亡。

二 植物激素对成熟与衰老过程的调控

迄今认为植物体内存在着五大类植物激素，即生长素（IAA）、赤霉素（GA）、细胞激动素（CTK）、脱落酸（ABA）和乙烯（ET），它们之间相互协调，共同作用，调节着植物生长发育的各个阶段。

生长素、赤霉素、细胞激动素是生长激素，能抑制果实的成熟与衰老。脱落酸和乙烯是衰老激素，可以促进果实的成熟与衰老。乙烯是最有效的催熟致衰剂，产品采后成熟和衰老与乙烯有很大关系，即使是微量的乙烯，对成熟衰老也会起非常大的作用。

乙烯是呈气态促进成熟的激素，它分为内源乙烯和外源乙烯。内源乙烯是植物器官衰老时自内部释放出来加速衰老的气体。果实内源乙烯的浓度往往作为判断果实成熟程度及耐贮性的指标，在果实贮藏实践中具有重要意义。外源乙烯是植物周围环境存在的各种乙烯气体，对植物的衰败影响很大。乙烯能促进跃变型果实呼吸高峰提早到来，并引发相应的成熟变化。非跃变型果实的呼吸强度也受乙烯的影响。当施用外源乙烯时，在很大浓度范围内乙烯的浓度与呼吸强度呈正比，在果实整个发育过程中呼吸强度都受外源乙烯影响，每施用一次都有一个呼吸高峰。

几乎所有高等植物的器官、组织和细胞都能产生乙烯，生成量小，$0.01\times10^{-6}\sim0.1\times10^{-6}$就有明显的生理作用。

未成熟果实乙烯合成能力很低，内源乙烯含量也很低。随着果实的成熟，乙烯合成能力急增，到衰老期乙烯合成又会下降。

乙烯作用的机理

关于乙烯促进果实成熟的机理，目前尚未完全清楚。主要有三种假说：乙烯能改变膜的透性、促进 RNA 和蛋白质的合成、乙烯代谢活动。

（一）乙烯能改变膜的透性

乙烯的受体蛋白可能存在于细胞膜系统上。当乙烯在膜上与受体结合后，使细胞膜透性增加，气体交换加强，并引起多种水解酶从细胞内大量外渗。提高了呼吸速率，同时发生了一系列生理生化反应变化，从而促进果实成熟。

（二）促进 RNA 和蛋白质的合成

乙烯对 IAA 氧化酶、过氧化酶、淀粉酶、纤维素酶、果胶酶、苯丙氨酸解氨酶等 20 多种酶有较强的激活作用。乙烯还能够通过对 RNA 的合成转录的调节，促进纤维素酶、果胶酶、叶绿素酶等水解酶的合成，因而表现出很多特殊的生理效应。

例如，很多果实成熟时，果皮由绿色逐渐变黄，这是因为释放的乙烯刺激了叶绿素酶的合成并提高了其活性，从而加速了叶绿素的分解并显现类胡萝卜素的颜色；苯丙氨酸解氨酶的作用使果实具有香味；淀粉酶促进淀粉转化为可溶性糖，果实甜味增加；纤维素酶、果胶酶促进细胞松散，果实变软，最终促进成熟的果实色、香、味俱全。

（三）乙烯代谢活动

乙烯有多种作用，如可以降低体内生长素浓度，因而导致器官衰老、脱落、生长受抑制。

四 乙烯生物合成的主要途径（见图 1-13）

合成可以概括如下：

蛋氨酸是前体→SAM（硫腺苷蛋氨酸）→ACC（一氨基环丙烷羟酸）→$CH_2=CH_2$（乙烯）。

其中，SAM（硫腺苷蛋氨酸）→ACC（一氨基环丙烷羟酸）是乙烯合成的关键步骤，ACC（一氨基环丙烷羟酸）→$CH_2=CH_2$（乙烯）是在有氧气参与下形成乙烯。贮藏中适当限制氧气浓度对产生乙烯有抑制作用。

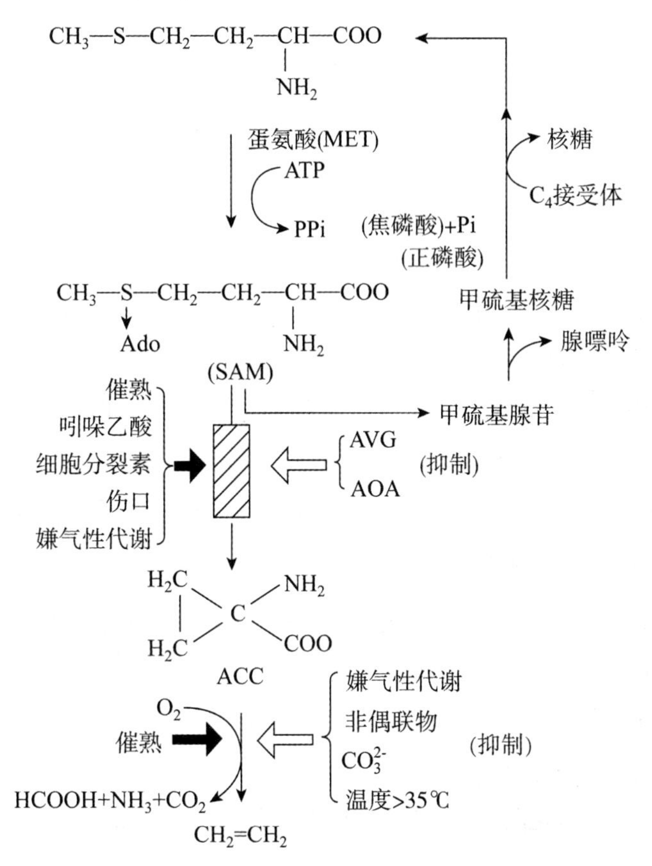

图 1-13 乙烯生物合成

五 乙烯生物合成的调节

虽然植物所有组织都能产生乙烯，合成乙烯，但一方面受植物内在各发育阶段及其代谢调节影响，另一方面也受环境条件的影响。

（一）果实成熟和衰老的调节

未成熟果实乙烯合成能力较低，内源乙烯含量也比较低。随着果实的成熟，乙烯合成能力急增，到衰老期乙烯合成能力又下降。

（二）其他植物激素对乙烯的影响

果实在生长发育初期，细胞分裂为主要活动，生长素（IAA）、赤霉素（GA）处于最高水平，乙烯（ET）很低，脱落酸（ABA）很高，调节和对抗高浓度激素过多的促生长作用。

当细胞膨大时，赤霉素增加，达到高峰后下降。随着果实的成熟，生长素、赤霉素、细胞激动素（CTK）趋于下降，乙烯和脱落酸开始上升，成为高峰型果实呼吸强度提高的先导。

如油梨在树上即使使用50×10^{-6}乙烯处理也不能成熟，这是因为果实仍接受从根部运来的细胞分裂素类物质，抵消了乙烯的作用。

（三）乙烯对乙烯生物合成的调节

乙烯对乙烯生物合成的作用具有两重性：既能自我催化，又能自我抑制。

（四）胁迫因素导致乙烯的产生

胁迫因素（即逆境）可促进乙烯合成。其包括以下几方面：①物理因素，如机械损伤、电离辐射、高温、冷害、冻害、干旱和水涝等；②化学因素，如除莠剂、金属离子、臭氧及其他污染；③生物因素，如病菌侵入（真菌分泌）、昆虫侵袭等。

在胁迫因素影响下，在植物活组织中产生的胁迫乙烯具有时间效应，一般在胁迫发生10~30min开始产生乙烯，以后数小时内乙烯产生达到高峰。但随着胁迫条件的解除，而恢复正常水平。因此在胁迫条件下生成乙烯，可以看成是植物对不良条件刺激的一种反应。

（五）光对乙烯合成的调节

光可抑制乙烯的合成。研究人员发现，如果把一枚叶片放在光下，一枚叶片放在暗处，就会发现暗处的叶片乙烯产生多、衰老快。

Goeschl 等（1967）对梨和豌豆幼苗短期用红光照射，发现可抑制乙烯的产生，进而用远红光照射则可解除这种抑制。他们认为这种现象与光敏色素有关。绿色植物光抑制乙烯产生主要作用于ACC-乙烯的转化阶段，由于这种作用可被光合作用电子传递抑制剂（DCMU）所抑制，因而与光系统有关。

六 乙烯吸收剂的制作

果蔬在贮藏运输中，既可利用乙烯控制园艺产品的成熟，也可利用乙烯催熟园艺产品，如青香蕉、青番茄、猕猴桃、涩柿子的催熟。催熟与控制成熟是两种相反的作用，为了满足市场销售的需要，应用乙烯或乙烯利进行果蔬催熟，这也是调控乙烯的一项常见措施，所以我们在利用乙烯的作用时，要根据园艺产品的用途来调控乙烯。

无论是内源乙烯还是外源乙烯，都能加速果蔬的成熟、衰老和降低耐贮性。为了延长果蔬的贮藏寿命，使产品保持新鲜，控制内源乙烯的合成或清除贮藏环境中的乙烯气体就尤为重要。我们可以用氧化剂与乙烯反应或乙烯抑制剂控制乙烯的形成。

乙烯是不饱和烃，容易被氧化。环境中已经形成的乙烯，对那些对乙烯敏感的园艺产品的成熟、衰老影响较大，要控制园艺产品的成熟可以用乙烯吸收剂除去乙烯，以减少乙烯对园艺产品的影响。制作乙烯吸收剂载体材料可以用多孔材料，增加反应面积，如硅胶土、珍珠岩、蛭石或砖头等，待吸收高锰酸钾的饱和溶液后晾干，制作乙烯吸收剂。

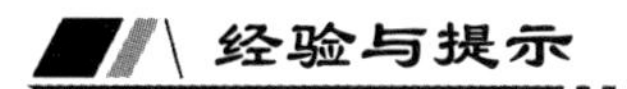

钙处理与成熟变化

钙不仅仅是植物生长发育需要的矿质元素，而且是有重要生理功能的调节物质。果实在完熟过程中钙含量与呼吸速率负相关，钙能抑制成熟过程中果实内源乙烯的释放。

钙在延缓园艺产品衰老、提高质量和控制生理病害方面有较好的效果。缺钙会加剧产品的成熟衰老、软化和生理病害。采后进行钙处理可减轻某些生理病害的发生，如冷害、柑橘浮皮病、油梨的褐变和冷害等。采后进行钙处理，可降低果实的呼吸强度，抑制乙烯释放，保持硬度。

钙处理的方法有很多种。如采前喷钙，采后用钙溶液喷涂、浸泡，用减压或加压浸渗等方法，都可以增加组织的钙含量。

任务训练1： 乙烯吸收剂对番茄、 黄瓜的贮藏效果影响

【任务要点】

(1) 乙烯吸收剂的制备。

(2) 通过观察在不同温度下，乙烯吸收剂及包装对黄瓜、番茄贮藏效果的影响，了解包装及乙烯吸收剂的作用。

(3) 观察冷害症状。

【任务原理】

乙烯是导致园艺产品成熟衰老的主要激素物质。贮藏环境会因为园艺产品自身缓慢释放出乙烯而导致乙烯浓度升高。利用乙烯易被氧化的特性，以强氧化剂与乙烯发生化学反应，除去贮藏环境的乙烯气体。同时观察包装对贮藏效果的影响及冷害症状。

【任务准备】

高锰酸钾、水、砖块（或硅藻土、珍珠岩、蛭石）、塑料袋若干、盘子、标签、黄瓜、绿熟番茄、秤、冰箱、温度计、透气纸袋或纱布。

(1) 配制高锰酸钾饱和溶液：称取高锰酸钾 63.3g，溶解于 1000mL 水中，配制成饱和溶液。

(2) 制作吸收剂：将砖块（或硅藻土、珍珠岩、蛭石）浸泡于高锰酸钾饱和溶液里，饱吸高锰酸钾，晾干使用。

【任务实施】

1. 乙烯吸收剂的制作

将饱吸高锰酸钾的材料捞出，并晾干。将乙烯吸收剂 15g 装入透气纸袋，每袋装乙烯吸收剂可用于1. 5kg 产品乙烯吸收，密封袋口即成。

原理：高锰酸钾是氧化剂，砖块是载体。乙烯与高锰酸钾反应，使高锰酸钾紫色消退。

2. 乙烯吸收剂使用效果观察

将黄瓜、绿熟番茄分成六份，每份 5 根黄瓜或 5 个番茄，其中三份放在室温下，另外三份放在冰箱中。冰箱中的三份保持一份裸放，其他两份用0. 03mm 薄膜包装。包装的一份中放入浸透饱和高锰酸钾溶液后晾干的碎砖块，砖块重量约为菜重的 5%，放在纱布中。室温放置的一份裸放，其他两份包装，包装的一份中放入浸透饱和高锰酸钾溶液后晾干的碎砖块，砖块重量约为菜重的 5%，放在纱布中。

3. 观察冰箱中黄瓜、绿熟番茄的冷害症状

每天观察室温放置的黄瓜、番茄的颜色变化和重量变化，将观察结果填入表 1-6。

表 1-6　黄瓜和番茄的贮藏感官变化

果蔬品种 / 感官变化	黄瓜						绿熟番茄					
	室温			冰箱			室温			冰箱		
	裸放	薄膜浸液	薄膜	裸放	薄膜浸液	薄膜	裸放	薄膜浸液	薄膜	裸放	薄膜浸液	薄膜
贮藏天数	0 天	7 天	15 天	0 天	7 天	15 天	0 天	7 天	15 天	0 天	7 天	15 天
色泽的变化												
滋味、气味变化												
质地的变化												
外表结构的变化												
……												

【练习与思考】

包装的水果是否应打开密封袋通风换气？

任务训练 2：商业香蕉催熟方法

【任务要点】

（1）香蕉催熟的条件。

（2）掌握香蕉商业化催熟的方法与技巧。

【任务准备】

7~8 成熟香蕉果指、乙烯利（浓度 40%）、洗衣粉、吸湿纸、秤、蒸馏水、洗瓶、烧杯（500mL）、容量瓶（100mL）、移液管（0.1mL、0.2mL、0.5mL）、洗耳球、胶头滴管、小型喷雾器、盛水大容器、水果刀、小砧板、保鲜袋、橡皮筋、标签、棉花、恒温恒湿培养箱等。

【任务实施】

1. 成熟度选择

对果实进行剔选。选择果皮完好，成熟度几乎一致的香蕉果指。

用于催熟的香蕉必须达到生理成熟度才耐贮藏，一般在七八成成熟度的青熟果，待到出售前再进行人工催熟。香蕉采收是根据其果实的饱满度进行判断，果实的饱满度越高，果实横切面越接近圆形，对催熟处理越敏感，后熟时间相对较短，果实后熟时果皮易爆裂，货架期也较短。

香蕉的采后催熟方法多种多样，催熟效果也有一定的差别。目前，国内外商业通行的做法是利用乙烯利试剂对其进行催熟。

2. 催熟方法

配制乙烯利溶液：先按比例加入0.05%的洗衣粉，待溶解后，再按稀释 400 倍 40%乙烯利 100mL 兑水 40kg 加入。

将香蕉分成两组。若香蕉数量少，可以直接放入乙烯利溶液里浸泡 1min，然后沥去药液，装入塑料袋里放入适宜的室温下。若香蕉数量多，可用喷淋的方法。然后用塑料布覆盖香蕉，使其产生乙烯，从而能起到催熟作用。1~2 天把塑料布揭除，2~3 天即黄熟。

另外一组用清水浸泡对比。

3. 定期、定时观察蕉果的变化情况

果皮颜色是用于判断果实成熟级数的一个指标。香蕉成熟度分级标准如下：1 级果表颜色为绿色，果实硬；2 级果表绿色开始转黄，果实较硬；3 级果表黄色面积占全果表面积 <10%，果实开始变软；4 级果表黄色面积占全果表面积的 10%~50%，果实较软；5 级果表黄色面积占全果表面积>50%，果实完全软化；6 级为全黄色；7 级时出现斑点，开始褐化。观察蕉果催熟的变化，按表 1-7 记录。

表 1-7　观察蕉果催熟的变化

级数	第一天	第二天	第三天	第四天	第五天	第六天	第七天
1							
2							
3							
4							
5							
6							
7							

【练习与思考】

哪些果蔬可以催熟？

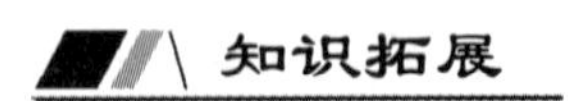

乙烯利催熟水果

一则使用乙烯利催熟香蕉存在食品安全问题的报道把海南香蕉推至风口浪尖。几天之内，香蕉价格下跌50%以上，部分消费者也开始产生恐慌心理。

报道中称“误服乙烯利会出现呕吐、恶心及灼烧感，长期服用对人体有害而无利”，小孩吃了还可能会出现性早熟。认为使用乙烯利催熟香蕉存在食品安全问题。

“乙烯利”属低毒农药，是一种植物生长调节剂（俗称“催熟剂”），在水稻、番茄、香蕉等水果催熟中广泛使用。但该物质具备一定毒性和腐蚀性，对环境有害，所以使用的乙烯利必须是微量的。

因此，我国对“乙烯利”残留量作了规定：乙烯利在番茄、热带及亚热带水果（皮不可食）中的最大残留量为2mg/kg。实验表明，体重为1kg的大老鼠，体内含有3.4g乙烯利将会致死。乙烯利也因此被国家技术监督局划为一种“毒害品”。

多位专家表示：“催熟”已经成为香蕉、芒果等水果产业链中不可缺少的环节，也是国内外多年来的通用做法，这一技术已使用数年；这种激素只对植物有效，人食用后不会出现性早熟，只要在剂量范围内食用无副作用。

香蕉、芒果、木瓜等热带水果在成熟的过程中会产生大量乙烯，有加速果实成熟的作用。使用乙烯利只是利用其溶于水后散发的乙烯气体催熟，并诱导香蕉本身的内源乙烯，使香蕉自身快速产生乙烯气体，加速自熟。乙烯的催熟过程是一种复杂的植物生理生化反应过程，不是化学作用过程，不产生任何对人体有毒害的物质。用乙烯或乙烯利催熟是安全和科学的，在全世界已经有100多年的历史。

“热带水果运到北方路途遥远，如果等它们自然成熟后再运来，恐怕在路上就会烂掉大半。”如果不进行催熟，就要等到香蕉成熟后再采收，那么全世界就只有生活在香蕉产地的人才会有香蕉吃，乙烯利“催熟”热带水果，除了要让水果的外表成色显得更好看外，同时能让热带水果在同一时间统一上市，这对稳定价格也有好处。

不过，催熟水果香气不足，味道也不够鲜美。“自然成熟的水果接受了足够多的阳光，同时体内养分也达到巅峰值，这是催熟水果不可能做到的。”有人强调，吃水果时应优先选择应季的及本地产的农产品。本地水果不仅成熟度好，营养价值损失小，而且无需用保鲜剂处理，污染较小。

园艺产品商品化处理

任务一 果蔬商品化处理

学习目标

【知识目标】

了解商品化处理的目的和意义。

【能力目标】

掌握园艺产品分级、预冷技术。掌握产品包装与运输的具体方法。

商品化处理是园艺产品采收以后从产品到商品的再加工、再增值的过程。其包括分级、预冷、包装、清洗、愈伤、晾晒、催熟、脱涩、化学药剂处理、涂膜处理等处理方法。所有这些处理都是在成熟采收以后进行的。

果蔬采收成熟度判断

（一）果蔬采收成熟度的判断方法

园艺产品的采收与其成熟度的确定有很大关系，因为果蔬从采收开始，其营养物质已经积累完成，营养物质消耗开始。所以成熟度的判断非常重要，其判断可以采用以下几种方法。

1. 生长期

每种园艺产品成熟都要经过一定时间的生长。每种植物都有一定时间生长周期，判断其成熟的方法可以根据多年植物生长期的经验确定。例如，早熟的西瓜品种盛花后生理成熟在28~32天，中熟品种在32~35天成熟，晚熟品种超过35天以上成熟。

2. 表面色泽的显现和香味的变化

许多园艺产品在成熟时会显示固有的颜色和香气，呈现的色泽有红色、黄色、绿色、紫色，有些甚至还形成蜡质、果粉。如葡萄成熟有紫色、绿色，上面带果粉；苹果的果皮表面有果蜡，且有苹果的香气；芒果有独特的香味；玫瑰花有玫瑰花的香气。

3. 园艺产品主要营养物质的含量

与园艺产品成熟有关的营养物质有淀粉、糖、有机酸、可溶性固形物等，可以作为成熟的参考指标。

在评价果蔬风味时常用糖酸比（糖/酸）或固酸比来表示。总含糖量与总酸的比值称“糖酸比”，可溶性固形物与总酸的比值称为“固酸比”，它们可以衡量果实的风味，还可以作为判断成熟度的指标。例如：柠檬需在含酸量最高时采收；美国甜橙在糖酸比为8：1时采收；苹果在其糖酸比约为30：1时风味浓郁。

有些园艺产品也可用淀粉含量的变化来判断成熟度。例如，马铃薯、芋头在淀粉含量高时采收，耐贮性好。

4. 果蔬质地

果蔬成熟过程中果胶物质发生变化，果实由硬变软，通过果实的软硬度可判断果实的成熟度。

5. 果梗脱离的难易度

有些果实如苹果、梨在成熟时，果柄与果枝之间产生离层，稍加震动即可脱落，此类果实离层形成时成熟度最佳，如不及时采收会造成大量落果。

果实采摘后，会利用自身的营养继续生长，这种离体后利用自身营养生长成熟即后熟。

后熟过程是果实进一步发生质地软化，色、香、味达到最佳食用期，生理上会发生一系列变化，如呼吸跃变的产生，色素的变化，质地结构软化，大分子物质的降解，小分子物质的积累。经过后熟果实达到完熟状态。如猕猴桃、涩柿等果实在成熟后并不一定达到可食状态，需经历后熟过程方可食用。

（二）采收方法

采后处理是园艺产品生产的最后一个环节，也是园艺产品贮藏的关键性环节。采收方法包括人工采收和机械采收两种。

1. 人工采收

人工采收具有灵活性强、损伤小的特点，并且可以准确地判断园艺产品的成熟度，同时可以满足消费者的特殊要求，但速度慢、成本高。人工采收特别适用于浆果和精品果。例如，果实要求带有果梗、黄瓜要求顶花带刺、蓝莓成熟度不一致等，均可以采用人工采收。如图2-1所示为不同成熟度的蓝莓。

图 2-1 的彩图

图 2-1　不同成熟度的蓝莓

2. 机械采收

机械采收具有速度快，省工省力，成本低等特点，但对产品损伤较严重。耐撞或加工用的果实可采用机械采收。对于果品的机械采收适用于果实在成熟时果梗与果枝间易形成离层的种类，如李子、梨、苹果。用于加工的果品可用机械采收，尽管这种采收方式易造成机械伤害，但采收后马上加工，不会影响加工品的产品质量。

（三）采收注意事项

采收的总原则是：适时、适熟、无伤，即选择适当的时间、适当成熟度、无机械伤的采收，这样才能保证产品耐贮藏。

为了保证采收质量，采收过程中应注意以下几点。

（1）采收时应该轻拿轻放，准备专门的采收工具，采收的容器要结实，内部装上柔软的垫物，以减少机械损伤，图 2-2 所示为西芹专用采收工具。

图 2-2　西芹专用采收工具

（2）采收的人员先进行技术培训，应避免饮酒，需剪短指甲或戴手套进行操作，保证产品无机械伤。及时分级、包装、预冷、运输或贮藏。

（3）采收时间。园艺产品的采收应选择在晴天露水干后进行，避免在雨天采收，以免灌水。不同种类园艺产品采收时间有差异，例如，葡萄适宜在晴天上午晨露消失后进行采收，有利于降低果实的膨压，减少果皮破裂，防止微生物侵染；采收蒜薹宜在中午进行，经太阳曝晒，蒜薹细胞膨压降低，质地柔软，抽拉时不易折断。

（4）分期、分批采收。有些果实由于花期或各自所处的光照和营养状况不同，成熟时间稍有差异。蔬菜产品如黄瓜、番茄等要分期、分批采收。在进行果品采收时，应按照“先下后上，先外后内”的原则进行，以免上下树或搬动梯子时碰掉、弄伤果实。

（5）采收时必须剔除病果、伤果、腐烂果，不可包装入箱，在机械装载中要防止机械带来的损伤。

（四）采收过早、过晚的表现

掌握好采收时间，是保证品质的关键，要防止过早、过晚采收产品。

（1）采收过早的表现：产品器官还未达到成熟的标准，单果重量小、产量低、品质差，果蔬产品本身固有的色、香、味还未充分表现出来，耐贮性也差。

（2）采收过晚的表现：产品已经成熟，接近衰老阶段，采后不耐贮藏和运输，在贮运中自然损耗大，腐烂率明显增高。

此外，果蔬要根据情况确定采收期。采收期不仅取决于成熟度，还取决于产品用途、采后运输距离的远近、贮藏方法和货架期的长短、产品生理特点等。如就地销售产品成熟度可以高些；长期贮藏、长途运输的产品成熟度需低些；加工品视加工产品工艺确定。

产品采后处理方法

采后处理方法对保持园艺产品的品质，提高园艺产品的耐贮性有重要的作用。采后处理包括分级、挑选、预冷、涂蜡、脱涩、催熟、愈伤、保鲜、药物处理、包装、销售、运输等环节。

（一）分级

1. 分级的目的

分级有利于生产者和经营者定价及商品化处理。通过挑选分级，把产品按大小、重量、品种、色泽，是否腐烂，有无次残品、病虫害和机械伤分开，便于贮藏加工，剔除有病虫害和腐烂情况的产品，减少贮藏加工中的损失，并将剔除的残次品及时加工处理，降低成本和减少浪费。

2. 分级方法

分级方法有人工分级和机械分级两种。

（1）人工分级：主要依靠人的感觉器官，通过眼看、鼻闻、嘴尝、手摸，同时借助一些简单的分级器具，如游标卡尺、分级板、比色卡。果实分级板可将产品分为若干等级，如图2-3所示。人工分级的优点是可以减轻机械伤，适用于各种园艺产品。但工作效率低，分级标准不严，特别是对颜色的判断等，往往偏差较大。

（2）机械分级：数量较多的果品分级大多用计算机控制，分级标准一致，适用于不易受伤的园艺产品，其最大优点是工作效率高。从果实的清洗、涂膜上蜡到根据大小、颜色、营养成分进行分级，全部都可以采用自动化进行。图2-4所示为采后分级生产线。

图2-3　果实分级板

图2-4　采后分级生产线

（二）预冷

预冷是将园艺产品在采收后进行适当的降温处理，以除去产品的田间热，迅速降低品温的一种措施。一般在低温、通风环境中进行。

预冷温度一般要求达到或者接近贮藏的适温水平，所以预冷最好在产地进行，而且越早越好。特别是对那些组织娇嫩、营养价值高、采后寿命短及具有呼吸跃变的产品。如花卉必须在产地进行预冷，如果不快速预冷，很容易使品质劣变。

1. 预冷的作用

预冷的生理意义在于以下三方面：一是降低呼吸强度，减少营养消耗；二是减少水分损失，保持新鲜度；三是抑制微生物生长，减少病害。

2. 预冷的方法

预冷的常用方法有自然冷却、冷风冷却，除此之外还有水冷却、冰冷却等。

（1）自然冷却。这种方法是利用自然低温，将产品放到通风冷凉处，使园艺产品降温。自然冷却比较经济，方便实用，任何场地均可进行，但冷却速度慢，效果不够理想。很多果蔬产地普遍采用此法。

（2）冷风冷却。这种方法是园艺产品采收后直接放入通风库或机械冷藏库，强制通冷风，在库内冷却。注意一次入库量不要太大，冷却速度不要太快，要分段冷却。

（3）水冷却。这种方法是将果蔬放到水温较低的水中长时间冷却，用水带走热量。冷却水要经常更换，否则易滋生微生物。冷却速度要快，处理不好果蔬易受损伤。冷却后要及时风干。

(4) 冰冷却。这种方法是将冰块放在果蔬上，冰融化后流到底部起降温作用。此法只适合耐低温果蔬，常在运输过程中采用。如草莓、樱桃、荔枝、菠菜、韭菜等冷藏运输。

(三) 包装

包装是园艺产品标准化、商品化、安全贮藏和运输的重要保障。园艺产品保护组织差、水分含量高，容易受机械伤和微生物感染，水分容易蒸发，采收后呼吸作用会产生热量，所以特别容易腐烂，降低商品价值和食用质量，包装恰恰能满足它们的需求。包装好后应尽快运输到目的地。

1. 包装容器的要求

我国目前普遍使用的新鲜园艺产品包装容器为竹筐、塑料箱、塑料袋、尼龙编织袋、荆条筐、麻袋、木箱、板条箱、纸箱、网眼袋、生丝袋等。园艺产品包装如图 2-5 所示。

图 2-5 园艺产品包装

包装容器应该无污染、无有毒有害化学物质成分、清洁卫生、无异味。园艺产品含水量较高，包装容器应该具有以下特点：①具有一定抗压、抗震保护性能，具有一定的通透性，利于产品散热及气体交换；②具有一定的防潮性，防止吸水变形；③应该美观，能引起人们购买的兴趣；④内壁光滑，便于取材；⑤在包装外面有产品追溯的标志，如标明商品名、产地、厂家、条码等。

良好的包装可以保证产品的安全运输和贮藏，减少产品间的摩擦、碰撞和挤压造成的机械伤，防止产品受到尘土和微生物等不利因素的污染，减少虫害的蔓延和水分蒸发，缓冲外界温度剧烈变化引起的不良影响。

国外发达国家水果和蔬菜都具有良好的包装，而且正向着标准化、规格化、美观、经济等方向发展，以达到重量轻、无毒、易冷却、耐湿等要求。

2. 包装类型

随着商品包装向精细化发展，包装的划分越来越细，除外包装外，还有内包装。内包装又称零售包装，应注意造型与装饰美观，且具有宣传功能，能起到促进销售的作用。内包装有小袋或网袋，盒或浅盘，篮，以及混合型。

另外，随着科学技术的发展，采后处理中的许多步骤可在设计好的自动化包装生产线上一次完成。园艺产品经严格挑选清洗、药物防腐处理后，达到新鲜、清洁、无机械伤、无病虫害、无腐烂、无畸形的标准，然后按国家或地区有关标准分级、打蜡和包装等成整件商品。

3. 运输

运输包括公路运输、铁路运输、船舶运输、航空运输等。公路运输机动方便，但运量小、能耗大；铁路运输具有运载量大、速度快、效率高、不受季节影响的特点，但机动性差；船舶运输具有运载量大、成本低、行驶平稳的特点，但受地理条件限制、运输速度慢；航空运输具有速度快、损伤小的特点，但运量小、运费高。各种运输方式都有自身的优缺点，所以要充分了解各种运输方式的优缺点后加以选择运用。

大量货物长距离运输时，可以采用联运。联运是指园艺产品从产地到目的地的运输，全过程使用同一运输凭证，采用几种以上不同运输工具相互衔接的运送过程。联运中间不用搬运，较少停留。如铁路公路联运、水陆联运、江海联运等。

国外普遍采用的联运方式是把适用公路运输的拖车装于火车的平板车上或轮船内，到达车站或港口时，把拖车卸下来，挂在牵引车后面，进行短距离的公路运输，直达目的地。联运可以充分利用运输能力，简化托运手续，缩短货物在途中的滞留时间，节省运费。现在推行集装箱运输，它是以集装箱为装卸容器，将园艺产品装进各种规格的集装箱内，直接送到目的地卸货，适用于多种运输工具，其具有安全、迅速、简便、节省人力、便于机械化装卸等特点，有利于保证园艺产品质量。

运输是一个动态贮藏的过程，它对温湿度、空气成分、震动程度都有要求。产品运输的原则是：“二轻、三快、四防”，“二轻”即轻装、轻卸，“三快”即快装、快运、快卸，“四防”即防热、防冻、防淋、防晒。

（1）“二轻”：园艺产品含水量高，表面保护组织差，易受到机械损伤，具有易腐性，从生产到销售要经过多次集装和分配，因此一定要轻装、轻卸。

（2）“三快”：采后园艺产品仍然在进行新陈代谢，消耗体内的营养物质，容易积聚热量，必须快装、快运、快卸，以保持新鲜品质。

（3）“四防”：温度过高，呼吸强度增大，产品衰老加快；温度过低，产品容易产生冷害和冻害。雨淋后产品容易腐烂。因此要防热、防冻、防淋、防晒。

（四）其他商品化处理方法

除前面的商品化处理外，最常见的处理还有清洗、愈伤、晾晒、催熟、脱涩、化学药剂处理、涂膜处理等。其目的在于保持其品质，提高某些园艺产品销售时的商品质量，增强经济价值，使产品耐藏、美观。

1. 清洗

清洗的目的是除去园艺产品表面的污物和残留农药，以及杀菌防腐。有效的方法是用流动水清洗，另外，去污还可以用1%稀盐酸加1%石油醚浸洗1~3min、200~500mg/L高锰酸钾清洗2~10min，增加洗涤效果。

2. 愈伤

愈伤是指采后园艺产品置于高温、高湿和良好的通风环境中，使其轻微伤口愈合的过程。特别是块根、块茎、鳞茎类产品，其果实生长在地下，采收时易受机械伤，容易引起腐烂，需要进行愈伤处理。

园艺产品种类不同，它们的愈伤能力不同，愈伤的条件要求也有差异。大多数园艺产品愈伤的适宜条件为温度25℃~30℃，相对湿度90%~95%。

3. 催熟

大多数果实在采收后可以立即食用。但有些果实在采后需要经过后熟或人工催熟处理，其色泽、芳香、风味才能符合人们食用的要求。

生香蕉、生柿子、硬猕猴桃、绿熟番茄等果实采后需要经过后熟或人工催熟才能食用。为使产品以最佳成熟度和风味质量提早上市，需要对其进行人工处理，促进其成熟，这就是催熟。

用来催熟的果蔬必须达到生理成熟，催熟后的品质才会更好，也更耐贮藏。催熟时一般要求温度21℃~25℃，相对湿度85%~90%和充足的氧气，催熟环境应该有良好的气密性，除此之外，要有适宜的催熟剂。乙烯是应用最普遍的果蔬催熟剂。

蔬菜（除了番茄）一般较少使用催熟措施，果品使用则较多。一般采后进行后熟和人工催熟或脱涩的产品有番茄、香蕉、芒果、柑橘、菠萝、西洋梨、秋子梨中的部分品种和柿子等。

例如，香蕉，为了便于运输和贮藏，一般在绿熟期采收，绿熟阶段的香蕉质硬、味涩，不能食用。食用前进行催熟处理，使香蕉皮色转黄，果肉变软，脱涩变甜，产生特有的风味。采收7~8成成熟度的香蕉自然成熟需2周，置于13℃~14℃恒温库，喷过乙烯利的只要5~6天就可以成熟。我国对乙烯利在香蕉中残留最高限量为2mg/kg，香蕉皮起屏障作用，其阻碍了乙烯利往里的渗透，乙烯利能自行降解，一般香蕉里稀释的乙烯利比国家规定的低。

催熟与贮藏是两个作用相反的过程。催熟是促进果实成熟，而贮藏是尽量减缓园艺产品的成熟过程。

4. 脱涩

脱涩是柿子用得较多的方法，因为我国的柿果大多是涩柿，而不是成熟时已经脱涩的甜柿。柿果等果实含有较多的单宁物质，因完熟以前有强烈的涩味而不能食用。

单宁存在于果肉细胞中，食用时部分单宁细胞破裂，可溶性单宁流出，与口舌黏膜上的蛋白质结合，产生收敛性效果，必须经过脱涩处理才能食用。

脱涩方法可以采用酒精、石灰水、热水、二氧化碳等处理，使柿果因无氧呼吸而产生一些可与水溶性单宁发生缩合的中间产物，如乙醛、丙酮等。乙醛与可溶性单宁相结合而使单宁成为不溶状态，涩味即可脱去。根据这个原理，可以采取各种方法，使果实产生无氧呼吸，使单宁物质变性脱涩。

5. 涂膜处理

在果蔬表面人工涂一层薄膜，可抑制呼吸作用，减少水分散失，抑制病原微生物的侵入，减缓代谢，改善外观光泽，提高商品价值。

涂膜可以用食用石蜡和巴西棕榈蜡作为基础原料。食用石蜡可以控制水分，棕榈蜡则可以产生诱人光泽。还可在涂料中加入化学防腐剂，起到防止水分蒸腾、抑菌等作用。涂膜在柑橘、梨、苹果上应用较多。

涂膜要特别注意以下几方面：①涂膜应厚薄均匀，过厚会影响呼吸，导致代谢失调，引起生理病害，腐烂变质；太薄则达不到效果。②一般情况下只是对短期贮运的果蔬或上市前的果蔬涂膜，否则会给产品品质带来不良影响。

6. 化学药剂处理

化学药剂处理园艺产品的效果非常明显，如托布津、多菌灵等均有良好的抑菌作用，在防腐保鲜上使用较多。

花卉保鲜常用药剂有 8-羟基喹啉硫酸盐、8-羟基喹啉柠檬酸盐、硝酸银、硫代硫酸银、硫酸铝、噻菌灵。花卉乙烯抑制剂主要有硫代硫酸银、1-甲基环丙烯。

经验与提示

香蕉等热带水果能否放冰箱里保鲜？

很多消费者将香蕉直接放入冰箱里保鲜，特别是颜色发青的香蕉，它们不仅不能正常地成熟，还会变黑腐烂，无法食用。

香蕉贮藏的适宜温度在 11℃～13℃，它对低温十分敏感。大多数品种在 12℃以下易遭受冷害，使其发黑腐烂，而冰箱冷藏室的温度一般在 10℃以下。

除香蕉之外，超市里的热带水果如火龙果、芒果、荔枝、龙眼、木瓜、红毛丹等，这些水果买回家后一旦放进冰箱，没几天就开始出现黑斑。

这是因为热带水果大部分比较怕冷，不适宜放在冰箱中冷藏。否则果皮发生凹陷，出现一些黑褐色的斑点，这说明水果被冻伤了。冻伤的水果不仅营养成分遭到了破坏，还很容易变质。

冻伤的水果在几天之后，果肉的颜色就会变成褐色，并开始腐烂。热带、亚热带水果之所以害怕低温，与它们的生长地域和气候有关。一些温带水果，如葡萄、苹果、梨等放在冰箱里可以起到保鲜的作用，而香蕉和芒果在10℃左右的温度下保藏，果皮就会变黑；菠萝在6℃～10℃下保藏，不仅果皮会变色，果肉也会呈水浸状；荔枝和龙眼、红毛丹等在1℃～2℃下保藏，外果皮颜色会变暗，内果皮则会出现一些像烫伤了一样的斑点，这样的水果往往不能再吃。

日常生活中，热带水果最好放在避光、阴凉的地方贮藏，如果一定要放入冰箱，应置于温度较高的果蔬槽中，保藏的时间最好不要超过两天。有些买回来时还未成熟的热带水果，如颜色发青的香蕉等，耐寒性更差，因此最好别放入冰箱中。热带水果从冰箱取出后，在正常温度下会加速变质，所以要尽早食用。

【练习与思考】

买回的蔬菜该怎样保鲜？

任务训练1： 礼品菜的包装

【任务要点】

（1）明确包装的作用。

（2）学会蔬菜分类包装，了解包装前的措施，对包装箱样式及说明提出自己的想法。

现在，市场上出现一种新的售菜方式，它是将多种蔬菜分别包装后，再装入特定设计的有产地或商标名的纸箱中。这些菜一般是刚刚推向市场的新菜品，多作为节日亲朋间馈赠的礼品或单位福利，又称礼品菜。蔬菜种类主要有西红柿、抱子甘蓝、菊苣、羽衣甘蓝、芥蓝、木耳菜、紫甘蓝、紫背天葵等。也可以包装一些家常菜，没有统一规定。

【任务准备】

纸箱，叶菜、根菜、果菜等多种蔬菜，托盘，收缩膜。

【任务实施】

（1）选择：将叶菜、根菜、果菜等新鲜蔬菜进行分类。

（2）清理：选好蔬菜后必须先去掉泥土、黄叶、腐烂部分、病虫害部分、粗老部分。

（3）分类：按蔬菜级别分为有机蔬菜、绿色蔬菜、无公害蔬菜，区别对待。有机蔬菜一定要有专门的认证机构认证。从种类方面，叶菜、根菜、果菜要区别对待。同时，同级别、同种类蔬菜要保持长短、色泽、大小等基本一致。

（4）包装：包装果菜类基本要用托盘，上面覆盖收缩膜；根菜类基本可直接放入包装；叶菜类可用托盘也可直接用收缩膜包装。装箱时，将不易受机械伤的蔬菜放在下面，怕压的菜需要放上面。把箱子装实。大量包装或自己设计包装箱时要考虑外形规格、耐压程度，同时要做到能提、能堆。包装的外观要新颖、大方。观察包装效果并记录到表2-1中。

表 2-1　观察包装与未包装蔬菜的效果

项目	叶菜	根菜	果菜
包装			
未包装			

【练习与思考】

1. 蔬菜在包装前应采取哪些措施?

2. 对包装箱的样式及说明提出自己的想法。

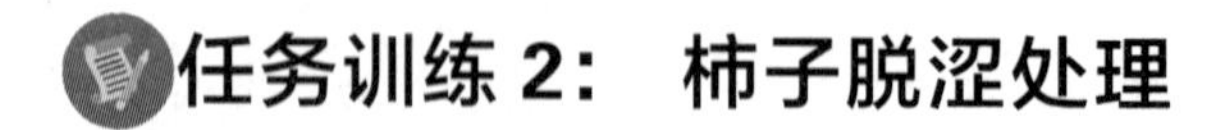

任务训练 2:　柿子脱涩处理

【任务要点】

（1）了解柿子脱涩的条件。

（2）掌握柿子脱涩的方法与技巧。

【任务准备】

（1）材料：涩柿。

（2）用具：温箱、聚乙烯薄膜袋（0.08mm）、果箱、温度计、竹篦、小刀。

（3）试剂：酒精、乙烯利、石灰、温水。

【任务原理】

涩柿由于自身的生理特性不能在植株上正常成熟，需要在采收后完成脱涩过程。

通过创造条件以适合于分子内的呼吸产生乙醛，或增加乙烯量，使果实中单宁物质由可溶状态变为不溶状态，从而脱去涩味。

【任务实施】

操作步骤如下：

（1）温水脱涩：取柿子 20 个，放于小盆中。加入 45℃温水，淹没柿子，上压竹篦不使其露出水面，置于温箱内，将温度调至 40℃，经过 16h 取出。用小刀削下柿子果顶，品尝有无涩味，如涩味未脱可继续处理。

（2）石灰水浸果脱涩：用清水 50kg，加石灰 1.5kg，搅匀后稍加澄清，吸取上部清液，将柿子淹没其中，经 4~7 天取出，观察脱涩及脆度。

（3）自发降氧脱涩：将柿子放于 0.08mm 厚聚乙烯薄膜袋内，封口，将聚乙烯薄膜袋放于22℃~25℃环境中，经 5 天后，开袋观察柿子是否脱涩、腐烂及脆度。

（4）混果催熟：取柿子 20 个，与梨或苹果混装于干燥器中，置于温箱内，使温度维持在 20℃，经 4~7 天，取出观察柿子脱涩及脆度。

（5）将柿子置于 20℃左右条件下，观察柿子涩味和质地的变化。

（6）结果与计算：将测定的数据填入表 2-2 中。

表 2-2　不同处理对柿子品质的影响

品种	处理方法	处理日期		处理前品质	处理后品质（色、味、质地）
		开始	结束		

【练习与思考】

设计一份采收方案，将好的思路补充完善，作为一个园艺产品的采收实施方案。

知识拓展

园艺产品采后商品化处理技术研究进展

园艺产品采后商品化处理技术在国外倍受重视。如苹果分级按等级标准严格进行，按果实的大小分成不同的规格，保证一定等级和规格的产品在任何时候质量和数量都基本相同，苹果在采收、贮藏到销售前后都会进行清洗、打蜡、分级、包装等商品化处理。

而我国，这种商品意识不强，认为农产品大小不同、等级不一是自然生长的正常现象。前些年国内更是以规格代替等级，很少考虑用着色度、光洁度、果形、糖酸度、硬度等因素进行分级，难以与国际市场接轨。所以果蔬产业的根本出路是加强采后的商品化处理，迅速提高果蔬产品质量，全面进入质量时代。

1. 果实机械采收的计算机视觉技术与自动化技术

采收质量和效率对果蔬的商品价值影响很大，许多发达国家的部分果蔬品种已经实现机器人采收的技术。例如，据苹果形状特征从树上找出果实。采用该方法不受自然光条件和果实颜色的影响。为了进一步提高检测精度，利用果实、枝条、叶片存在温差这一特征，摄取果实、枝条、叶片的热红外图像，利用遗传算法对图像进行分析识别。

结果表明，从热红外图像中检测到的苹果的位置和尺寸与实测结果一致，且在光照条件和环境温度变化时，收获机器人的工作不受影响，所有的苹果均能被发现。另外，在自然光线下拍摄柑橘树的图像，研究图像的色度与亮度信息，以此作为柑橘采收机械手导向，建立了一个利用彩色图像的颜色信息从柑橘树上识别橘子的分类模型，在果园中识别橘子的正确率为 75%，识别果实形心的误差为 6%，识别速度基本上能满足实际工作的需要，但精度还较低。

2. 果实分级的机械化与自动化技术

果实分级机械按工作原理可分为大小分级机、重量分级机、果实色泽分级机，以及既按大小又按色泽进行分级的果实色泽重量分级机。既按果实着色程度又按果实大小来进行分级，是当今世界果品生产上最先进的果实采后处理技术，它的工作原理是将自动化色泽分级和自动化大小分级相结合。首先是带有可变孔径的传送带进行大小分级，在传送带的下边装有光源，传送带上漏下的果实经光源照射，反射光又传送给电脑。电脑根据光的反射情况不同，将每一级漏下的果实又分为全绿果、半绿半红果、全红果等级别，再通过不同的传送带输送出去。

3. 果蔬包装新技术

目前，发达国家对果蔬保鲜包装加大了研制开发力度，取得了较好的效果。

（1）纸箱保鲜法：日本近年来研制的新式纸箱，用一种硅酸岩作为纸浆的添加剂，因其对各种气体独具良好的吸附作用，价格便宜且又不需高成本设备，具有较长时间的保鲜作用，所保鲜的果蔬分量不会减轻，因此很受商家欢迎。

（2）微波保鲜法：这是由荷兰一家公司对水果、蔬菜和鱼肉类食品进行低温消毒的保鲜办法。它是采用微波在很短的时间（120s）将食品加热到72℃，经处理后的食品在0℃~4℃环境条件下上市，可贮存42~45天不变质，适宜淡季供应“时令菜果”。

（3）陶瓷保鲜袋：这是由日本一家公司研制的一种具有远红外线效果的果蔬保鲜袋，主要在袋的内侧涂上一层极薄的陶瓷物质，通过陶瓷所释放出来的红外线与果蔬中所含的水分发生强烈的“共振”运动，从而对果蔬起到保鲜作用。

（4）电子技术保鲜法：它是利用高压负静电场所产生的负氧离子和臭氧来达到保鲜目的，负氧离子可以使果蔬进行代谢的酶钝化，从而降低果蔬的呼吸强度，减弱果实催熟剂乙烯的生成。臭氧是一种强氧化剂，同时又是一种良好的消毒剂和杀菌剂，既可以杀灭消除果蔬上的微生物及其分泌毒素，又能抑制并延缓果蔬有机物的水解，从而延长果蔬贮藏期。

（5）可食性果蔬保鲜剂：英国研制出一种可食用的果蔬保鲜剂。它是由蔗糖、淀粉、脂肪酸和聚酯物调配成的半透明乳液，可用喷雾、涂刷或浸渍的方法覆盖于柑橘、苹果、西瓜、香蕉和西红柿、茄子等表面，保鲜期可达200天以上。由于这种保鲜剂在水果表面形成了一层密封薄膜，因此可以阻止氧气进入水果内部，从而延长了水果熟化过程，起到保鲜作用。这种保鲜剂可同水果一起食用。

4. 果实运输中的机械损伤及其控制

果实在贮运过程中存在着振动、碰撞、冲击、静载、挤压等载荷形式的作用，形成以塑性或脆性破坏形式为主的现时损伤和以黏弹性变形为主的延迟损伤。果实是有生命的活体，其化学成分、水分和组织结构在各阶段都不断发生变化。其机械性质与许多因素有关，尤其在定量方面，许多关系目前还未被人们认识。

损失的主要方式有机械损伤的形成、果实的碰撞冲击、果实的减损运输。

5. 果蔬冷藏链技术

冷藏链是指采用一定的技术手段，使果蔬等易腐食品在采收、分级、包装、贮存、运输及销售的整个过程中，不间断地处于一定的适宜条件下，最大限度地保持食品质量的一整套综合设施和管理手段。果蔬冷藏链中的主要环节有原料前处理环节、预冷环节、冷藏环节、流通运输环节、销售分配环节等。

果蔬冷藏链流通是一项系统工程，从果蔬的物流方向上看，分为果蔬产区、果蔬销售区和产销连接区三个部分。产区包括果蔬的采收、采后商品化处理（挑选分级、整修和包装）、预冷处理和产地冷藏等；销售区包括销地冷藏、批发配送（再次分级、整修和包装）、零售和消费等；产销连接区环节主要是指果蔬的短途和长途运输。冷藏链采用的主要技术手段包括预冷却、包装、环境控制、运输传送平台、配送和冷藏。

对采后的园艺产品进行冷处理，首先要建造现代化的冷处理保鲜站。健全的保鲜站应包括快速预冷车间（预冷间）、恒温整理车间（恒温整理间）、冷藏运输车、各种冷藏保鲜库、气调等。其中冷藏库主要用来周转。

关于园艺产品产地的保鲜站，国内尚无规范的设计和统一的建造标准。现参照国家制冷设计的有关标准和综合性冷藏厂的设计实例，拟列出模式如下。

基本模式：采后的园艺产品—保鲜运具—预冷间—恒温整理间（短途输送）—保鲜运具—产地、销售地保鲜库。

在该种模式中，预冷间和恒温整理间的顺序可根据需要互换。

6. 果实品质的无损伤检测技术

果蔬产品的无损伤检测技术主要有电学特性检测技术、光学特性检测技术、声波振动特性检测技术、核磁共振（NMR）技术、电子鼻技术、撞击技术以及一些其他技术与方法。

在水果内部品质光学特性检测原理与检测系统组成中，应义斌等分析了规则反射、透射和漫反射三种光特性测量方法在水果内部品质检测中的优缺点，并详细阐述了水果的含糖量、酸度、硬度等内部品质光特性无损检测的研究与应用技术。

光纤传感技术在水果品质上的无损检测原理，设计了一种测量水果品质的系统，并对水果光谱的三种测量方式——规则反射、漫反射和透射进行了对比分析和实验，实验结果得出，漫反射方式是应用到水果内部品质预测的最好方式。同时研究了应用近红外光谱漫反射技术进行苹果糖分含量的无损检测技术，并在水蜜桃等水果上实验，得到了较为满意的效果。

任务二 花卉采收及商品化处理

学习目标

【知识目标】

了解花卉商品化处理的目的和意义。

【能力目标】

（1）掌握花卉产品分级、预冷技术。

（2）掌握产品包装与运输的具体方法。

花卉是非常娇嫩、易衰老的园艺产品，它因色彩丰富、香味独特、千姿百态成为人们非常喜欢的商品。花卉产品有鲜切花、盆花、观叶植物等，以鲜切花采后贮藏量最大，主要有月季、菊花、香石竹、唐菖蒲、百合、郁金香等。其中月季、菊花、香石竹、唐菖蒲被称为世界“四大切花”。

切花是指从植物体上剪切下来的花朵、花枝、果枝、叶片以及干枯枝条等，可用于制作礼品、装饰或欣赏，它并不专指花卉。

切叶是指各种剪切下来的绿色或彩色的叶片及枝条。主要的切叶植物有天门冬、蜈蚣草、苏铁、龟背竹、绿萝、绣球松、针葵、肾蕨、变叶木等。

切枝是指各种剪切下来的具有观赏价值的枝条或具彩色的木本条，多数切枝带有花、果、叶。主要的切枝植物有腊梅、银芽柳、连翘、海棠、牡丹、梨花、雪柳、绣线菊、红端木等。

一 影响花卉采后品质的因素

影响花卉采后品质的因素有内因与外因，内因与不同种类切花自身的遗传及生理学有关，外因则与采后贮运条件及保鲜技术有关。内因消费者无法控制，外因可以调控。切花保鲜比较适合于低温、高湿的贮藏条件。

影响花卉采后品质的因素主要有温度、乙烯、湿度、成熟度等因素。

（一）温度

温度是影响切花保鲜质量的重要因素，适宜温度可减缓切花衰老进程。任何花卉采收后都需要迅速预冷，延长花卉新鲜度，切花预冷和贮藏时，都要避免温度波动。

一般起源于热带气候的切花适宜贮温为7℃～15℃，低于该温度会引起低温伤害，主要症状表现为花瓣褪色，花瓣和叶片出现坏死浸斑，贮后花蕾不开放或发育延迟等。

大部分温带起源的切花、切叶要求温度在0℃～2℃、90%～95%相对湿度下贮藏，如香石竹、菊花、百合、月季、郁金香、小苍兰等。

4℃对大多数切花是安全的，常用的大多数切花、切叶（低温敏感的热带切花除外）要求温度在4℃～5℃、90%～95%相对湿度下贮藏，如非洲菊、唐菖蒲、满天星、勿忘我、金鱼草、万寿菊、常春藤；要求温度在7℃～10℃及90%～95%相对湿度下贮藏的有鹤望兰、山茶、卡特兰、美国石竹；要求温度在13℃～15℃及90%～95%相对湿度下贮藏的有花烛、姜花、万带兰、一品红、花叶万年青、鹿角蕨。

切花被暴露在直射阳光下或置于过高温度环境中，会出现组织变白，表面烧伤或烫伤，脱水等症状。因此采切时尽量避免正午或长时间暴露于高温强光下。使用切花装饰应尽量避免在室外，室外装饰以盆花为好。常见切花推荐的贮藏温度见表2-3。

表2-3　常见切花推荐的贮藏温度

品　名	贮温/℃	大约贮期	最高冰点/℃
火鹤花	13	2～4周	—
香石竹（开放）	2～3	3～4周	-0.7
香石竹（蕾期）	-0.5～0	4～12周	-0.7
菊花	-0.5～0	3～4周	-0.8
非洲菊	1～4	1～2周	—
唐菖蒲	2～5	5～8天	-0.3
丝石竹	4	1～3周	—
百合	0～1	2～3周	-0.5
芍药（紧实花蕾）	0～1	2～6周	-1.1
月季（保鲜液湿藏）	0.5～2	4～5天	-0.5
月季（干贮）	-0.5～0	2周	-0.5
紫罗兰	4	3～5周	-0.4
郁金香	0.5～2	2～3周	—
六出花	4	2～3天	—

（二）乙烯

在低温条件下，切花自身产生的乙烯量少，但若在冷库中贮存大批量切花，会使释放的乙烯积累到足以引起伤害的浓度，应及时测定并用乙烯抑制剂贮运及保鲜，甚至可以用高锰酸钾去除乙烯。常用的乙烯抑制剂主要有硝酸银、硫代硫酸银、1-甲基环丙烯。这里我们主要介绍硫代硫酸银和1-甲基环丙烯。

（1）硫代硫酸银（STS）。STS 可与乙烯受体结合，高效抑制乙烯形成，降低切花对乙烯的敏感性，且毒性低，易移动，目前使用比较广泛。

（2）1-甲基环丙烯（1-MCP）。1-MCP 新型乙烯受体抑制剂，其具有低毒、高效的特点，有望替代 STS 等传统的保鲜剂。

1-MCP 的作用机理：在正常情况下，乙烯与体内受体中的金属原子相结合，引起受体结构改变，随后又从受体上脱落下来，乙烯受体即激活。1-MCP 强烈竞争乙烯受体，并通过金属原子与受体紧密结合，从而阻碍乙烯的正常结合。由于这种结合是紧密的，1-MCP 不易脱落下来，因此受体保持钝化状态，以至于乙烯相关的生理生化反应受抑制。

（三）空气湿度

切花的新鲜程度与空气湿度有很大关系。切花贮藏或瓶插于干燥环境中，花瓣组织通过气孔和表面进行蒸腾作用，很快会失水萎蔫。

蒸腾失水与温度、空气湿度和空气流动关系密切。花卉相对湿度宜维持在 90%～95%，任何微小的湿度变化都将会损害花的质量，有的切花花瓣在 70%～80%湿度下会迅速变干。香石竹在接近饱和的空气湿度下保藏的时间是空气湿度为 80%下的 2～3 倍。冷藏库中的空气湿度每天至少测定 1 次。

（四）光照

光照对贮藏质量和贮藏期没有多大影响。一些切花可成功地贮藏于黑暗中达 5～14 天，有的甚至可在黑暗中贮存几个月之久（如香石竹），并能保持较好的质量。

但一些带有叶片的切花如六出花、百合、菊花等，长期贮于黑暗中会引起叶片黄化。贮藏中，菊花可用透明包装袋包好，以 50～1 000lx 的光照照明。六出花、百合等可用6-苄氨基嘌呤或赤霉素处理后再贮藏。

处于花蕾阶段的切花开放时需要较高的光照强度。香石竹和菊花花蕾贮后要用 1 100～1 200lx的连续光照，并辅以催花液处理才能较好开放。

（五）水质

切花保鲜用水宜选用去离子水和蒸馏水，自来水因含盐、特殊离子，甚至 pH 会对切花的寿命有明显的影响。

（六）成熟度

不同种类切花要根据其特点适时采切，一般蕾期采切的花对贮藏有利，一方面是由于切花花蕾期对乙烯不敏感，且耐碰撞；另一方面是花蕾的呼吸作用不像已开放的那样强，贮藏中营养（主要指糖类）消耗较慢，贮期较长。此外，蕾期切花占据较少的贮藏、包装和运输空间，因此蕾期较花期耐贮运。

如月季切花适宜的采收时期是在萼片同花瓣成 90°夹角，枝条长度应在 5 片叶以上。若采收过迟，切花寿命缩短，而且花冠易受机械损伤；采收过早，花蕾未绽开前极易萎蔫。

鹤望兰、菊花、香石竹、月季、唐菖蒲适宜在花蕾阶段采切，兰花、大丽花在花朵开放后采切贮藏。需要注意的是用于贮藏的切花和插条必须健康、无病虫害感染、无机械伤。

 切花的采后处理技术

切花采后处理技术都是围绕花卉保鲜展开的，花卉保鲜包括售前保鲜、售后保鲜。售前保鲜是从采收、分级整理、预处理、冷藏、催花、包装、运输到上架销售中的保鲜；售后保鲜是指鲜花购回后，用保鲜剂延长瓶插寿命，持久欣赏插花品质。

（一）采收时间及方法

切花保鲜准备要从采收开始，切花的采收适宜时期视种类、季节、贮运需要、距市场远近及消费者的特殊需要而定。

采收时间以避开高温和高强度光照为原则。一般在早晨 10 点前或傍晚 5 点以后为好，这是经过实践证明最有利于切花保鲜的采切时间。大部分宜在上午采收，尤其是采后失水快的种类，如月季；对水分不甚敏感的切花，如菊花、香石竹，多在傍晚（夏季晚 8 点左右）采切。

根据不同花卉的开花指数，确定其是否适宜采收，如月季开花指数为 1 级，花瓣未打开，成熟度过低，采收后很难打开，不适宜采收。

（二）分级整理、预冷

分级主要是根据花卉开放的程度、花径大小进行，有利于定价、包装、运输、销售。目前尚无分级标准，一般根据商家订货要求、市场标准分级。一般花卉分级整理、预冷在采收后的基地进行。有的花卉先分级再预冷，如康乃馨；有的花卉则先预冷再分级，如月季。预冷越快，花卉衰老越慢。

预冷主要有以下几种方法。

1. 冷库或冷室预冷

采后或贮运前将未包装或打开包装箱的切花直接放在冷库降至所需要的贮藏温度。预冷完成后直接在冷库包装。

2. 强制风冷预冷

强制风冷使用最广泛。利用风扇驱动推动冷空气，使接近 0℃的冷空气直接经花箱通风孔通过切花，经花箱垛间风道，带走田间热，切花随即迅速冷却。

（三）包装、预处理

花卉包装根据种类确定，主要作用是减少在运输时的机械损伤及水分流失，保持鲜花最佳状态，例如，月季切花的包装是采用材质较硬的瓦楞纸和带透气孔的塑料纸进行独立包装；康乃馨包装可以用普通白纸。

包装方法是一般把 20 枝花卉扎成花束，如康乃馨或月季并排摆放扎成 2 或 3 层方形或圆

形花束，包扎好后将茎干整理整齐，放入包装箱内。可湿藏或干藏。如果是对乙烯高度敏感的花卉，如香石竹、兰科切花，要放入高锰酸钾洗气瓶吸收乙烯。

（四）切花保鲜剂

切花保鲜液能使花朵增大、花色艳丽，叶片鲜绿，茎枝挺拔，能明显提高切花品质和商品价值，使其延长贮藏、运输期，延长货架寿命和瓶插时间，使用保鲜剂的切花比没处理的切花延长保鲜期 2~3 倍，但必须提供水分、养分，并灭菌。

1. 保鲜剂的种类

保鲜剂的种类有预处液、催花液、瓶插液等。不同的花卉，保鲜时间有差别。通常，花瓣质地较厚、花型较小的花卉耐插性较强。

（1）预处液：在切花采收分级后或贮藏运输前使用。其主要成分为高浓度糖液和杀菌剂，或一定浓度硫代硫酸银、硝酸银。使用目的主要是提供营养、促进水分吸收、杀菌、降低采后贮运过程中乙烯的危害。

（2）催花液：促使采后花蕾开放，催花处理一般需要几天，需保持一定的温度、光照及湿度。其主要成分为浓度 1.5%~2%的糖液和杀菌剂。

（3）瓶插液：在瓶插观赏期使用。其主要成分是糖液和防导管堵塞的杀菌剂。瓶插液的种类繁多复杂，成分及浓度因切花种类而异。

2. 保鲜剂的主要成分和作用

切花保鲜剂成分有水、碳水化合物（蔗糖、葡萄糖）、杀菌剂（8-羟基喹啉、次氯酸钠、$CuSO_4$、硝酸银、乙醇、硫代硫酸银）、无机盐、有机酸（柠檬酸、酒石酸、苯甲酸）、乙烯抑制剂或拮抗剂（硝酸银、STS、甲基环丙烯），以及植物生长调节剂等。其最主要成分是水分、碳水化合物、杀菌剂、酸化剂等。

（1）水分。自来水中的氟离子，小苍兰、非洲菊、唐菖蒲对其敏感；亚铁离子对菊花有害；钠离子对香石竹有害；pH = 3 ~ 4 的水对切花有利，能抑制微生物生长，防止维管束被堵塞。

（2）碳水化合物。花卉采收后营养源来源缺失，碳水化合物是营养源和能量来源。花卉保鲜剂大多含有糖，最常用的是蔗糖。碳水化合物因切花种类、品种、材料部位及保鲜剂而异，浓度在 1%~30%。预处理液的糖液浓度大于催花液，催花液的糖液浓度大于瓶插液。

（3）杀菌剂。瓶插水中的微生物主要有细菌、酵母菌及霉菌等，杀菌剂可以抑制微生物的生长繁殖，防止其阻塞花茎导管进而影响切花吸收水分，防止产生乙烯和有毒物质加速切花衰老。常用药剂有 8-羟基喹啉硫酸盐、8-羟基喹啉柠檬酸盐加硝酸银、硫酸铝、噻菌灵。

（4）乙烯抑制剂。主要有硫代硫酸银、1-甲基环丙烯、ACC 合成酶抑制剂。ACC 合成酶抑制剂中，AVG、AOA 有效果，但价格昂贵。

（5）植物生长调节剂。包括细胞分裂素、赤霉素、生长延缓剂、生长素和脱落酸等。

①细胞分裂素：如 6-苄基腺嘌呤、激动素等。花卉在长期运输前保鲜处理，可促进水分

平衡、抑制乙烯产生、降低乙烯的敏感性、防止叶片黄化。

②赤霉素。它可以加速贮运后香石竹、唐菖蒲、菊花开放，抑制百合、六出花等长期贮运中叶片黄化，延长紫罗兰、菊花采后寿命，提高许多切花的观赏品质。

③生长延缓剂：过去常用的有比久、矮壮素、青鲜素。它可以延长郁金香、香豌豆等切花的瓶插寿命。

生长素、脱落酸现在很少用，仅用于特定的种类。

（6）有机酸。其主要作用是降低 pH，促进花茎吸水及水分平衡，减少维管束被堵塞，以及杀菌等。其中，柠檬酸最常用，其次还有抗坏血酸、苯甲酸、酒石酸。

（7）无机盐。它的主要作用是增加花瓣细胞的渗透压，促进吸水与水分平衡。主要有钾盐、钙盐、铵盐。

三 常见鲜花保鲜方法

瓶插期的长短，与花的导管是否通畅有很大关系。如果导管堵塞，花卉无法吸水会很快萎蔫。要延长瓶插切花的观赏时间，必须采取一定的措施。

剪取的花枝应是含苞待放，花枝上应带有一部分叶片。除木本花卉要用剪刀剪取外，对于枝条发脆的草本花卉，花茎易折断而伤茎秆导管，影响水分、养分的输送，花卉寿命受影响，特别要注意。

延长花枝寿命的简易处理方法，大致有以下几种。

（一）剖烧烫法

（1）剖：对木本花卉植物，可在花脚部位进行。

（2）烧：一品红等花卉剪后切口易流白浆，如果不止住，花很快会腐败，花枝末端应在火中烧一下。

（3）烫：对木本花卉植物，花枝浸泡于热水中几分钟（如唐菖蒲、晚香玉、大丽花等），利于吸水和杀菌、防腐。一般在 80℃水中烫 2~3min。

（二）剪枝法

每天或隔天剪去发黏的花枝末端，使切口保持清爽、新鲜，保持吸水功能畅通。

（三）末端击碎法

一些木本花卉，如玉兰、丁香、牡丹等，可将其花枝末端 3~4cm 处轻轻击碎，以扩大吸水面，进而延长插花寿命。

（四）深水急救法

当花枝刚开始萎蔫时，可在水中剪去花枝末端 3~6cm，利用深水水压高及在水中导管不被空气堵塞原理，仅留花头于水面外，约 2h 后，花枝就会苏醒过来，使脱水花枝得以恢复。注意：剪枝后要让花枝在水中吸足水 15~20min，才可以拿出水面。

（五）涂盐法

可用少许食盐（或淡盐水）涂抹在花枝切口上。桔梗、彩叶芋、百合、马蹄莲等花卉可用此法。

（六）浸醋法

插花前可先将花枝切口浸在食用醋中 10s 左右。波斯菊、绣球菊、玫瑰、圣诞花、银柳等花卉可用此法。

（七）茶水法

用茶水直接处理切花，可延长花期 3 倍左右。

除上面的方法可以采用，还要注意：花卉要远离催熟剂，远离成熟的蔬菜和水果，因为它们会释放大量乙烯，导致鲜花衰败；已败落的花果应及时清理；瓶插容器应该避免用金属容器，因为在某些情况下金属离子会钝化保鲜剂中的某些成分；摆放时，应放在空气流通、光线适宜的地方，夏天应远离阳光直射，冬天则远离风口；保鲜温度，普通花卉在 5℃左右，热带花卉在 10℃～12℃；剪花卉的刀要锋利，防止花卉二次受伤。

另外，没入水中的茎叶应清除，否则叶片腐烂，会导致微生物迅速生长。其分泌出细胞汁液、含水化合物、氨基酸和其他化合物，会刺激微生物繁殖并阻塞花茎，影响吸水，加快其萎蔫。因此要防止花、叶掉入水中，污染水源。

经验与提示

1. 花卉产品保鲜的品质变化，花卉采后出现的现象

（1）焦边。这种现象是采后的花卉产品（叶片、花朵）边缘失水干枯，程度轻的通过摘除或修剪进行掩饰，但是会影响其自然美。不久焦边现象还会出现，因此，焦边是切花采后保鲜管理中比较棘手的问题。为了避免上述现象发生，要做好采前管理。

产生焦边现象的原因主要有：一是水分疏导受到抑制；二是矿质营养不足。

（2）弯颈。弯颈是在贮藏中暂时缺水或其他原因，花茎产生弯曲的现象。例如，唐菖蒲的花葶长出后，如果遭遇干旱水分高缺，其花茎低垂，即使过后补水，弯曲的部位仍无法自然恢复到原来的直立状态，切花在市场销售会受到影响。

（3）折箭。对于某些花茎中空的花卉来说，经常出现由于花梗组织生长不充实而折断的情况，这种现象通常称为“折箭”。

如水仙生产中常会遇到这个问题。折箭会造成商品率下降，在采前和采后都有发生。其产生的主要原因是在生长期营养不足，未能提供足够的纤维素保持花梗的插拔。栽培管理中应适当多施钾肥，夜间减少水分供应，加强环境通风，及时摘去残枝败叶等。

（4）变色。绿色消失，叶绿素分解，类胡萝卜素显现。引起花色（即指花冠的颜色）变化的原因主要有两点：一是由于花瓣的理化条件不同而引起的花色变化；二是由于色素组成及含量不同而引起的花色变化。例如，月季品种“Masquerade”的花瓣中花青素苷含量会因花朵的开放变化而发生变化，见表2-4。

表2-4 花瓣中花青素苷含量随着花瓣开放度而变化

开花天数/天	3	5	7	10
花青素苷含量 *	痕迹量	0.108	0.175	1.458

注：* 以干重计%。

此月季品种的花朵蕾期为黄色，初开为粉红色，盛开转为红色。这种颜色的变化是由于花朵发育初期只生成类胡萝卜素，随着花朵的开放则逐渐生成花青素苷等。

（5）蓝化。花卉在贮藏中常出现“蓝化”现象。这是品质下降的一个标志。“蓝化”是指随着花朵的开放，其红色色调减弱，蓝色色调增加。

“蓝化”在红色品系的月季品种中十分常见。“蓝化”最终会导致月季花朵变为一种极不美观的微带蓝色的紫红色色调。

“蓝化”现象发生的原因主要有以下几种。

①因组织中缺少单宁所致。有人将月季品种进行色素、灰分、单宁三种成分定量分析，发现色素和灰分在两种月季品种中的含量差异不大，而单宁含量的差异很大。在同样条件下，不发生蓝化的品种中单宁含量明显高于易发生蓝化的品种，不易发生蓝化的品种中单宁含量远远高于易发生的品种。据此认定单宁具有保护花青素苷，并具有稳定花青素苷呈红色的作用。

②因花瓣细胞液的pH上升所致。研究发现，对有些月季品种采摘后的蓝化的发生与单宁含量无显著相关性，却发现采收一段时间后花朵中游离氨基酸含量是刚采收的20倍，由此认为花瓣细胞液的pH上升是导致月季花蓝化的主要原因。

③因细胞内形成特殊单宁结构物质所致。

（6）失鲜。花卉的失鲜表现为结构、形态、色泽、重量、质地等各方面的变化。主要原因包括花卉内部的正常代谢受到影响，特别是失水过多或呼吸代谢加快时，容易失鲜。

2. 花茎水分传导性降低的原因

（1）切口创伤反应，切口端受伤，细胞会释放出单宁和过氧化物，其氧化产物酶分解的果胶产物会堵塞输导组织。

（2）切口处常会滋生大量微生物，其迅速繁殖的菌丝体或其代谢产物会侵入输导组织，堵塞导管。

（3）切花导管被气泡堵塞时也会引起吸水不良。

3. 花瓶的选择

花瓶的高度应该为花束长度的40%~60%，且使用可盛1L水以上的花瓶为好。所有的花瓶都可以用来插花，但花瓶的质地会影响鲜花的花期。玻璃花瓶效果最佳；水晶花瓶用久了会产生小孔，易有细菌等微生物附着，不易清洗；塑料花瓶长期使用会出现划痕，很难清洗；

陶制花瓶，如果上釉，相对中性。如果没有上釉或有损害，易于微生物附着，很难清洗；金属花瓶最差，因为金属离子易与保鲜剂反应钝化保鲜剂，所以使用金属花瓶应加塑料花瓶内套。

5. 保鲜剂的使用

采切后使用花卉保鲜剂可以保持花卉最好的品质，延缓衰老，抵抗外界环境的变化。保鲜剂可延长鲜花寿命2~3倍，其还能使花朵增大，保持叶片和花瓣的色泽。

6. 护理和禁忌

每天检查花瓶，确保花茎浸泡在水中，必须保持水质和花瓶的清洁。同时不要将鲜花放在干燥、太阳直射处；花瓶要远离水果和香烟。

6. 鲜切花瓶插前的处理

（1）鲜花瓶插前去除浸泡在水下茎上的叶片，以免叶子腐烂产生微生物堵塞导管吸水，避免损伤花茎、表皮或刺，一般不要去除花茎上的刺。

（2）使用锋利的剪刀，以45°斜切花脚，剪除长度以5cm为好。

（3）瓶养花用水的选择。花瓶盛水前一定要洗干净，否则水质差，会影响花茎吸水，容易出现花和叶的萎蔫。对切花来讲，低pH（pH=4~5）比高pH要好得多，pH过低（pH<4）花茎就有可能褪色变软，如菊花。自来水水质一般选择呈中性的。

7. 切花观测指标

取花枝粗细和花蕾开放程度一致的植株，留枝长30cm（香石竹）叶片4~6片，花枝插入350mL保鲜液瓶内，放置于无直射光、无风的室内，温度在10℃~21℃，湿度在50%~75%，光照强度在236~394lx。

每天定时测定花朵直径、花朵开放程度等，最后统计催花天数、瓶插天数、花朵直径等指标。

（1）花朵开放程度。花朵由蕾期到盛开期分4种状态，分别为锥形、柱形、冒形、盘形。

（2）花朵直径：每天用游标卡尺量取垂直于花朵纵轴两个方向（除最外层花瓣）的花朵直径，取平均值。

任务训练1：花卉采后瓶插开花进程描述

【任务要点】

（1）切花开放进程，判断切花新鲜程度。

（2）学习切花采后开花指数划分和描述方法。

【任务原理】

鲜切花采后开放和衰老表现在花朵形态上是一个连续变化的过程。鲜切花采后的使用目的不同，其适宜采收的标准有差异。利用鲜切花从现蕾、开放到衰老的动态过程，确定切花不同的开放指数，并分别用示意图和文字进行描述，对鲜切花采后保鲜研究等具有实践意义。

【任务准备】

花材：月季、香石竹切花等。

仪器和药品：数码照相机、切花瓶插观察室、游标卡尺、标签纸、花枝剪、插花容器、蒸馏水等。

【任务实施】

（1）花材整理。取花枝粗细和花蕾开放程度一致的（温室采切）月季切花在实验室进行去刺及多余叶片等，留花朵下方3~4片复叶，将花材剪切成枝长35cm；将香石竹切花基部叶片去除，剪切成35cm长。注意切花在水中进行剪切。

（2）将剪切整理好的花材插入含有蒸馏水的容器中（可以用去口的2. 25L塑料饮料瓶代替），放置于无直射光、无风室内，温度控制在10℃~21℃，湿度保持在50%~75%，光照强度保持在236~394lx，每瓶5枝花，分别用标签标明序号。将其放入切花瓶插观察室内进行观察，记录观察花卉的状态。

（3）观察花朵形态，根据已有的切花的开花指数划分方法，每天测定花朵直径、花朵开放程度，叶片出现斑点、变黄的时间等，最后统计催花天数（花蕾入瓶至全部开放天数）、瓶插天数（入瓶花蕾从未开到开始萎蔫或出现黄斑的天数）等指标。花卉采后瓶插开花进程描述填入表2-5。

表2-5　花卉采后瓶插开花进程描述

花卉品种	第1天				第3天				……	第 n 天			
	直径	开放指数	催花天数	瓶插天数	直径	开放指数	催花天数	瓶插天数	……	直径	开放指数	催花天数	瓶插天数
月季1													
月季2													
月季3													
香石竹1													
香石竹2													
香石竹3													

分别用数字记录每枝花的开放基数；用游标卡尺测量花朵的最大直径；同时用数码相机记录花朵的形态。

（4）在花朵开放期间，每天定时记录花朵开放程度。

（5）将记录结果进行分析，描述花朵开放进程和花朵开放衰老期间的花径增大率，并用示意图表示不同的开花级数的花朵形状。

例如，香石竹开花进程和花朵直径变化过程。

（1）香石竹切花开花指数描述。

①幼蕾期：花瓣初显色。

②小蕾：花瓣伸出不到1cm，紧抱合。

③大蕾：花瓣伸出不到1cm，且直立。

④初开：花瓣开始松散。

⑤初盛：花瓣松散，外瓣小于水平线。

⑥盛开：花瓣全面松散，外瓣水平。

⑦胜末：中心花瓣裙松散，外瓣大于水平线。

⑧衰老：外瓣开始萎蔫，垂下，掉落。

（2）开放程度。花朵由蕾期到盛开期分以下4种状态。

①锥形：花朵顶部直径小于基部直径。

②柱形：花朵上部直径等于下部直径。

③帽形：花朵上部直径大于下部直径，但未完全绽开。

④盘形：花瓣层层绽开，花朵直径达最大。

（3）花朵直径：每天用游标卡尺量取垂直于花朵纵轴两个方向（除最外层花瓣）的花朵直径，取平均值。

任务训练2：　康乃馨采后处理

【任务要点】

（1）掌握康乃馨采后处理方法。

（2）掌握保鲜剂的配制。

【任务准备】

康乃馨、冷库、运输车、遮阳网、采枝剪、保鲜液、桶、蒸馏水等，根据季节及教学条件选择花卉完成任务。

【任务实施】

1. 采收时间和方法

（1）采收时间。采收以避开高温和高强度光照为原则。一般在早晨10点前或傍晚5点以后为好。

康乃馨开花等级分4个级别。

开花指数1：最低等级，花瓣未露出花萼片，花萼片开放呈星形采收，可远距离运输或送到温度较高的地区销售。

开花指数2：花瓣露出花萼片0.5cm左右，冬春两季采收下来远距离运输和近距离运输。

开花指数3：外层花瓣没有散开，花瓣直立露出花萼片1~2cm，适于近距离运输或送温度较低地区销售。

开花指数4：外层花瓣完全散开，不适于远距离销售，宜在本地区销售。

（2）采收方法：采收时大棚温度不能超过25℃，避免因新陈代谢过快，水分蒸发过多而衰老。采收同一品种同一批次花卉以开放度一致为好，采收康乃馨从节上部45°剪口，从基部6~8cm处剪切。

2. 分级

康乃馨分级场所应在种植区，并有相应的遮阴网。目前尚无分级标准，分级根据订货要求、市场标准分级，如康乃馨70cm以上属于一级品，60~70cm属于二级品，60cm左右属于三级品，40cm以下按废品处理。分级的同时剥掉基部10~15cm的叶片，挑出损伤、被病虫感染的和畸形的切花，针对花朵开放度、花径长度、花苞基部形状依次排列好顺序，边整理边分级。

初次分级后按200枝为一捆捆扎，放入水中入冷库预冷。

3. 预冷

康乃馨可以在大棚内分级再预冷，因为康乃馨叶片小、水分蒸发慢且不易失水，可以先分级再预冷，冷库温度在4℃~8℃，预冷时间2~4h，一般宜在30min内快速预冷。预冷越快，花卉衰老越慢。

4. 包装、预处理

康乃馨包装用普通白纸进行独立包装，方法一般是把20枝花并排摆放，扎成2或3层方形或圆形花束，包扎好后将茎干再扎整齐。

包装好后进行预处理：放入预处理液中处理4h，康乃馨预处理液用0.1mg 8-羟基喹啉加0.25%的高锰酸钾、0.35mg砂糖、0.1mg柠檬酸、500mL蒸馏水配原液。

原液用清水稀释100倍后再使用，混合好后分装到多个运输桶内，放水深5~10cm，把花放入冷库处理4h。

5. 运输

花卉一般采用空运。有干运输和带水冷链运输两种运输方式，让鲜花始终不离开营养液水。干运输较简单，带水冷链运输成本则较高。

任务训练3： 月季采后处理

【任务要点】

（1）掌握月季采后处理方法。

（2）掌握保鲜剂的配制。

【任务准备】

月季、冷库、运输车、遮阳网、采枝剪、保鲜液、桶、蒸馏水、数码照相机、切花瓶插观察室、游标卡尺、标签纸、花枝剪、插花容器、蒸馏水等。根据季节及教学条件选择花卉完成任务。

【任务实施】

1. 采收的时间和方法

（1）采收时间。以避开高温和高强度光照为原则。一般在早晨10点前或傍晚5点以后为好。月季应在上午采收，因为月季采后失水快。

（2）采收方法：采收时大棚温度不能超过25℃，避免新陈代谢过快，水分蒸发过多而衰老。采收同一品种同一批次花卉以开放度一致为好，月季从基部8～10cm处剪切，剪口为45°，以增加花茎吸水面，剪口下应保留1～3个叶芽。采收注意保护花蕾，不能出现渗水现象，避免枝干上的刺相互划破。月季采收后去掉最下部20cm的刺和叶。

月季采收分6个级别，如图2-6所示。

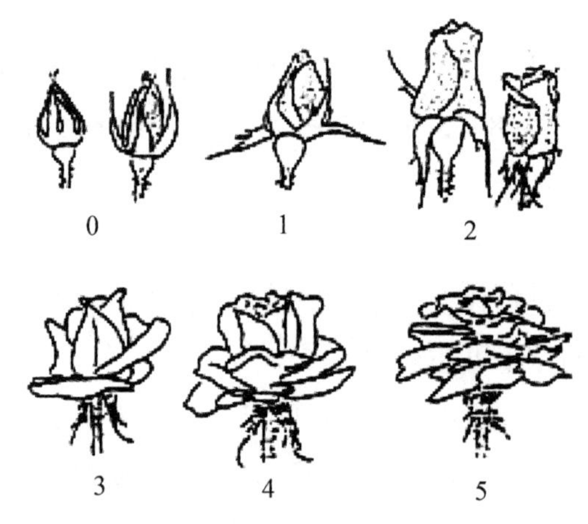

图2-6 月季切花开花指数图

月季切花开花指数描述如下：

开花指数0级：萼片直立，花瓣未打开，成熟度过低，不能采收。

开花指数1级：花萼水平松散，花瓣未打开，刚形成基本形状，从上看顶部抱紧。成熟度过低，采收很难开放，不适宜采收。

开花指数2级：外面花瓣刚散开，可以看到里面的花瓣，能采收，但只适于贮藏、远距离运输或送到温度较高的地区销售。

开花指数3级：外层花瓣打开，中心花瓣逐渐散开，冬、春两季采收下来可近距离运输或远距离运输。

开花指数4级：外层花瓣展开，花朵显现本色，夏、秋季采收适于远距离市场或在本地区销售。

开花指数 5 级：月季花瓣完全展开，花朵朵形最大，成熟度过大，也不能长途运输，只能就近销售。

2. 预冷

月季容易失水，必须先预冷再分级，与康乃馨不同，冷库温度在 2℃ ~4℃，预冷时间 2~4h，使月季快速降温。

如月在季预处理后，“弯茎”发生率、鲜重丧失减少，花茎增大，瓶插寿命延长。

3. 分级

月季预冷后可以分级包装。月季分为 A、B、C、D 四级。以黑玫为例，A 级花为没有缺陷的花，大小正常，花色是纯正的，花和叶没有病虫害危害，花长度要求在 80cm 以上；B 级黑玫只是长度有差别，叶没有区别；C 级黑玫叶片较小、光泽度差、有病斑虫眼，分级后还需要去除茎干上多余的叶片和刺；D 级最差。

4. 包装与预处理

（1）包装。月季切花采用材质较硬的瓦楞纸和带透气孔的塑料纸进行独立包装，方法一般是把 20 枝月季并排摆放扎成 2 或 3 层方形或圆形花束，包扎好后将茎干再扎整齐。

（2）预处理。月季预处理液用0.1mg 8-羟基喹啉和 400mg 磷酸二氢钾、0.1mg 冰乙酸、1%蔗糖、1%酒精、500mL 蒸馏水配原液。

原液用清水稀释 100 倍后再使用，混合好后分装到多个运输桶内，放水深 5~10cm，把花放入冷库处理 4h。

包装好的月季应入冷库贮藏。

【练习与思考】

（1）比较主要切花采后工艺的异同点。

（2）用所学知识分析当地主要切花在贮运过程中存在的主要问题，并提出解决的方法。

任务训练 4： 花卉保鲜效果观察

【任务要点】

（1）学会多种延长花卉瓶插时间的方法。

（2）学会花卉保鲜剂的选择。

（3）能观察并描述鲜切花的开放过程。

【任务准备】

蒸馏水或凉开水、修枝剪、花卉（月季、非洲菊、康乃馨）、玻璃花瓶、阿司匹林、高锰酸钾、维生素 C、标签纸、记号笔、天平、游标卡尺、数码照相机或手机。

【任务实施】

1. 花材整理

为便于观察，每个瓶子放 3 朵花卉。花卉在放入洗净花瓶前，用剪刀以 45°斜角剪切下端，增加其吸收营养、水分的面积。花卉浸泡部分的叶子必须除去，以减少叶片光合作用及防止其腐烂。

2. 保鲜剂配制

按比例配好 10 瓶保鲜水，并且以“1#”“2#”“3#”……“10#”编号，观察保鲜剂中起作用的成分，观察各保鲜剂的保鲜效果。

1#：水+维生素 C 4 片。

2#：水+阿司匹林 4 片。

3#：水+高锰酸钾 4 片。

4#：水+维生素 C 8 片。

5#：水+阿司匹林 8 片。

6#：水+高锰酸钾 8 片。

7#：水+阿司匹林 4 片+维生素 C 4 片。

8#：水+维生素 C 4 片+高锰酸钾 4 片。

9#：水+高锰酸钾 4 片+阿司匹林 4 片。

10#：水。

3. 观察记录

观察花朵颜色变化、叶片颜色变化、枯萎时间。

记录：1~3 天观察一次。

测定花朵直径、花朵开放程度等，最后统计催花天数（花蕾入瓶至全部开放天数）、瓶插天数（入瓶花蕾从未开到开始萎蔫或出现黄斑的天数）等指标。

分别用数字记录每枝花的开放基数；用游标卡尺测量花朵最大直径；同时用数码照相机或手机记录花朵形态。将观察记录填入表 2-6 中。

表 2-6　花朵观察记录

观察记录编号	1#	2#	3#	4#	5#	6#	7#	8#	9#	10#	备注
月季											
非洲菊											
康乃馨											

4. 注意事项

（1）没入水中的茎叶应清除，否则叶片腐烂，微生物迅速生长，分泌出细胞汁液、含水化合物、氨基酸和其他化合物，刺激微生物繁殖阻塞花茎，影响吸水，加快其萎蔫。防止花、叶掉入水中，污染水源。换水时，要将基部已不新鲜的切口剪去一部分，再插入水中。

（2）摆放位置：夏天远离阳光直射，冬天远离风口，花卉保鲜温度为15℃~20℃，相对湿度50%~75%。

（3）当液面下降时，添加清水补充。

（4）保鲜环境，远离催热剂：远离成熟的蔬菜和水果，因为它们会释放大量乙烯，导致鲜花衰败；已败落的花果及时清理。

（5）选择开放程度、大小一致的花卉进行。

【练习与思考】

1. 鲜切花保鲜剂一般有哪些成分？

2. 阿司匹林和高锰酸钾对花卉有哪些功效？哪个保鲜花卉效果更好？

知识拓展

干花制作

干花是植物材料经脱水干燥、保色、定型，制成具有观赏价值的干燥植物材料，包括植物的花朵、叶、茎、种子、果实、根等植物器官的各个部分，但主要指干燥的花卉。除此之外，还可以利用鲜花花瓣，干燥后制成香袋。

1. 干花的特点

（1）干花保持着植物的自然风貌与姿态。

（2）干花及其饰品能持久地观赏1~3年或更长时间。

（3）干花可在产花季节集中采集，干制后长期保存，在任何时候都可以制作成各种饰品。不同季节的花材也可以任意组配。

（4）干花所能制作的装饰品种类丰富多样，组合与造型随意，不受花的个性与环境的限制。

（5）干花及干燥花饰品不需要像鲜花一样严格、复杂的贮运保鲜条件，销售中也不像鲜花要承担较大损耗风险。

2. 干花的种类

（1）按制作保持的形态划分，干花可以分为平面干花与立体干花两类。平面干花是将花材经过压制脱水而制成，也称压花。立体干花可以制作成干切花。

（2）原色干花、漂白干花、染色与涂色干花。

①原色干花：是花材干燥后大体保持原来的颜色，直接用于制作饰品。

②漂白干花：对在干燥后出现褪色现象，或色泽晦暗，或形成污斑而影响观赏效果的花材，人们常采用漂白方法将其漂白脱色，使花材变得洁白明净，并依然保持花材原有的姿态风貌。

③染色干花：对干燥后易于变色、褪色失去观赏魅力的花材，可采用吸收色料使色料透

入花材组织内部使花材着色。

④涂色干花：经过干燥处理的干花，在其表面喷涂色料，利用黏着剂的固着力，将色料固着在花材表面。

(3) 创作干花与永生花。

①创作干花：是利用已经干燥的植物器官为素材，经人工拼装黏合而成的人造花朵，通常应用于干花插花的需要。

②永生花：是以有机溶剂取代花材中的水分，然后进行真空冷冻干燥，使植物保持鲜活状态。永生花不容易掉花，保持时间久。

永生花无论是色泽、形状、手感几乎与鲜花无异，它保持了鲜花的特质，且颜色更为丰富、用途更广、保存时间至少3年，是花艺设计、居家装饰、庆典活动最为理想的花卉深加工产品。

永生花材选用要求花刚开放成熟、质地坚韧、花瓣含水量少、厚实，花型中小的深色系列花；叶材的采集，要求叶片厚、手感粗糙、易整形且不易卷曲、质地柔韧性好、挺而不脆的厚型草质叶。

3. 干花的制作

(1) 采收。香花采收的最佳时间是早上10点左右。这时露水刚晒干，气温也不高，香花的香味此时最浓。采收后应立即处理，或放在阴凉处，以保持新鲜状态。

如果将开花期分初花期、中花期、末花期，以采花为目的，收获最好在中花期进行。

像薰衣草、西洋甘菊、锦葵、玻璃苣等芳香植物的香气成分主要集中在花中，我们只用它们的花。

(2) 干燥方法。

①干燥前准备。在制作干花时，应选干燥天气进行干燥。花茎应留得长一些，除去叶子，因为叶片会延长脱水过程，而且往往皱缩失去观赏价值。

收割的花3~5枝一束，倒挂于通风阴凉处（不能曝晒）。为防止灰尘和花朵掉落，可用透气性强的袋子外罩纸袋或布，也可薄薄地平摊于干净处，晾干后收集花朵，装入干燥的花瓶或纸箱中。

大型切花（如飞燕草）应单花悬挂干制，若成束捆住，花干后彼此易挤碎。一般切花可捆成小束，花头彼此分开，使它们不因挤压而受损伤，在数天之后，切花会慢慢变干，用手接触感到质脆，花瓣成纤维状，即制成干花。

②干燥操作。

a. 风干。风干是最简单、最常用的方法。可以在室外或密封环境进行。可选择温暖、干燥，且通风条件良好的房间，室内温度不低于10℃，为了防止组织皱缩，保存其自然色泽，悬挂时把切花头朝下，这样在干燥过程中茎的顶端保持刚硬，也可用铁线或架子上悬挂切花予以干燥，如图2-7所示。一定要远离墙面，干花才有立体感，不要使用不透气密封袋密封，因为它会阻碍水分扩散，引起发霉。

(a)

(b)

图 2-7　花卉干燥

常年生野花、绣球花、飞燕草、含羞草、艾菊等，需用细麻线把它们扎成小把倒挂在衣钩或细绳上面；纸莎草、薰衣草、蒲苇花，需插在敞口很大的容器里风干，使它们能成扇形摊开。有的花只需平摊着放到架子上即可。风干原则上是干燥得越快，温度越低，越能保持芳香植物的色香味。

b. 烘干：54℃ ~56℃最合适，不能超过 60℃，否则精油容易挥发掉。

c. 低温冷冻干燥：这种方式色香味保持最好，但只适合少量香草，成本高。

d. 微波干燥：少量，快速，颜色保持较好，但香气损失较多。

e. 鲜花干燥剂干燥：这种方法是把花放入容器中，用干燥剂埋起来干燥几天就可以完成干燥过程。

最常采用的是综合干燥方法。它是先风干一天，再烘至八成干，最后微波干燥。

风干的时间会随着花的类别、空气湿度和气温的变化而变化。在温暖、干燥的房间里，飞燕草只需 2~3 天就变干，但在温度稍低的房间里，则需要 8~10 天的时间。需要注意的是每隔 2~3 天就要去检查，如果感觉花像纸那样脆，即说明干花已经制成。

项目三 贮藏库的构造与使用

任务一 贮藏库的原理、构造与使用

学习目标

【知识目标】

掌握贮藏库贮藏的原理及贮藏管理方法。

【能力目标】

学会使用贮藏库贮藏产品。

新鲜园艺产品有多种贮藏方式，常用的有常温贮藏、低温贮藏、气调贮藏。不管采用哪种贮藏方法，都应根据其生物学特性，在产品适宜贮藏的环境中，降低其呼吸作用，抑制水分的散失，控制微生物活动，从而达到延长寿命、增加货架期的作用。

这些贮藏方式是利用具体的贮藏库来贮藏产品，如常温贮藏库、机械冷藏库、气调贮藏库等多种贮藏库。常温贮藏库是利用自然低温随季节和昼夜不同时间变化，人为调节库内贮藏温湿度，以达到贮藏产品的要求；机械冷藏库是利用制冷设备人为调节库内温度、湿度维持适宜贮藏环境，达到长期贮藏的目的；气调贮藏库则是利用制冷设备在低温下调节贮藏环境气体成分（如氧气、二氧化碳）来贮藏食品的方式。

一 通风库贮藏

通风库贮藏是常温贮藏的一种，除此外常温贮藏主要有堆藏、沟藏、窖藏，这几种方法简单易行，成本较低，是我国果蔬产区经常使用的方法。常温贮藏因为不能人为调节贮藏条件（如温度、湿度）达到理想状况，贮藏寿命也不能最大限度地延长，一般作为新鲜果蔬产品的短期和临时性贮藏。常温贮藏对温度管理最为重要。

（一）通风库的形成原理

通风库必须有良好的隔热性能、固定的砖木水泥结构、灵活的通风系统。

通风库是利用自然的冷热空气所形成的气压差产生对流，使库外冷空气进入，排除库内湿热空气（空气里有贮藏果蔬产生的乙烯、二氧化碳、呼吸热和水蒸气等），以维持库内比较适宜的低温。

（二）通风库的类型和特点

通风库有地上式、地下式、半地下式三种基本类型。

（1）地上式。地上式通风库的库体全部处在地面以上，受气温影响较大，保温性能较差，需要有良好的绝热建筑材料进行隔热。它有利于空气对流，降温效果良好，一般适宜于地下水位高或温暖地区使用。

（2）地下式。地下式通风库的库体全部处在地面以下，受土温影响较大，节约建筑材料。但建造时受地下水位的限制，挖掘的土较多，库房的通风降温效果较差，适宜于高寒地区或地下水位低的地区使用。

（3）半地下式。半地下式通风库的库体约一半处于地面以上，另一半处在地面以下，可用土壤作为隔热材料，既能节省部分建筑材料，也有利于通风降温，适宜于较温暖地区使用，如陕西省、山西省。半地下式通风库如图 3-1 所示。

图 3-1　半地下式通风库

（三）通风库的设计

1. 库址选择与库体方向

通风库在建库时应选择地势高燥，地下水位低，通风良好，水电、交通便利，同时距产销地较便利的地方。

库体方向应考虑阳光照射和风向等因素。在南方，通风库的方向以东西向为宜，这样可以减少冬季阳光照射，保持比较稳定的库温；北方则以南北走向为宜，这样可以减少冬季北风的袭击面，避免库温过低使产品受冻。

2. 通风库的规格

一般多建成长方形或长条形，库内高度宜在 4m 以上，长、宽无固定规格，否则会影响库内空气流动，贮量也少。目前我国各地建造的通风贮藏库，通常跨度 9～12m，长 30～50m。库内可不设支柱。如果设计贮藏量大时，为便于管理，可建若干个库组成一个库群。

北方寒冷地区大多将库房分为两排，中间设中央走廊，宽度为 6～8m，走廊的顶盖上设有气窗，两端设双重门，以减少冬季寒风对库房的影响；库房的方向与中央走廊垂直，库门开向中央走廊；库房间墙壁可采用分列式或连接式（见图 3-2）。温暖地区库群各库房以单设库门为好，以便利用库门通风换气。

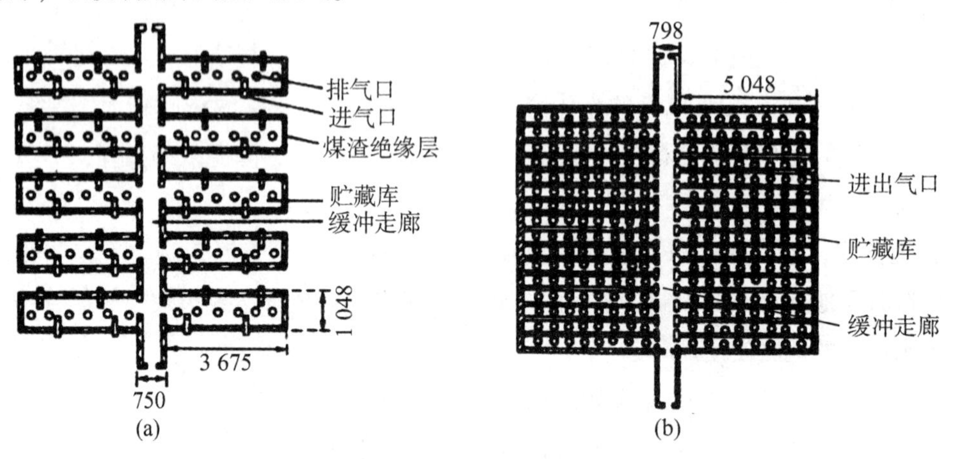

图 3-2 通风库平面示意图

（a）分列式通风库平面示意图；（b）连接式通风库平面示意图

3. 库墙的建造

库墙一般是夹层墙。为利于保温，内外两层为砖墙。为了便于隔热，在中间夹层填入干燥的稻壳、炉渣等，应分次装填紧密，以防下沉。夹层内还应涂沥青、挂油毡等，防止外部水气进入使填充材料受潮、隔热能力下降。另外，还可在库墙内侧铺贴软木板、聚氨酯泡沫塑料板等高性能隔热材料，并对其做防潮处理。

4. 隔热结构

库的隔热结构作用是保存库内的低温，它们在库的暴露面，尤其是库顶、地上墙壁、门窗等部分有隔热材料制成的隔热层。库体的隔热效果，首先取决于所用隔热材料的种类及其厚度，其次是库顶及墙体等的厚度、暴露面的大小及门窗、四壁的严密程度。许多常用的天然物料、建筑材料都有一定的隔热性能，聚氨酯泡沫塑料等合成材料的隔热性能尤佳。

5. 通风系统的结构

通风系统一般由进、排气口或进、排气筒组成。进、排气口的气压差越大，气体交换速度越快，降温效果越好。因此，进气口一般开设于库的下部或基部，排气口则开设于库的上部或顶部。为了进一步改善气流循环，应设法增大进、排气口的垂直距离，尽量提高气压差，因此生产上常在库顶设置高于库顶的排气筒，而在库底以下开设地下风道，这样虽增加了修建费用，但却有效地加快了库内气体流动的速度，降温效果更好。图 3-3 所示为通风库的通风结构。

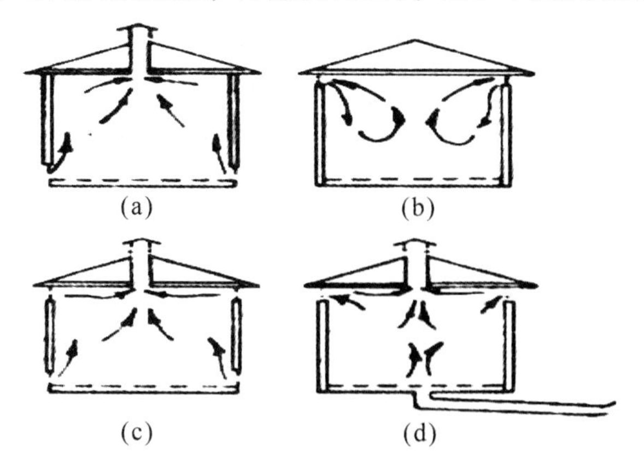

图 3-3　通风库的通风结构

（a）底部有进气口，顶部有排气筒；（b）进气口、排气口在顶部；
（c）底部、顶部有进气口，顶部有排气筒；（d）底部有外界进气口，顶部有排气口、排气筒

（四）通风库的管理

1. 库房及用具的消毒

每次产品入库前，要彻底清扫消毒库房、用具、设备。库房的消毒可以采用以下方法。

（1）甲醛（福尔马林）消毒：按每立方米库容用 15mL 40%甲醛的比例，将 40%甲醛放入适量高锰酸钾或生石灰，稍加些水，待发生气体时，将库门密闭熏蒸 6～12h。开库通风换气后方可使用库房。

（2）硫黄熏蒸消毒：用量为硫黄 5～10g/m^3，加入适量锯末，置于陶瓷器皿中点燃，密闭熏蒸 24～48h 后，彻底通风换气。需要注意的是硫黄熏蒸产生的二氧化硫遇水变成亚硫酸，能腐蚀金属材料，应特别加以防护。

（3）漂白粉消毒：将含有效氯 25%～30%的漂白粉配成 10%的溶液，用上清液按每立方米库容用 140mL 的用量喷雾。使用时注意防护，用后库房必须通风换气除味。

库房处理时一般要密闭库房 24～48h，之后通风排尽残药。使用完毕的筐、箱，应随即清洗干净，再用 0. 5%的漂白粉或 2%～5%的硫酸铜溶液浸渍，晒干备用。

2. 产品的入库和码垛

各种园艺产品入库前应先预冷，再包装，在库内堆成垛，或放在贮藏架上，做到“三离一隙”，即离墙、离地、离顶，箱箱有空隙，留空隙以便通气。通风库贮量大时，要避免产品入库过于集中。多种产品原则上应分库房存放，避免相互影响，不方便管理。

3. 温、湿度管理

在库外北面和南面离墙 2～3m 处放置温度计，定时观察气温变化。库内不同位放置温度计和湿度计。一般在进气口或距库门 2m 离地 30cm 处安放温度计，观察最低温度；在库中央

产品堆码的最高处挂温度计，观察最高温度；在库房中央1.5~2m高的位置挂温度计，以观察平均温度。

在秋季产品入库之前，应充分利用夜间冷空气，尽可能降低库体温度。

入贮初期，以迅速降温为主，应将全部的通风口和门窗打开，必要时还可以用鼓风机辅助。实践证明，在排气口装排风机将库内空气抽出，比在进气口装吹风机向库内吹风要好。随着气温的下降逐渐缩小通风口的开放面积，到最冷的季节关闭全部进气口，使排气筒兼进、排气作用，或缩短放风时间。

通风会改变库内的相对湿度，尤其在入贮初期，往往湿度不足，使产品失水多。为保持湿度，可以采用喷水、挂湿草帘、放置加湿器等增湿措施。贮藏中期，关闭全部通风口后，若湿度过大，可以辅以吸湿材料（如无水氯化钙、硅胶和生石灰等）。

4. 产品的贮期检查

根据产品的贮藏特性采用不同的检查频率。主要检查温度、湿度和气体成分。

（1）温度管理：通过通风换气调节库内温度，尽可能减少温度的变幅。

（2）湿度管理：入贮初期，以迅速降温为主，湿度较大，通过通风换气降低库内湿度，其他时期湿度较小，可以喷水增加湿度。

（3）气体成分管理：经常通风换气以防止过多二氧化碳等气体的积累。

由于通风贮藏方式比较原始、粗放，所以经常要检查，发现腐烂果蔬要及时除去，以防交叉感染。

总之，通风库贮藏在气温过高或过低的地区或季节，必须配以其他辅助设施，不然难以达到和维持理想的温度条件，湿度也不易精确控制。由于受外界环境的影响较大，其贮藏效果不如机械冷藏。

 机械冷藏库

机械冷藏是当今世界上应用最广泛的新鲜果蔬冷藏方式。常温贮藏方式因受气候的影响而有一定的风险，机械冷藏则不受气候条件影响，还可以进行长期贮藏，贮藏效果好，但是成本比常温贮藏高。它适用于各种园艺产品，已成为贮藏的主要形式。

机械冷藏是在有良好隔热性能的库房中装置制冷设备，通过制冷系统的作用，控制库内的温度及湿度的一种贮藏方式。

机械冷藏要求有坚固、耐用的贮藏库，且库房有隔热层和防潮层，以满足人工控制温湿度条件的要求，房屋可周年使用，贮藏效果好。根据温度需要可分为高温库（-5℃以上）与低温库（-18℃以下）。园艺产品机械冷藏库的设计温度一般为0℃左右，通常称为高温库。

常见的机械冷藏库由围护结构、制冷系统、控制系统、辅助性建筑四部分组成。一些小型冷库和现代化新型冷库无辅助性建筑。

围护结构主要由墙体、屋盖、地坪、保温门等组成，它是冷库的主体结构，提供了结构

牢固、温度稳定的空间，比普通住宅有更好的隔热保温性能。制冷系统是冷库的核心，是人工制冷和提供冷量的机械设备组合，主要有制冷压缩机、冷凝设备、冷分配设备、辅助性设备、冷却设备、动力和电子设备等。

（一）机械制冷原理

机械冷藏是利用制冷剂在液相与气相之间的变化，形成放热与吸热循环过程来吸收库内热量，其对制冷剂和库房有一定的要求：制冷剂要求低沸点、高汽化潜热，库房要有良好的隔热性以保持库内低温，从而达到冷藏的目的。图 3-4 为制冷机工作原理示意图。

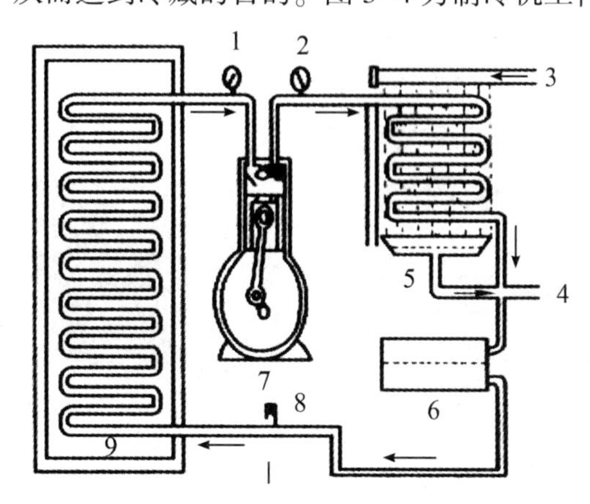

图 3-4　制冷机工作原理示意图（直接蒸发系统）

1—回路压力表；2—开始压力表；3—冷凝水入口；4—冷凝水出口；5—冷凝器；6—贮液（制冷剂）器；7—压缩机；8—调节阀（膨胀阀）；9—蒸发（制冷）器

（二）制冷系统的构成及冷却方式

1. 制冷系统的构成

（1）制冷系统。机械冷库的制冷系统是指制冷剂和制冷机械组成的密闭循环制冷系统，制冷剂在这一密闭系统通过调节阀（膨胀阀）反复进行压缩、冷凝、蒸发的过程，使产生的冷量与需要排除的热量匹配，满足降温需要，保证冷库温度条件在适宜的水平。由压缩机做功来完成制冷循环。图 3-5 为单级制冷系统示意图。

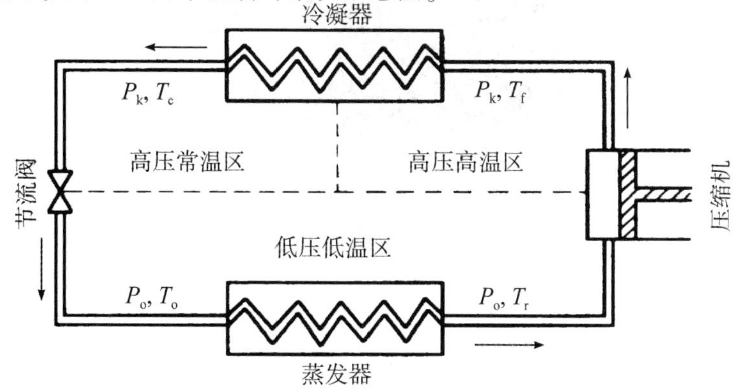

图 3-5　单级制冷系统示意图

①压缩机。压缩机是制冷装置中的主体部分，其主要功能是输送和压缩制冷剂。压缩机通过活塞运动吸进来自蒸发器的气态制冷剂，并将其压缩，使之处于高压状态，进入到冷凝器内。压缩机工作的好坏直接影响到系统制冷循环完成的程度。

②冷凝器。利用冷却水或空气吸收热量，把来自压缩机的制冷剂蒸气重新液化。

③蒸发器。它是液态制冷剂蒸发（汽化）的地方。液态制冷剂由高压部分经调节阀进入低压部分的蒸发器时达到沸点而蒸发，吸收周围环境热量，达到降低环境温度的目的。蒸发器一般由一些蛇形金属管道构成，可以安装在库内，或安装在专门的制冷间。

④调节阀。用来调节进入蒸发器的制冷剂流量，起降压作用。

压缩式制冷机主要由四部分组成，分别是压缩机、冷凝器、蒸发器、调节阀（膨胀阀）。除此之外，还有电瓶叉车，它是冷库内运输的主要工具。制冷必备设备如图 3-6 所示。

(a) (b) (c) (d) (e)

图 3-6　制冷必备设备

（a）冷凝器；（b）制冷机组；（c）蒸发器；（d）膨胀阀；（e）电瓶叉车

（2）制冷剂。它在制冷系统中循环并不断产生相变而传递热量的物质。

理想的制冷剂符合以下几个条件：①沸点低；②具备良好的吸热性能，蒸发潜热大，蒸气比容较小，单位容积制冷量大；③在高压冷凝系统内压力低，不与润滑剂起化学反应，黏度较小；④安全无毒、不易燃烧、化学性质稳定、价格便宜。

目前，生产实践中常用的有氨、氟利昂等。大多制冷剂沸点在-15℃以下，如氨在-33℃时汽化，氟利昂-12在-30℃时汽化。氟利昂对人、产品安全无毒，不会引起燃烧、爆炸，不会腐蚀制冷设备，但制冷能力低；氨比其他制冷剂汽化热大、冷凝压力低、沸点温低、价格便宜，但有一定危险性，其泄露后有异味且易燃烧、爆炸，会腐蚀制冷设备，对制冷系统密闭性要求高。大中型冷库一般采用氨作为制冷剂，小型冷库常采用氟利昂作制冷剂。

研究表明，大气臭氧层的破坏，与氟利昂对大气的污染有密切关系。许多国家采用了氟利昂的代用品，如溴化锂等制冷剂，以避免或减少对大气臭氧层的破坏，维护人类生存的良好环境。

（3）制冷过程。压缩机工作时，向一侧加压而形成高压区，对另一侧有抽吸作用而成为低压区，节流阀为高压区和低压区的另一个交界点。图3-5所示为从蒸发器进入压缩机的工质为气态，经加压后压力增至P_k，同时升温至T_f，工质仍为气态。这种高温高压的气体，在冷凝器中与冷却介质（通常为水或空气）进行热交换，温度下降至T_c而液化，压力仍保持为P_k以后，液态介质通过节流阀，因受压缩机的抽吸作用，压力下降至P_o，便在蒸发器中汽化吸热，温度降为T_o并与蒸发器周围介质热交换而使后者冷却，最终两者温度平衡为T_r，完成一个循环。

离开蒸发器的气态工质，已经吸收了蒸发器周围介质中的热量，温度为T_r，但这个温度比冷凝器中冷却介质的温度低，因此它不可能直接在冷凝器中将其所携带的热能转递给冷却介质，在其后的循环中再起制冷作用。但经过压缩机的工作后，气态工质被加压至P_k时，温度升至T_f，高于冷却介质，因此在冷凝器中可顺利地进行热交换而冷却液化。

2. 冷却方式

冷藏库房的冷却方式有间接冷却、直接冷却两种方式。

（1）间接冷却：是制冷系统的蒸发器安装在冷藏库外盐水槽内，先冷却盐水后，将降温的盐水泵入库房吸热以降低库温，温度升高后的盐水流回盐水槽被冷却，进行下次循环，不断吸热降温。这种方法降温时间长，效率低，库内温度不易均匀，所以在新鲜园艺产品冷藏专用库很少采用。

（2）直接冷却：把制冷剂通过蒸发器直接装置于冷库中，直接冷却库房的空气达到降温目的。蒸发将库内空气冷却有两种方式：直接蒸发、鼓风冷却。

①直接蒸发与间接冷却相似，蛇形管盘绕库内，制冷剂在蛇形管中直接蒸发。它的优点是冷却迅速、降温快；缺点是蒸发器易结霜影响制冷效果，温度不易控制，它不适合在大中型园艺产品冷藏中采用。

②鼓风冷却是现代新鲜园艺产品贮藏库普遍采用的方式，冷冻机的蒸发器或盐水冷却管安装在空气冷却器（室）内，借助鼓风机的作用将库内的空气吸入空气冷却器并使之降温，将已经冷却的空气通过送风管送入冷库内，如此循环，从而达到降低库温的目的。

（三）机械冷藏库的建造及管理

冷藏库的设计和施工有其特殊要求，具体表现在以下几方面：首先，减少库内外热传递，要求密封性好，不漏冷气；其次，不得因为天气湿热交替产生各种破坏库贮藏的作用，特别是冬天地面土壤冻结不能引起地基与地坪冻膨的现象。

冷藏库建造要注意库址的选择、冷库的容量、隔热材料性质、库房及附属建筑的布局等问题，在设计时应全面考虑。

1. 库址选择

冷库库址的选择要求交通便利、电水充足、卫生环境良好。

2. 库房容量

库房容量即单位体积所能贮藏产品的数量，包括过道、堆垛与天花板、墙、地面间的空间，各包装箱间的空隙等都要计算在内。冷库的大小主要根据贮藏产品的数量和产品在库内的堆放方式而定。

设计时首先要考虑贮藏库容量。通常采用的标准是：宽度不超过 12m，高度以 4~8m 为宜，中小冷库高度 4m。设计时可根据实际条件和经济情况选用。

3. 冷藏库的隔热

冷藏库构建一定要保温，节省制冷成本投入，可利用隔热材料建造隔热层；防止外部水汽进入使隔热材料受潮降低其隔热效应，并引起损坏，因此还需设防潮层。

通常，隔热材料厚度一般以软木板的厚度为标准，墙壁隔热材料厚度以相当于 10cm 厚的软木板为宜，地板厚度相当于 5cm 厚的软木板为宜，库顶由于日光照射可适当增加隔热材料的厚度。

隔热材料有两种类型，一种是加工成固定形状的板块状，如软木类；另一类是颗粒状松散的材料，如锯末、稻壳等。最好是采用板块隔热材料，因为它能保持原来的状态，持久耐用。松散颗粒隔热材料填充在两层墙壁之间，因其隔热性能较差，要适当增加厚度，同时由于重力的影响逐渐下沉，使隔热层上部产生空隙，易形成漏热渠道，增加制冷机械的热负荷。隔热材料的敷设应当使隔热层成为一个完整连续的整体，防止外界热量的传入。图 3-7 所示为大型综合式冷库。

图 3-7 大型综合式冷库

4. 冷藏库的防潮

防水汽材料有塑料薄膜、金属箔片、沥青胶剂、树脂黏胶等，或将绝热材料嵌于夹板之间。不管使用哪类防水汽材料，都要注意完全封闭，不能留有各种微小泄漏缝隙，特别是温度较高的一面。隔热材料内部水汽的凝结会降低隔热材料的隔热效能，不能使库内温度保持稳定。因此，在隔热材料两面与建筑材料之间要加一层防水汽层，用于封闭水汽。如果只在隔热层的一面敷设防水汽层，则应敷设在隔热层平常温度比较高的一侧。

特别要注意的是“冷桥”效应。当建筑结构中有导热系数较大的构件（如柱、梁、管道等）穿过或嵌入冷藏库体的隔热层时，可形成“冷桥”。“冷桥”的存在破坏了隔热层与防潮层的完整性和严密性，从而使隔热材料受潮失效，必须采取有效措施消除冷桥的影响。常用的方法有两种，即采用外置式隔热防潮系统（隔热防潮层设置在地坪、外墙屋顶上，将能形成冷桥的结构包围在里面）和采用内置式隔热防潮系统（隔热防潮层设置在地板、内墙、天花板内），如图 3-8 所示。

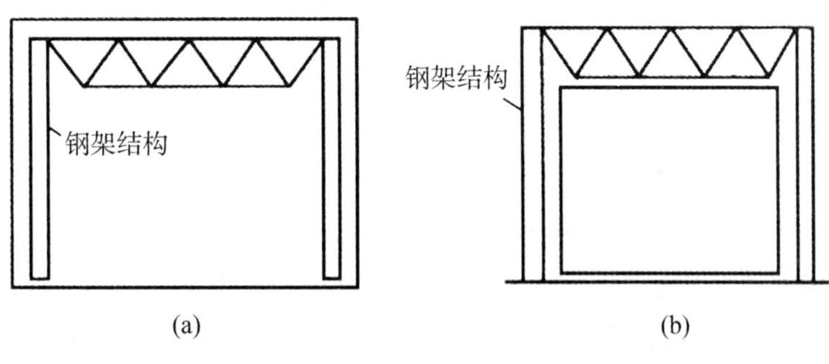

图 3-8　消除冷桥方式

（a）外置式；（b）内置式

5. 附属设施

设计冷库时，以冷藏库为主题，也要考虑其他必要的附属用房，如预冷间、准备间、加工间、休息间及工具存放间等。冷藏库要求建造一个装卸台阶，台阶的高度要与运输工具的底板相平，可提高工作效率。

6. 产品入库

产品入库前，先要对库房、装果箱架等消毒，防止产品被有害菌类污染引起园艺产品腐烂。冷库消毒方法与常温库消毒相同。

园艺产品在入库前要先经预冷；产品入库堆码时，要以充分利用库内空间和保证产品间冷空气流通为原则。要求一次入贮量不要太多，不宜超过冷藏库贮量的 80%，以防库温过高。

堆码的总要求是“三离一隙”。产品堆码时要防止倒塌情况的发生，可码成“品”字形垛。“三离”指的是离墙、离地坪、距离天花板留有距离。一般产品堆码距墙 20～30cm；离地，指产品不能直接堆码在地面上，用垫仓板架空可以使空气能在垛下形成循环，保持库房各部位温度均匀一致，宜距地面 10cm 左右；离天花板 0.5～0.8m，或者低于冷风管道送风口 30～40cm。“一隙”是指垛与垛之间及垛内要留有一定的空隙，以保证冷空气进入垛间和垛内，排除热量。留空隙的多少与垛的大小、堆码的方式密切相关，垛间间隙不小于 30cm，垛内间隙不小于 1cm。

7. 温度管理

温度是决定园艺产品贮藏质量成败的关键因素。不同园艺产品贮藏的适宜温度均有差别。为了达到理想贮藏效果和避免田间热的不利影响，应该先预冷再贮藏。另外，贮藏温度要保持稳定，温度波动过大易使贮藏环境中水分过饱和而导致结露现象，一方面增加了湿度管理的困难，另一方面有利于微生物的活动，致使病害发生导致腐烂。因此，贮藏过程中尽量不让温度波动，如温度出现波动最好控制在±0.5℃以内，尤其是相对湿度较高时（0℃的空气，相对湿度为 95%时，温度下降至-1℃就会出现凝结水）。

在日常出库时，出库前先进行缓慢升温，每 2～3h 升高 1℃，防止因升温过快而出现结露现象。当库温升至与外界气温相差 4℃～5℃时即可出库。当温差超过 5℃时，冷藏的园艺产品在出库前需升温，以防止“出汗”。

升温最好在专用升温间或冷藏库房穿堂中进行。升温的速度不宜太快，一般升温间的温度比品温高 3℃～4℃即可，直至品温比外界气温低 4℃～5℃为止。

冷库要求库内各处的温度均匀，无过冷过热的死角，防止发生局部受害现象。为了便于了解库内温度变化，要在库内不同位置设置温度计或遥测温度计，以便观察和记载库内各部位温度情况。

贮藏库冷库温度管理要点为：温度必须适宜、稳定，有合理贮藏初期的降温和出库时升温速度，并有人工或自动控制系统对库内温度进行监测和控制。

8. 湿度管理

冷藏库除控制温度外，还要控制湿度。湿度过低、过高可以采取不同的办法控制。①相对湿度过低。如冷藏库蒸发器表面结霜、除霜，导致库内相对湿度降低。可以用撒湿锯末、地面洒水、覆盖湿蒲包等办法，还可用喷头加湿，库内湿度分布均匀，易于控制。②相对湿度过高。如果外界热空气大量进入库内，会导致冷藏库相对湿度过高，甚至达到露点而出现发汗现象。降低湿度通常采用撒吸湿剂（无水氯化钙、硅胶和生石灰）的方法。

园艺产品贮藏环境的相对湿度一般控制在 80%～95%。

9. 通风管理

通风换气是冷库管理的重要环节。园艺产品在贮藏中仍是活体，不断消耗氧气，释放出二氧化碳和少量乙烯气体。二氧化碳浓度过高会引起产品中毒，乙烯对产品有催熟作用，不利于长期贮藏，因此冷藏库需要进行适当地通风换气。通风换气一般在温度较低的凌晨进行。

10. 冷库清洁卫生、防虫防鼠

贮藏环境的病、虫、鼠害是引起果蔬贮藏损失的主要原因之一，对贮藏库房、用具消毒，可以防止产品被有害菌类污染引起园艺产品腐烂，同时对鼠类也有驱避作用。

冷库贮藏过程中，不仅要对贮藏条件检查、记录、控制，还要根据具体情况了解贮藏的质量状况和变化，以便进行调整。

 气调贮藏库

气调贮藏是调节气体成分贮藏的简称，它是在冷藏的密闭室内调节气体成分贮藏的方法。气调贮藏适于跃变型果蔬长期贮藏，适用于高档产品贮藏。

影响气调贮藏寿命除贮藏品种、生物学特性、温湿度要求外，改变贮藏环境气体成分组成、贮藏产品等也可以影响贮藏寿命，所以要调节温度、控制氧和二氧化碳含量，使三者达到最佳配合。

（一）气调贮藏的原理

园艺产品在低氧和高二氧化碳浓度的环境中，能抑制乙烯的合成，减弱呼吸作用，营养成分和其他物质的消耗也减少，从而推迟呼吸高峰出现的时间，延缓成熟与衰老，有利于保持园艺产品新鲜质量。

气调贮藏对园艺产品的质量要求很高。贮藏用的产品最好在专用基地生产，特别要加强采前管理。另外，要严格把握采收成熟度，恰当的采收期是获得良好贮藏效果的基本保障。因此，气调加冷藏应用于园艺产品贮藏能更好地保持产品原有的色、香、味、质地和营养价值，有效地延长园艺产品的贮藏期及货架寿命，在保持贮藏产品的硬度、延缓底色减退和风味变化等方面明显优于单纯的冷藏。同时，适度低氧及高二氧化碳的环境有抑制某些生理性病害和病理性病害发生发展的作用。

（二）气调贮藏类型

（1）气调贮藏（简称 CA 贮藏），也叫连续法气调，是指根据各种产品的特性和人为精准控制贮藏环境气体成分浓度，并保持稳定的贮藏方式。由于氧气和二氧化碳比例能够严格控制，并与贮藏温度密切配合，技术先进，因而贮藏效果好。

（2）自发气调贮藏或限气贮藏，简称 MA 贮藏，即薄膜包装贮藏，它是靠果蔬的呼吸作用来降低氧气的含量和增加二氧化碳浓度，氧气和二氧化碳浓度变动大，依靠薄膜透气性、产品的呼吸达到自然平衡，多用于短期贮藏、运输及销售时的临时性贮藏。自发气调方法简单，易操作。MA 贮藏不像 CA 贮藏能快速、准确控制贮藏库的氧气和二氧化碳浓度指标，贮藏效果不及 CA 贮藏好。

气调贮藏在生产实践中必须分别考虑温度、湿度和气体成分三者之间的最佳配合，当其中一个条件发生改变后，其他的条件也应随之改变，如何维持一个较适宜的综合环境是关键。

（三）气调贮藏方式

一旦选择气调贮藏，由于它对气密性要求较高，不利于反复进出，成本较高，所以贮藏的原料必须保证是高品质的，并且需要长期贮藏。

1. 气调库的构建

（1）库址选择：气调贮藏库一般建在电水充足、交通便利的优质园艺产品的主产区，同时有较强技术力量，并且必须卫生、无污染源。

（2）库体组成：气调贮藏库是小型建筑群体，主要包括主库体、预冷间、化验室、冷冻机房、气调机房、泵房、循环水池、备用发电机房及卫生间、月台、停车场等。

①主体库。可由若干个贮藏库组成。每个库内应装有加湿、隔热、气密、冷却、监测、压力平衡、各种管道等设施，同时还应有取样孔、气密门、观察窗等。

②预冷间。除预冷外，预冷间还是进行挑选、分级、分装、称重的场所。此间要求采光通风良好，内连贮藏库，外接月台和停车场，是一个重要的缓冲场和操作间。

③冷冻机房。内装若干台制冷机组，所有贮藏库的制冷、冲霜、通风皆由该房控制。

④调气机房。所有库房的电气、管道、监测等皆设于此室内，它是气调库的控制中心。主要设备有二氧化碳脱除器、乙烯脱除器、氧气和二氧化碳监测仪、电柜、制氮机、加湿控制器、品温测定、温湿度巡检仪器等。

⑤其他建筑。如泵房、循环水池、月台等皆为气调库的配套附属建筑。

（3）主体库建筑结构。一个完整的气调库可分为五部分，即围护结构、制冷系统、气调系统、控制系统和辅助性建筑。气调库应有严格的气密性、安全性和防腐隔热性；应能承受雨、雪、洪水、大风等自然灾害时的稳定性和耐久性，以及温差所造成的温度应力，保证整体结构在当地各种气候条件下都能够安全正常运转；能承受本身的设备、管道、产品包装、机械、建筑物自重等所产生的静力。气调库要求基础应具备良好的抗挤压、弯曲、倾覆、移动能力，它是特殊的建筑物。

①围护结构。气调库的围护结构应具有良好的保温隔湿和气密性，它主要由墙壁、地坪、天花板组成，要求具有良好的气密性、抗压和防震功能。地坪还应具有较大的承载能力，其由气密层、防水层、隔热层、钢层等组成。

②特殊设施。气调库的特殊设施主要由气密门、取样孔、压力平衡器、缓冲囊等部分组成。

气密门是用弹性密封材料制成的推拉门，可以自由开闭，气密性良好。在门的中下部设孔，又称观察窗，窗门之间用手轮式扣紧件连接，弹性材料密封，中间为中空玻璃，用来观察或取样，也可供操作人员进出或小批量出货。

缓冲囊是气调库的安全装置，它是一只具有伸缩功能的塑胶袋。缓冲囊通过管道与库体相连，用以平衡库内气体压力。气调贮藏库内常常会发生气压的变化，正压、负压都有可能产生。如吸除二氧化碳时，库内就会出现负压。缓冲囊常用一个软质不透气的聚乙烯袋制作，其体积为贮藏室容积的1%~2%，设在贮藏室的外面，用管子与室内相连通。当室内气压发生变化时，聚乙烯袋膨胀或收缩，因此可以始终保持室内外气压平衡。但这种设备体积大、占地多，现多改用水封栓，保持10mm厚的水封层，当库内外压差较大时（如大于±10mm水柱），压力平衡器的水封即可自动鼓泡泄气，以保持库内外的压差在允许范围之内，使气调库得以安全运转，如图3-9所示。

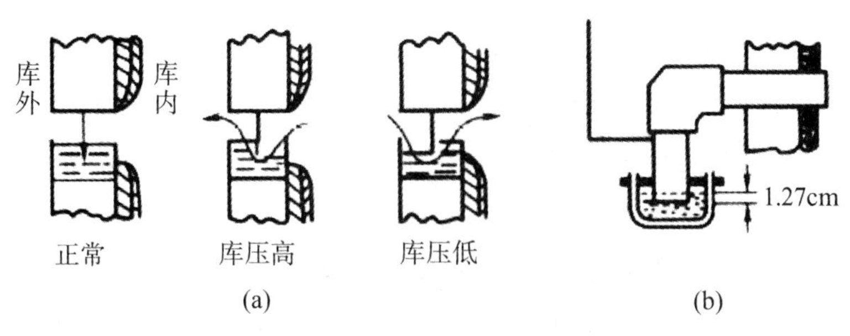

图3-9 水封装置及工作原理示意图

（a）原理；（b）水封装置

③气密结构。气密层是气调库特有的一种建筑结构层，气密结构是气调库的关键结构，也是气调库建设中的一大难题。人们先后选用铝合金、增强塑料、塑胶薄膜等多种材料作为气密介质，但多因成本、结构、温变等不能很好解决而不尽人意。

库内喷涂聚氨酯泡沫可获得极好的气密结构和良好的保温性能，在现代气调库建筑中广泛应用。喷涂5.0~7.5cm厚的聚氨酯泡沫相当于10cm厚聚苯乙烯的保温效果。在喷涂前，应先在墙面上涂一层沥青，然后分层喷涂，每层厚度为1.2cm，直至喷涂达到所要求的厚度。

④隔热结构。气调库能够迅速降温并使库内温度保持相对稳定，因而气调库的维护结构必须具有良好的隔热特性。为使墙体保持良好的整体性和克服温变效应，在施工时应采用特殊的墙体与地坪和天花板之间连成一体，以避免“冷桥”的产生。

⑤压力平衡。常用缓冲气囊和压力平衡器。

2. 调气系统

（1）氧分压的控制。根据园艺产品的生理特点，库内氧气分压要求控制在1%~4%。为达到此目的，可选用快速降氧方式，即通过制氮机快速降氧，开机2~4h即可将库内氧气降至预定指标；然后，在自身耗氧和人工补氧之间建立起一个相对稳定的平衡系统，达到控制库内氧含量的目的。

（2）二氧化碳的调控。气调贮藏库内的二氧化碳必须控制在一定范围内，否则将会影响贮藏效果或导致二氧化碳中毒。首先是提高库内二氧化碳含量，通过园艺产品的呼吸作用将库内的二氧化碳浓度提高到上限，然后通过二氧化碳脱除器将库内多余的二氧化碳脱掉，如此往复循环，使二氧化碳浓度维持在所需的范围之内。

在气调贮藏过程中，因园艺产品呼吸而放出的二氧化碳将使库内二氧化碳浓度逐渐升高，当二氧化碳浓度提高到一定数值时，将会导致二氧化碳伤害，并产生一系列不良症状，最终使园艺产品腐烂变质。因此，二氧化碳脱除器在气调贮藏中是不可缺少的。

3. 气调贮藏库的管理

气调贮藏库的管理与操作在许多方面与机械冷藏相似，包括库房的消毒，商品堆码方式，温度、相对湿度的调节和控制等，但也有一定的差异。

（1）贮藏产品的原始质量要求。气调贮藏的园艺产品因贮藏时间相对较长，对贮藏产品的原始质量要求很高。要求加强采前管理，严格把握采收成熟度，注意采后商品化处理技术措施，以利于气调效果的充分发挥。

（2）产品入库。园艺产品入库贮藏时要尽可能根据种类、品种、成熟度、产地等分库贮藏，不要混贮，贮藏工具在贮藏前除了要进行消毒，还要进行气密性检查。

（3）温度控制。气调贮藏温度管理的要点与机械冷藏相同，但其温度略高于机械冷藏，幅度约0.5℃。所有贮藏产品采收后都应立即预冷，排除田间热后入库贮藏。贮藏在封库后建立气调条件期间温度应该稳定，避免因温差太大导致内部压力急剧下降，增大库房内外压力差而对库体造成伤害。

（4）相对湿度控制。气调贮藏库房处于密闭状态，一般不通风换气，保持库房内较高的相对湿度，有利于保持产品新鲜状态。一旦出现高湿情况需除湿（如 CaO、石灰等吸收水分），园艺产品气调贮藏对相对湿度要求与机械冷藏相同。

（5）气体调节。气调贮藏的核心是气体成分的调节。根据园艺产品的生物学特性、温度与湿度的要求确定气调的气体组分后，采用相应的方法进行调节，使气体指标在尽可能短的时间内达到规定的要求，并且整个贮藏过程维持在合理的范围内。

①气体组成和配比。

a. 双指标总和低于 21%。氧气和二氧化碳的含量都比较低，两者之和不到 21%，这是当前国内外广泛应用的配合方式。目前，我国习惯上把气体含量在 2%～5%的称低指标，5%～8%的称中指标。大多数园艺产品都以低氧、低二氧化碳指标较适宜。但这种配合操作管理比较麻烦，所需设备也较复杂。

b. 双指标总和约 21%。将园艺产品贮藏在密闭容器内，呼吸消耗掉的氧气约与释放的二氧化碳体积相等，即氧气和二氧化碳体积之和仍近于 21%。如果把气体组成定为两者之和等于 21%，如氧气占 10%、二氧化碳占 11%，或氧气占 6%、二氧化碳占 15%，管理就会很方便。只要把园艺产品封闭后经过一定时间，当氧分压降至要求指标时，二氧化碳分压也就上升达到要求的指标。此后，定期或连续地从封闭环境内排出一定体积的气体，同时充入等体积的新鲜空气，就可以稳定地维持这个配合比例。这是气调贮藏法初期常用的气体指标。

它的缺点是如果氧气占比较高（>10%），二氧化碳占比就会较低，不能充分发挥气调贮藏的优越性；如氧气占比较低（<10%），又可能因二氧化碳占比过高而招致生理损伤。将氧气含量和二氧化碳含量控制在相近的指标（两者各占约 10%，有时二氧化碳含量稍高于氧气含量，简称高氧高二氧化碳指标），这种配合可以应用于耐二氧化碳的园艺产品，但其效果终究不如低氧低二氧化碳好。不过，这种指标因其设备和管理简单，在条件受限制的地方仍是值得应用的。

c. 氧气单指标。前两种双指标配合，都是同时控制氧气和二氧化碳在指定含量。有时为了简化管理，或因一些园艺产品对二氧化碳很敏感，则可采用氧气单指标，即只控制氧气的含量，二氧化碳用吸收剂全部吸收掉。当没有二氧化碳存在时，氧气影响植物呼吸的阈值大约为 7%，必须低于这个水平，才能有效地抑制呼吸强度，故氧气单指标必然是一个低指标。对于大多数园艺产品来说，这种方式的效果不如上述第一种方式好，但比第二种方式可能要优越些，操作上也比较简便，在我国当前的生产条件下比较容易推广普及。

而限气贮藏（MA 贮藏），这种贮藏方法不规定具体指标，只靠封闭薄膜的透气性同产品的呼吸作用达到自然平衡。可以想象用这种方法封闭容器，容器内的二氧化碳浓度较高，氧气浓度较低。所以 MA 贮藏一般只适用于较耐高二氧化碳和低氧的产品，并只限于较短期的贮运，除非另有简便的调气措施。

②气体成分管理。

a. 调气。由于园艺产品对低氧和高二氧化碳等气体浓度的耐受力是有限度的，产品长时间贮藏在超过规定限度的低氧、高二氧化碳等气体条件下会受到伤害，导致损失，因此，气调贮藏时要注意对气体成分的调节和控制，并做好记录，以防止意外的发生，同时也要为意外原因的查明和责任的确认做好准备。一般每周进行一次气样分析。

一般在产品基本稳定之后，应迅速封库降氧，且降氧速度越快越好。一般双低指标气调贮藏的，不要一次将氧气降至要求范围，而是要高出 2%～3%，如苹果贮藏一般降至 5%左右，再利用产品的呼吸来消耗这部分过量的氧气，同时二氧化碳浓度上升，直到达到适宜氧气、二氧化碳浓度，这一过程需 7～10 天的时间。此后就靠脱除过量二氧化碳和补充氧气的办法，使库内氧气和二氧化碳保持在适宜的范围之内。

对于自然降氧的贮藏，由于降氧的速度很慢，可不必担心氧浓度过低。但二氧化碳上升较快（因为呼吸强度比较高），因此，自然降氧要注意二氧化碳浓度的变化，当二氧化碳超标时，立即开启二氧化碳脱除系统。

b. 空气洗涤。气调库（见图 3-10）贮藏条件下，贮藏产品挥发出的有害气体和异味物质会逐渐积累，甚至达到有害的水平。气调贮藏期间，这些物质不能通过周期性的库房内外气体交换方法被排出，故需增加空气洗涤设备，如乙烯脱除装置、二氧化碳洗涤器等定期工作来达到空气清新的目的。

（6）产品检查。气调贮藏期间，应坚持定期通过观察窗和取样孔对产品质量进行检查。一般库房封闭后，工作人员不能进入库内，必要时必须佩戴防护装置及步话机入库，以便及时联系，防止发生危险。

（7）出库。气调库贮藏结束后，产品要及时出库，出库前要进行升温和通风。升温方法同冷藏；通风时应打开排风和鼓风设施，使库内通入新鲜空气，排除低氧、高二氧化碳、高氮气体，然后工作人员才能入库操作。出库后库房要及时清扫、消毒，以备下次使用。

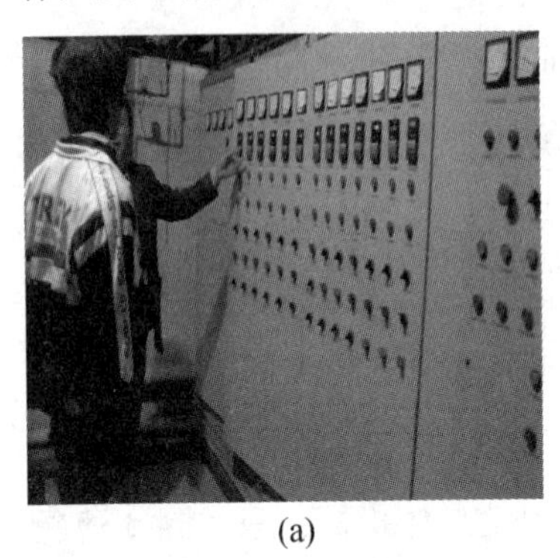

(a)

(b)

图 3–10　气调库控制室

4. 简易气调法贮藏

20 世纪 60 年代以来，国内外对塑料薄膜封闭气调法开展了广泛的研究，已达到实用阶段，并继续向自动调气的方向发展。薄膜封闭容器可安放在普通的机械冷藏库或通风贮藏库内，其使用方便，成本较低，在运输中也可以应用。这是气调贮藏法的一个革新。

（1）封闭方法和管理。目前，国内主要采用垛封、袋封和硅橡胶窗三种贮藏方式。国外有一种集装袋封闭法，与垛封法相似。

①垛封法。垛封法又叫塑料大帐气调法，其具有以下特点：贮藏产品用能通风的容器装盛；地面先垫薄膜，其上放垫木，使容器架空；码垛，每一容器的上下四周都留有通气孔道；码好的垛用塑料帐罩住，帐壁和垫底薄膜的四边互相重叠卷起并埋入垛四周的沟中，或用土、砖块等压紧。也可用活动菜架装产品，整架封闭。密封帐用0.1~0.2mm 厚或更厚的聚乙烯或聚氯乙烯薄膜做成。

封闭垛多码成长方形，每垛贮藏量一般为 500~1 000kg，也有超过5 000kg 的，视园艺产品种类、贮期长短以及中途是否需要开垛挑选而定。若中途要开垛检查，则容量不宜过大，迅速检查完产品后立即重新封闭，不要在空气中长久暴露。

塑料封闭帐的两端设置袖形袋（用薄膜制成），上端供充气及垛内气体循环时插管用，并可从袖形袋取样检查，平时将袋口扎住不使漏气。帐上还设有抽取分析气样和充入气体消毒剂用的管子，平时把管口塞住。为防止帐顶和四壁薄膜上的凝结水浸润贮藏产品，应使封闭帐悬空，不要贴垛，也可在垛顶与帐顶之间加衬一层吸水物。

通常用消石灰作为二氧化碳吸收剂。如果是控制氧气单指标，可以直接把消石灰撒在垛内底部，这样在一段时间内可使垛内的二氧化碳维持在1%以下，待消石灰将失效时，二氧化碳上升，再添加新鲜消石灰。如果是控制总和低于21%的双指标，则应每天向垛内撒入少量的消石灰，使其正好吸收掉一天内产品呼吸释放的二氧化碳，这样才能使垛内的二氧化碳含量稳定在一定的指标范围内。也可以用充入氮气的方法来稀释二氧化碳。图3-11所示为塑料大帐贮藏番茄示意图。

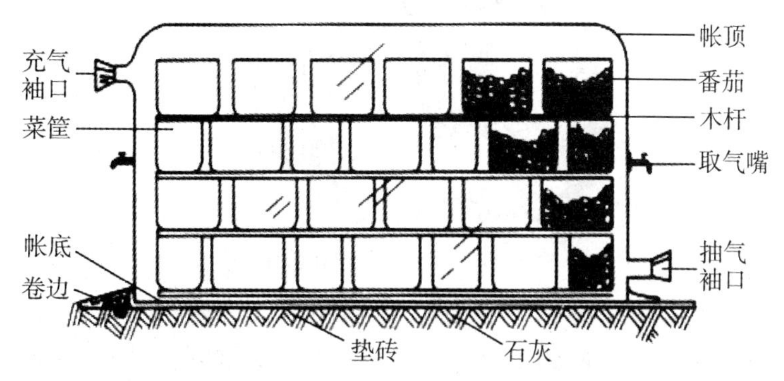

图3-11　塑料大帐贮藏番茄示意图

②自发性气调贮藏——硅橡胶窗气调贮藏。塑料薄膜越薄，透气性就越好，但容易破损。薄膜厚度增加，虽然提高了薄膜强度，但透气性降低，因此，塑料薄膜在使用上受到一定限制，而硅橡胶窗气调贮藏则弥补了这一缺陷。

硅橡胶窗气调贮藏是用硅橡胶窗作为气体交换窗，镶嵌在塑料帐或塑料袋上，起自动调节气体成分的作用。

硅橡胶薄膜的透气性是一般塑料薄膜的100~400倍，而且具有较大的二氧化碳和氧气的透过比，其比值$CO_2:O_2:N_2=12:6:1$。因此，利用硅橡胶膜特有的透气性能，使密封帐（袋）中过量的二氧化碳通过硅窗透出去，产品呼吸过程中所需的氧气可从硅窗外缓慢透入，就可以保持适宜的气体浓度，创造有利的气调贮藏条件。同时，经过一段时间的自动调节，硅窗帐（袋）内的气体成分可自动地保持在相对稳定的水平。

硅橡胶窗的面积取决于贮藏园艺产品的种类、成熟度、贮藏数量和贮藏温度、要求的气体组成等多种因素。不同的园艺产品有各自相适宜的硅窗面积，硅窗塑料袋的大小可根据需要而定。通常在80cm×100cm塑料袋上黏合10cm×10cm的硅橡胶窗，如图3-12所示。

总之，应用硅橡胶窗进行气调贮藏，需要在贮藏温度、产品数量、膜的性质和厚度及硅窗面积等多方面进行综合选择，才能获得理想的效果。

③袋封法。袋封法是将产品装在塑料薄膜袋内（大多为0.02~0.08mm厚的聚乙烯）、扎紧袋口或热合密封的一种简易气调贮藏方法。这种方法在园艺产品贮藏上应用较为普遍。袋的规格、容量大小不一，大的装量25kg，小的装量一般小于10kg。

（2）氧气和二氧化碳的调节。气调贮藏容器内的气体成分，从刚封闭时的正常空气成分转变到所规定的气体指标，这一过程中有一个降氧和升二氧化碳的过渡期，简称为降氧期。

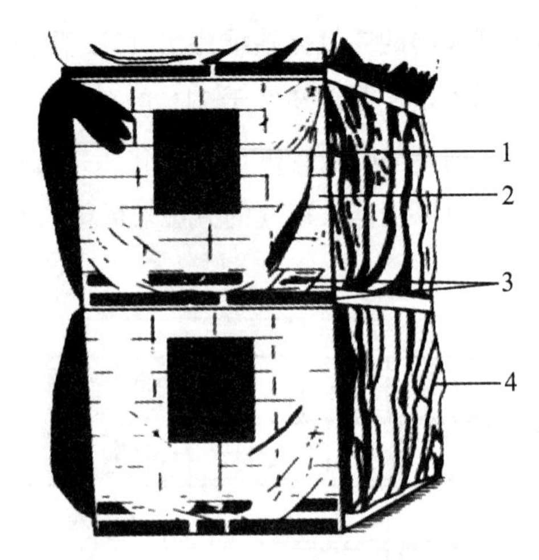

图 3-12 硅窗薄膜封闭集装袋

1—硅窗；2—装箱产品；3—内外垫板；4—封闭薄膜

降氧之后，则是使氧气和二氧化碳稳定在规定的指标范围内的稳定期。降氧期的长短和降氧方法，以及稳定期的气体管理方法，既关系到园艺产品的贮藏效果，也涉及所需的设备器材。主要有下列几种方式。

①自然降氧法。自然降氧法是封闭后依靠产品自身的呼吸作用使氧气逐渐下降并积累二氧化碳的方法。它又可以分为放风法、调气法、充二氧化碳自然降氧法。

a. 放风法。每隔一定时间，当氧气降至规定的低限或二氧化碳升至规定的高限时，开启封闭容器，部分或全部换入新鲜空气，再重新封闭。

b. 调气法。双指标总和低于 21%及氧气单指标两种方式，在降氧期用吸收剂去除超过指标的二氧化碳，待氧气降至规定指标后，定期或连续输入适量新鲜空气，同时继续使用二氧化碳吸收剂，使两种气体稳定在规定的指标范围以内。

这两种自然降氧法降氧速度比较缓慢。如绿熟番茄在 10℃～13℃、封闭容器内自由空隙占 60%～70%的情况下，封闭后需 2～3 天氧气才能降到 5%，在降氧期内，番茄一直处在氧气较高的环境中，呼吸和完熟过程得不到最有效的抑制。对呼吸强度较低的园艺产品，或者贮藏温度较低的，降氧期要延长。

c. 充二氧化碳自然降氧法。为了克服自然降氧法降氧期长的缺点，可采用此方法。封闭后立即充入适量二氧化碳（10%～20%），而仍使氧气自然下降。在降氧期不断用吸收剂吸除多余的二氧化碳，使其含量大致与氧气接近，直到两者都达到规定的指标。稳定期的管理方法同调气法。这种方法是凭借氧气和二氧化碳的拮抗作用，用高二氧化碳来克服高氧的不良影响，又不使二氧化碳过高造成毒害。此法优于其他自然降氧法。

②人工降氧法。人工调节使封闭容器内的氧气迅速降低，二氧化碳升高，实际上免除了降氧期，封闭后立即进入稳定期。快速降氧有以下两种方式。

a. 充氮法。封闭后抽出容器内的大部分空气，充入氮气，由氮气稀释剩余空气中的氧气浓度达到所规定的指标。有时充入适量二氧化碳，使之立即达到要求的浓度。以后的管理同上述调气法。

b. 气流法。把预先由人工按要求的指标配制好的气体输入封闭容器，以替代其中的全部空气。在以后的整个贮藏期间，始终连续不断地排出内部气体和充入人工配制的气体。

经验与提示

园艺产品简易贮藏

园艺产品简易贮藏是利用当地自然低温来维持所需的贮藏温度的贮藏方式，因其设施简单，所需材料少、费用低。简易贮藏是为调节园艺产品供应期而采用的一类较小规模的贮藏方式，主要包括堆藏、沟藏（埋藏）、窖藏、冻藏、假植贮藏。

（1）堆藏是将产品直接堆码在地面、浅坑中、棚下，表面用土壤、薄膜、秸秆、草席等覆盖，以防止风吹、日晒、雨淋的一种短期贮藏方式。

（2）沟（埋）藏是将产品堆放在沟内，达到一定的厚度（产品一般放在冻土层以下），上面一般只用土壤覆盖，利用土壤的保湿保温性进行贮藏的一种方法。

（3）窖藏是在沟藏的基础上演变和发展起来的一种贮藏方式，其形式多种多样，有代表性的如棚窖、井窖、窑窖。与埋藏相比，它配备了一定的通风、保温设施，不仅可以调节和控制窖内的温度、湿度，而且管理人员可以自由进出检查产品。

（4）冻藏是在入冬上冻时将收获的园艺产品放在背阴的浅沟内，稍加覆盖，利用自然低温使产品在整个贮藏期间始终处于轻微冻结状态的一种贮藏方式。

（5）假植贮藏是把蔬菜连根收获，密集栽植在沟或窖内，适当浇水，上做稀疏覆盖，使蔬菜处在极其微弱的生长状态，但仍能保持正常新陈代谢的一种贮藏方式。当气温明显下降时，用草席覆盖防寒。

任务训练：机械冷藏库考察

【任务要点】

（1）掌握机械制冷原理。

（2）了解制冷过程。

（3）掌握冷藏库结构及管理。

【任务准备】

1. 任务要求

遵守参观冷藏库的规章制度和参观要求；做好笔记，积极询问，认真思考，补充资料，完善报告；对调查报告的内容、格式、字数、交报告的时间提出要求。

2. 材料准备

机械冷藏库、绘图纸、尺子、笔记本、笔、测绳、温度计等。

【任务实施】

1. 调查提纲

（1）机械冷藏库的布局与结构。包括库的排列与库间结构，库的大致尺寸，工作间与走廊的布置及其面积，库房的容积的计算。

（2）建筑材料。包括隔热材料（库顶、地面、四周墙壁）的厚度，防潮层的处理（材料、处理方法和部位）。

（3）主要设备。①制冷系统：制冷机的型号、制冷剂、制冷量、制冷方式（风机和排管）；制冷次数和每次制冷时间；冲霜方法、次数。②压缩式制冷机：主要由压缩机、冷凝器、蒸发器、调节阀（膨胀阀）四部分组成。

（4）贮藏管理经验。

①对原料的要求。包括种类、产地、质量要求（收获时期、成熟度、等级）；产品的包装用具和包装方法。

②管理措施。包括库房及用具的清洁卫生与消毒处理；入库前的处理（预冷、挑选、分级、药物处理）；入库后的堆码方式（方向、高度、距离、形式、堆的大小、衬垫物等）；贮藏数量占容量的百分数；如何控制温度和湿度；管理制度及特殊的经验；出库的时间和方法。

（5）存在的问题及解决方法。要到实地参观发现问题并提出解决方案。主要问题包括温湿度管理和贮藏是不是混合贮藏、室内通风情况。为了节约成本，往往多种果蔬混合贮藏，造成果蔬不能在最佳贮藏温度下贮藏。

（6）经济效益分析。如贮藏量、进价、贮藏时间、销售价、毛利、纯利。

2. 学生编写调查提纲

编写表格式提纲。

3. 将调查内容整理成调查报告

编写调查报告，将调查内容整理成调查报告。

4. 考核标准

根据学生在实习中的态度、提纲设计质量、操作能力和调查报告的完成情况评定最终成绩。

知识拓展

机械冷藏库的发展

我国在20世纪七八十年代建造的大、中型冷藏库大多为多层建筑，每层4~6m高。目前，新建的库以单层为主，一般在5~7m高。发达国家也以单层多见，一般高的达15m，库内设置堆垛架。单层库的优点是施工快，造价低，不需要电梯作垂直运输，堆垛机械化、效率高，冷藏库的基础结构较简单；缺点是耗冷量较大，占地面积大。

随着冷藏库自动化管理技术的发展，单层高货架自动化冷藏库逐渐增多，库高在20~30m，库内装置的金属货架在十多层。关键操作设备是叉车，叉车在货架间行驶作水平和垂直运输，自动装卸。目前使用比较广泛的是用货盘，将包装容器堆码在货盘上，再用叉车把货盘提起，并运至堆放地点，堆码至要求的高度。

自动化冷库近年来发展比较快，采用电子计算机控制管理库内条件，库内的温湿度、空气流通、有害气体的去除等都是自动化控制，产品入贮之后不需人工操作。其特点是：贮藏条件自动控制；对库存货物按照先进先出程序全面管理，减少损耗，保证质量；电脑可记录，随时提供库存货物的位置、数量，以及库内任何位置的情况；自动计算贮藏成本、保管费用、经营利润等；管理人员大大减少。

项目四 常见果蔬贮运技术控制措施

任务一 柑橘贮运质量控制

学习目标

【知识目标】

掌握柑橘类果实贮藏要点及具体贮藏方法与贮藏管理。

【能力目标】

能对柑橘类果实进行有效贮藏；设计合理的贮藏方案。

中国柑橘在我国南方各省普遍栽培，我国柑橘栽培面积在世界上居第一位。柑橘类果实色香味兼优，果汁丰富，风味优美，除含多量糖分、有机酸、矿物质外，还富含维生素 C、多种甙类物质，营养价值极高。

柑橘果实除鲜食外，还广泛用作制汁，提取香精油、果胶、类黄酮等物质。柑橘中不少品种还是优良的中药材原料。

一 柑橘类的贮藏条件

柑橘种类包括柑类、橘类、橙类、柠檬类和柚类。柑橘类果实是非跃变型果实，其成熟期是一个缓慢的渐进过程，在成熟期间其呼吸强度一直稳定降低。

柑橘果树生长在温暖多雨的亚热带、热带，因而果实对低温较敏感。如果环境温度较低，容易引起冷害，因此柑橘类果实的贮藏温度相对较高。柑橘类果实是较耐贮藏的果品。

不同种类、不同品种间的差异也较大。一般来说，柠檬类最耐贮藏；其次是甜橙类，如四川的锦橙、实生甜橙，湖南的大红甜橙，福建的雪柑等，可贮藏半年左右；再次是柑类，如蕉柑、温州蜜柑；宽皮橘的耐藏性最差，尤其是四川的红橘。

从同一种类看，一般晚熟品种比早熟品种耐贮藏，有核的品种比无核的品种耐贮藏。在每个橘种群中，也有耐藏与不耐藏之分。同一品种中，由于砧木不同、栽培环境和技术措施不同、采收期不同，其抗病性、贮藏性均有差异。

（一）温度

柑橘虽然怕冷不怕热，但呼吸作用是随温度的提高而增强的。为了抑制呼吸作用，延长贮藏寿命，需要相应的低温贮藏。

根据试验结果，不同柑橘品种的贮藏温度，相互间的差异是明显的。甜橙在贮藏期为100天内的，以2℃左右为宜，贮藏温度一般为3℃~5℃；温州蜜柑贮藏温度4℃~6℃；红橘贮藏温度10℃~12℃；蕉柑贮藏温度7℃~9℃；柑贮藏温度10℃~12℃；柚类贮藏温度7℃~8℃；柠檬类贮藏温度12℃~14℃。

贮藏温度还因防腐剂的使用而有变化。我国一些省的试验结果表明，柑橘在贮藏前进行防腐剂处理，在高湿和较高浓度的二氧化碳条件下，贮藏在10℃~15℃温度中可达半年左右。这样的贮藏温度在许多通风库中是可以实现的，有利于扩大贮藏。

（二）湿度

贮藏环境的相对湿度与柑橘果实的贮藏质量有密切的关系。相对湿度过低，柑橘容易失水，果皮萎蔫，失重大，果实的商品外观质量显著下降，而且果实内部的瓤瓣干瘪，食之如败絮。湿度过高，微生物繁殖加快，橘类易遭霉菌的侵染罹病腐烂，也容易发生枯水病。

不同的柑橘类型，对湿度要求不一。宽皮橘与甜橙、柚类在湿度要求上的差异与其生长的生态环境有关。在地理位置上，柚子和甜橙生长地区处于偏南的湿热地带，而宽皮橘生长在温度相对低些的北亚热带边缘，湿度相对低些。因此，在贮藏上，一般采用温度较低时，湿度可稍高些，相反，在温度高的条件下，湿度应相对保持较低。日本贮藏温州蜜柑的研究表明，在5℃条件下，最适湿度是85%，在1℃~2℃下未成熟的橘果发生冷害，10℃以下烂果率急剧增多。在3℃条件下，相对湿度在85%时，温州蜜柑烂果率最低；相对湿度在80%以下时，发生黑斑病，果皮萎凋，烂果增多；相对湿度在90%时，烂果率也增高。

（三）气体成分

柑橘对二氧化碳敏感，当二氧化碳含量增多时，会引起果蒂干枯。贮藏环境中乙烯、乙醇含量提高，会促进果实后熟。所以，通常要求氧气含量在3%~5%，二氧化碳含量在1%~3%。柑橘贮藏过程中需注意通风换气。

 柑橘类的贮藏技术

柑橘在采收以后，通过呼吸作用和蒸腾作用，果实内部物质不断发生变化。呼吸作用和蒸腾作用与环境中的温度、湿度、气体具有密切关系。在一定的温度范围内，温度越低，呼吸强度越小，物质消耗越慢，果质变化小，越耐贮藏。相反，温度变化大，刺激酶的活性增强，呼吸强度加大，贮藏能力降低。温度一般以 12℃左右为宜。湿度也直接影响柑橘的贮藏，正常的湿度要求达到 80%~90%。因此，应适当增加空气中二氧化碳的含量，这样可抑制酶的活性，降低呼吸强度，放慢果实物质的分解速度，延长贮藏期。

柑橘贮藏质量还牵涉最佳采收期的选择和防止柑橘在采摘、分级、包装、运输过程中被机械伤害及微生物侵染两个前提条件。

根据上述影响柑橘贮藏质量的因素，柑橘保鲜贮藏常采用以下几种方法。

（一）常温库贮藏

在平房或竹搭棚库内用木板搭架，将单果袋包装好的果实堆放在木板上，一般放果 5~6 层，上面用塑料薄膜覆盖，注意不能盖太严。天气寒冷，温度过低的地方，塑料薄膜上可覆盖稻草；也可将单果装箱后堆码直接存放在室内贮藏，贮藏期间检查 2~3 次，发现烂果立即捡出。

华南地区冬季气温不高，农户主要用这种方式贮藏。此法贮藏甜橙、椪柑，贮藏期可达 4~5 个月。

（二）地窖贮藏

果实入窖前一周，用托布津加碱性硫酸铜溶液，或用5%的福尔马林喷布消毒。然后在窖底垫土或沙，再用软草薄薄地铺一层，将果实摆在上面。沿窖壁周围将果实按顺序排列，大果铺底，中果居中，小果在上，果蒂一律朝上，“品”字形堆放，可摆 3~5 层。注意留 30cm 左右的缺口，以便翻果时放果。中心留直径 50~60cm 的空地，供人员出入操作。

地窖贮藏环境中，当一般相对湿度达 95%~98%、温度在 12℃~18℃、二氧化碳在 2%~4%时，能形成一个比较适宜甜橙贮藏的环境。四川南充甜橙采用地窖贮藏，可贮藏 6 个月以上，失重仅 2%。

（三）松针贮藏柑橘

此法要注意贮前严格采果。老方法是采果后用托布津、多菌灵、2,4-D 等药剂进行处理，处理后晾干，再用0.25%肥皂水洗果，然后在 43℃左右的 5%~6%硼酸液中浸 5min，取出晾干。晾干后进行选果。选择弹性好、果皮完好紧密、色泽鲜艳、无损伤的果实进行贮藏。现在多采用专门的柑橘保鲜剂处理。

选好果后，在瓦缸或纸箱内先铺一层松针（在晴天采摘，无露水），上面放一层柑橘

(经过精选)，在柑橘上面再铺一层松针，这样层层堆放至 10 层左右即可。每层松针厚约 1.5cm。

利用松针的疏松性，使柑橘易于通风透气。冬天，空气干燥，易使柑橘失去水分，重量减轻，而用松针覆盖柑橘，干燥的空气只能接触覆盖在柑橘上面的松针，即只能摄取松针的水分，柑橘体内则不易失水，柑橘体内成分基本上不发生变化。在这种适宜的环境条件下，能继续完成后熟作用，果肉糖分增加，味鲜美且香甜；水分散失少，真菌不易滋生，果皮组织受破坏少，果皮色泽呈青黄或金黄色，感官质量好。

类似这种原理的柑橘贮藏还有瘪谷贮藏，其与松针贮藏法不同的是填充物不用松针而用瘪谷或谷壳。

(四) 冷库贮藏

柑橘经过装箱后先预冷，再入库贮藏，能够防止结露和冷害发生。出库前，应在升温室升温，果温和环境温度差不超过 5℃，当果温升至与外界温度相差不到 5℃即可出库销售。

冷库贮藏中，甜橙贮藏温度 3℃～5℃、椪柑贮藏温度 7℃～9℃、红橘贮藏温度 10℃～12℃，湿度 80%，是保持柑橘商品质量、提高贮藏效果的理想贮藏条件，但成本相对较高。

(五) 留树保鲜

留树保鲜又称挂果保鲜。在柑橘果实即将成熟时，向树体喷射 2,4-D 后，使果实果柄处不产生离层，从而使果实在树上较长时间不易脱落，同时施以较多的磷钾及氮素肥料，保证养分、水分供应，提高树体抗寒能力，使果实在树上充分成熟，并且安全越冬，达到保鲜目的。

当果实颜色由深绿色变为浅绿色时（红橘在 10 月上旬，甜橙在 10 月中、下旬），向树体喷射第一次药，以后每间隔 45 天左右喷第二次及第三次药；若挂果时间较短，甜橙可只喷一次药，红橘可以不喷药。

甜橙类可留树保鲜至翌年 3 月初，于树体萌动前采收，保鲜时间约 80 天；红橘类可保鲜至翌年 2 月中旬采收，保鲜时间 60 天。留树保鲜后不影响第二年产量；果实品质较好，总糖含量提高 30%以上，总酸下降 13.8%，维生素 C 及水分含量与未留树保鲜的果实相同。

此法不宜年年进行。使用时注意适时采收。个别年份如果冬季出现-3℃以下的低温，应在低温出现之前提前采收。

经验与提示

土法保鲜柑橘方法

1. 蒜液保鲜柑橘

取一份蒜瓣捣烂成泥，放入 10 份沸水中搅拌取液，冷却至常温，然后将经过挑选的柑橘浸入蒜液中，10min 后取出晾干，置于箱内或塑料袋内贮藏，能保鲜 3 个月。

2. 涂膜储藏

湖南省祁东县橘农采用裸浆贮藏柑橘的办法保鲜，一般贮藏柑橘至春节后出售，烂果率不到5%。此法简单易行，无污染，成本低，效果好，是一项值得推广的柑橘保鲜法。

其具体做法如下：柑橘下树后，选择无病虫危害、无损伤的果实，将果柄剪至与果面平齐。把选好的果实用清水洗净果面的污物，放在阴凉干燥的通风处摊平沥干水分。取500g淀粉，加入少许冷水搅稀，再倒入50kg沸水中，用棒快速拌动，调成稀释的淀粉浆，待冷却后，加入小苏打250g充分搅匀。然后，将待藏的柑橘放入淀粉浆中浸一下，立即取出晾干。晾干后装入缸、桶、盒等容器内，稍加覆盖便可置于室内贮藏。如贮藏量大，可将整篓的柑橘直接浸入淀粉浆中，浆面以盖住果实为度，取出阴干后码堆贮藏。

需要注意的是：①注意检查。头一个月内，每隔5~7天要翻检一次，及时剔除烂果、坏果；一个月后，可隔15天检查一次。②湿度控制。大量贮藏柑橘的，室内相对湿度不得低于65%，空气湿度的调节可通过在室内堆放湿砂或锯末解决。

涂膜后的柑橘，其表面形成了浆膜，既能减少贮藏时水分的损耗，防止干果，又能阻碍气体交换，降低呼吸强度，还能防止红霉菌、绿霉菌的入侵，因而耐贮。

任务训练：脐橙贮运质量控制

【任务要点】

（1）采前管理。

（2）适时采收。

（3）防腐处理。

（4）预贮。

（5）设计脐橙贮藏方案。

【任务准备】

提前了解果园栽培情况、果实来源，选择壮年树果贮藏，注意多施有机肥或磷钾肥，切忌偏施氮肥，采收前2~3周不用灌水，采收前10天喷1~2次杀菌剂，降低病虫害感染。

提前做好采购脐橙方案：提前计算脐橙贮藏库的装载量，包括贮藏库装载量为80%，除去过道以及箱体离地面、墙壁、天花板的距离的空间；确定采收品种、准备采收工具、采收人员培训、采收销售渠道等。

（1）原料准备：规模较大的采收必须有实施计划，采收的系列工具，脐橙采收种类选择，通风库，消毒药剂，纸箱和竹箩等用具，0.015~0.02mm的聚乙烯薄膜袋，单果袋，包装纸等。

（2）采收工具：常见采收工具如图4-1所示，有梯子、采果袋、采果剪、手套等。注意：采果梯用叉梯、木梯或铁梯；柔软透气的布袋便于采果时携带，采果筐或采果篓最好用荆条或槐条编制，内衬麻袋片或塑料编织代，筐梁上安挂钩。采果剪刀口要锋利，有圆头、尖头。采收人员应剪短指甲或戴手套。

（3）贮藏库及用具准备：库房彻底清扫消毒（可用甲醛或漂白粉消毒），装果架、果筐（果箱）也要消毒。

图 4-1　常见采收工具

（a）梯子；（b）采果袋；（c）竹箩；（d）采果剪

【任务实施】

1. 适时采收

首先要进行采收成熟度的确定，一般脐橙成熟期是 10 月～12 月，采收的目的不同，成熟度要求也不同。脐橙果实一旦采收，其品质和营养成分一般不会再增加，所以脐橙果实应达到较高的质量标准后才能采收。可根据果皮色泽的变化、可溶性固形物和固酸比的变化确定采收期。

同一品种的果皮颜色同果汁含糖量和固酸比之间有明显的相关性，因此常根据果皮颜色的变化来确定成熟度，如宽皮橘类在果皮颜色转黄 60% 以上时采收；橙类需在完全着色时采收，柠檬在青转淡灰时采收；同时，柑橘类果实的可溶性固形物和固酸比随成熟过程而增加，并在充分成熟时达到最大值，故能最直接和最可靠地反应成熟度的变化，如短期贮藏的锦橙在固酸比为 8∶1 时采收，橘类在固酸比达 12∶1 时采收为宜。

（1）鲜食果：采收成熟度完熟阶段。如脐橙为保证消费质量，采收质量的最低标准为可溶性固形物≥11%，固酸比≥12。

（2）贮藏果：根据果皮颜色决定，一般着色2/3~3/4采收。供贮藏果分批采收，切忌一次全部将果品采下混装。采收过早贮藏时易失水萎蔫，过迟则增加落果率。宽皮橘易形成浮皮果，甜橙易发生青、绿霉病不耐藏。

（3）采收方法：采用“一果两剪”采果法，即采用圆头果剪先剪下树，在离果蒂1~2cm处剪果；二剪平蒂，把果柄剪至与果肩相平，保留果蒂剪口的平整光滑，严禁摇树强拉硬扯或摔果等野蛮采果，同时剔除病虫果、裂果、烂果、脱蒂果、畸形果、受伤果等。采下的果要轻拿轻放，避免机械损伤。

采收时，应该按“先外围、后内堂，先下部、后上部”的顺序采摘。这样既方便操作，又有利于保护果枝。

2. 挑选分级

将采收的果实进行初选，剔除病虫果、畸形果、脱蒂果和损伤果、过熟果后，按分级标准或不同消费对象进行分级。

3. 防腐保鲜

脐橙采收后及时用800~1000倍的“鲜宝”或“特克多”药液浸泡1~2min，采后24h内浸果效果最佳，然后做预冷处理。脐橙贮藏期腐烂主要是真菌危害，大部分是田间侵入的潜伏性病害。

4. 预贮

脐橙采收后，经过严格挑选分级、浸果、防腐处理，在包装前需进行短期贮藏，这一过程即为预贮。贮藏在湿度95%、4℃左右的通风环境中进行，约4天。

预贮对果实有“愈伤”“发汗”“散热”“预冷”和防止果实“枯水”的作用。“愈伤”就是使果实的伤口愈合，以免病菌侵入引起腐烂。“发汗”就是使果皮细胞水分蒸发一部分，降低细胞的膨压，使果实适当软化萎蔫，以便减少机械损伤。“预冷”就是将带有田间热、呼吸热的脐橙果体温度降低，使呼吸作用减弱。预贮后果皮稍微失水萎蔫，使以后贮藏过程中不易失水，避免发生“枯水”，控制褐斑病。

经药物处理的鲜果入消毒库房，预贮的库房要求通风良好，能防止外部潮湿空气侵入，无日光照射，地面干燥，温度较低而稳定。可将果实放在果箱或果筐内，呈“品”字形堆码。库房内相对湿度保持在80%左右，库房温度要低于库外温度，要坚决防止发生高温高湿，所以库内必须安置干湿球温度计，按规定观察记载。果实入预贮库3~4天，经预贮后脐橙有4%的损耗，有条件的地方，也可以在预贮室内安装冷却机械和通风装置，加速降温、降湿，缩短预贮时间，提高预贮效果。当果温降低，用手轻压果实时，果皮已软化，但仍有弹性，则已达到预贮的目的，即可出库。所以果实在冷凉、通风场所放置几天很有必要。

5. 包装贮藏

脐橙果实主要采用内、外包装。内包装主要用具有一定透性、防水性纸张或0.015~0.02mm的聚乙烯薄膜袋单果包装，这种单果包装大大降低了脐橙贮藏中的失重、交叉感染和腐烂损耗。外包装形式主要有纸箱和竹箩两种。

如用纸箱精包装，内包装需用纸包，尽量每个果实包一张纸。装箱时按个数装箱，箱内果实按对角线排列，果蒂一律向上，长形果可横放。装箱后要严格检验。

6. 通风库贮藏

通风库贮藏是目前最常用的脐橙贮藏方式。

果实入库前2~3周，库房要彻底消毒。常用硫黄密闭熏蒸，每立方米容积用10g硫黄粉和1g助燃剂（氯酸钾），混合均匀；也可用40%福尔马林40倍液喷洒库房，密封24h，然后通风2~3天，至无药味时关门备用。

经预贮并单果包装装箱后“品”字形码垛贮藏。每箱不能装得太满，以免压伤果实，中间留过道方便检查，箱间及垛间均留一定空间，以利于空气流通。也可以架贮。

果实入库后，贮藏初期库温上升较快，除雨天、雾天外应昼夜打开所有通风窗，尽快降低库内温湿度。贮藏中期，12月中下旬到春节期间气温较低，应保持库内低温，防止冷害和冻害，每隔2~3天通风换气一次。贮藏后期，开春后，库温随外界气温上升而升高，且变化较大，库房管理以降温为主，夜间开窗，日出之前关闭门窗，当库内湿度过高时，应进行通风排湿或用石灰吸潮；贮藏后期应防止升温，及时清除烂果，及时取出干蒂果，对减少蒂腐病效果明显。

自然通风库贮藏脐橙，一般能贮至3月份。一般在3月底前结束贮藏，总损耗（腐烂损失和失重损失）在6%~19%。

贮藏结束后及时清扫库房，果箱、包果薄膜在夏季用清水洗净、烈日晒后备用。

【考核要点与方法】

（1）脐橙贮藏方法与管理；贮藏产品质量。

（2）设计脐橙贮藏方案合理；贮藏产品合格率高。

知识拓展

柑橘保鲜从橘园开始

多数橘农认为柑橘保鲜是采后的事，很少考虑到采前因素。实际上采前因素对柑橘保鲜起着重要作用。如果采前因素不利于柑橘保鲜，不管采后措施如何周到，都会因为“先天不足”而难以达到预期的目的。如果采前采取一些有利于提高果实耐贮性的措施，采后保鲜措施的效果会更加显著，因此柑橘保鲜要从橘园开始。

1. 改善橘园小气候

柑橘生理落果期的异常高温，不仅影响当年产量，也同时降低了柑橘的耐贮性。果实日灼不利于橘果贮藏。橘园严重郁闭，不仅影响产量，导致介壳虫、炭疽病等病虫危害，而且对柑橘采后保鲜不利。因此，夏秋高温天气，除灌水抗旱外，对树冠喷水、降低树冠温度、增加湿度，不仅利于着果、提高产量，而且也利于防止日灼和采后保鲜。对郁闭橘树进行修剪，打开“天窗”、开拓“光路”，理顺叶层，使树冠中下部能得到较多的阳光。

2. 改善矿质营养

矿质营养会影响柑橘的耐贮性，其中影响较大的是钙、氮等营养元素。近年来对钙元素的研究表明，水果采后的生理失调、衰老、后熟都与钙的吸收、分配及其功能有关。在施肥过程中，如果偏施氮肥或氮素过量，由于拮抗作用，易引起钙的缺乏，导致生理失调，降低柑橘的耐贮性。因此，柑橘秋季追施的壮果肥，一定要结合抗旱，追施速效性完全肥料，氮、磷、钾平衡施用。一般成年柑橘缺钙，施钙肥对提高品质和耐贮性都有明显的效果，通常使用1%~2%的石灰水或2%的过磷酸钙浸出液，叶面喷施，每7~10天一次，共2~3次。

3. 灌水抗旱

果实膨大期土壤缺水，导致叶片从果实中夺水，加重果实日灼，或引起果皮凹凸不平，厚薄不一，不利于果实保鲜，如久旱后降雨还引起裂果。因此，如夏秋连旱，最好每隔10天左右灌一次水。也要注意防止灌水过多，以免降低果实的耐贮性。因为灌水过多或土壤中水分过量，留下的肥料因水分增多而被根系吸收，使果实成熟期推迟，浮皮果增多。

4. 控制植物生长调节剂的使用

植物生长调节剂对采果后柑橘保鲜有重要影响。值得注意的是一些作用于柑橘保果的调节剂，如2,4-D、“九二〇”都会导致柑橘果皮粗糙和浮皮，降低柑橘的耐贮性。乙烯用于水果的催熟，同时也加速了水果的衰老，尽管在柑橘上使用得不多，但仍值得注意。“九二〇”在采果前施用可有效地延长果实寿命，推迟果皮衰老。因此，在果实膨大期要防止使用植物生长调节剂过滥、次数过多、浓度过大。

5. 采前防病虫

一些看起来不起眼的虫伤口，往往是病菌侵入的通道。特别是一些潜伏侵染的病菌，如炭疽病，采后极难控制，必须采前预防。防止因微生物侵染而引起的腐烂，无论是采前或采后都要积极采取预防为主，结合化学抑菌杀菌的方针。采前尤其要注意认真清理橘园，清除橘园内的病枝、病叶、病果和残枝败叶，维持橘园环境卫生，最大限度地减少果园中病菌孢子数量。并结合清园定期于采前对果实表面喷布杀菌保护剂（如绿乳酮等）。这样可以有效地控制采后腐烂，而且经济上也是可行的。

【练习与思考】

（1）简述柑橘通风库贮藏管理方法。

（2）简述柑橘贮藏常见问题及解决途径。

任务二 番薯贮藏质量控制

学习目标

【知识目标】

掌握番薯贮藏的要点及具体贮藏方法与贮藏中的管理。

【能力目标】

能对番薯进行有效的安全贮藏，设计合理的贮藏方案。

番薯又叫红薯，它既是粮食作物又是蔬菜作物，近年国家对薯类产业发展十分重视，通过品种选育、品种引进、高产示范工程、标准化的栽培等技术示范推广，取得了显著的成效，番薯成为特色经济产业。然而番薯的安全贮藏问题，则成了薯农的重大技术难题。

一 番薯安全贮藏条件

（一）番薯贮藏期的生理特点

番薯块根体积大，含水量高达 65%～75%，组织幼嫩，易受冷害，皮薄易损，在收挖、运输和贮藏过程中容易受伤，易受有害微生物侵染腐烂，稍有不慎就会引起大量腐烂，造成严重的经济损失。

番薯在贮藏过程中呼吸旺盛，氧气充足时进行有氧呼吸，释放出二氧化碳和热量，氧气不足时，进行无氧呼吸，产生酒精、二氧化碳和少量热量。酒精对薯块有毒害作用，易引起烂薯烂窖。

（二）番薯安全贮藏对环境条件的要求

（1）温度。番薯贮藏最适宜的温度是 10℃～14℃，最低不要低于 9℃，最高不要超过 15℃。长期处于 15℃以上的温度环境易发芽；低于 9℃易受冷害，使薯块内部变褐色发黑，硬心，煮不烂，后期易腐烂。当温度上升到 20℃时，呼吸增强，消耗养料多，会引起糠心，加速病害的发生。

（2）湿度番薯贮藏的最适湿度为 85%～95%。当窖内相对湿度低于 80%时，番薯会失水萎蔫；当相对湿度大于 95%时，有害微生物活动旺盛，易受病害，烂薯严重。

（3）空气成分。据测定，当空气中氧气和二氧化碳浓度分别为 15%和 5%时，能抑制呼吸，降低有机养料消耗，增加番薯贮藏时间。当氧浓度不足5%时，番薯进行无氧呼吸而发生烂薯。

根据以上条件可知番薯收获期的早晚与安全贮藏密切相关。番薯具有无限生长特性，过早收获产量低，过晚收获易受冷害不耐贮藏。收获的最适时期是在气温15℃时开始收获，气温在10℃以上收完，如贵州省铜仁市是在每年的10月上旬末至10月底，最迟不超过11月5日前收获完毕，超出这个时期收获的番薯就有烂薯的危险。

番薯贮藏技术

我们以贵州省为例，番薯贮藏主要有农户传统的地窖贮藏及目前全省和周边省市推广的大棚窖贮藏两种方式。

（一）大棚窖与传统地窖的贮藏效果比较

1. 温湿度比较

2007—2008年，笔者在贵州省铜仁市将番薯贮藏大棚窖与地窖贮藏进行了贮藏效果的对比试验，见表4-1。

表4-1　番薯大棚窖与番薯地窖贮藏效果

品种	番薯贮藏大棚窖							番薯贮藏地窖						
	入窖时间	数量/kg	出窖时间	数量/kg	水分失重/kg	烂薯/kg	保薯率%	入窖时间	数量/kg	出窖时间	数量/kg	水分失重/kg	烂薯/kg	保薯率/%
86-21	2007 11/17	200	2008 3/16	191.4	7	1.56	99.2	2007 11/16	200	2008 3/17	109.4	3.6	87	56.5
红薯1号	11/17	200	3/16	192.7	6.2	1.12	99.4	11/16	200	3/18	136	4.4	59.6	70.2
豫薯王	11/18	200	3/17	190.4	8.22	1.44	99.3							
徐薯18	11/18	200	3/12	193.5	5.6	0.94	99.5							
平均		200	3/14	192	6.8	5.1	99.4		200		122.7	4	73.3	63.4
豫薯王	2008 11/4	500	2009 3/18	496	3.69	0.31	99.8	2008 11/4	500	2009 3/18	218.5	3.92	277.5	44.5
86-21	11/4	500	3/18	497.2	2.8	0	100	11/4	500	3/18	234	5.06	260.9	47.8
红薯1号	11/4	500	3/18	496.7	3.03	0.27	99.9	11/4	500	3/20	190.8	6.24	302.9	39.4
平均				496.6	3.17	0.19	99.9		500		214.4	5.07	280.4	43.9
二年平均							99.65							53.7

大棚窖与地窖贮藏番薯温湿度比较，如图4-2所示。入窖开始即将两种窖的温度逐日观测记录比较，通过曲线图可以看出，大棚窖的最高旬平均温为17.4℃，最低旬平均温为9.5℃；农户常用的地窖最高旬平均温为19.3℃，最低旬平均温为5.6℃。在2007年冬季凝冻天气45天的

情况下，该地的最低旬平均温为-3.5℃，最低日温为-5℃。这证明了大棚窖的保温性能。关于湿度，大棚窖的最高旬平均相对湿度为 95%，最低为85.4%；地窖最高旬相对湿度达99.6%，最低为88.2%。这说明了大棚窖在番薯贮藏过程中其温湿度都能平稳过渡，完全适宜于番薯的贮藏。

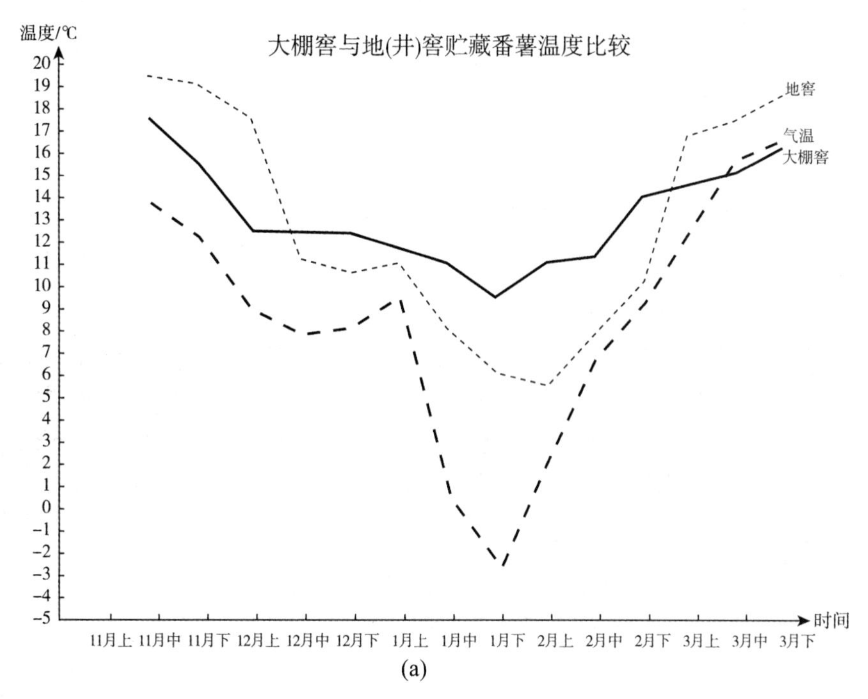

(a)

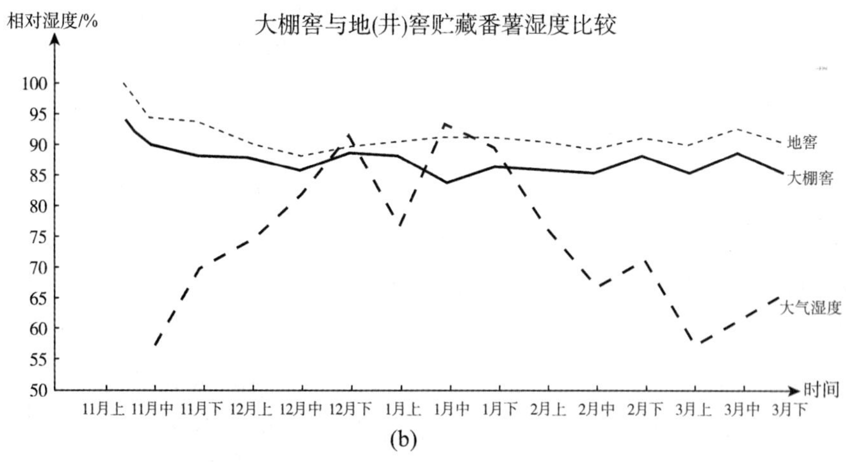

(b)

图 4-2　大棚窖与地窖贮藏番薯温湿度比较

2. 番薯贮藏大棚窖与番薯贮藏地窖保薯率的比较

2007 年和 2008 年保薯效果试验结果：2007年，番薯大棚窖平均保薯率为99.4%，番薯贮藏地窖保薯率为63.4%；2008年，大棚窖保薯率为99.9%，地窖保薯率为43.9%。经二年平均，大棚窖保薯率为99.65%，地窖保薯率为53.7%，大棚窖比地窖提高保薯率达45.9%（详见表 4-2、表 4-3）。这说明了大棚窖在番薯贮藏过程中其保薯率较高，完全适宜于番薯的贮藏。

通过以上比较，大棚窖与传统地窖贮藏番薯相比，大棚窖贮藏番薯效果较好。

（二）番薯贮藏大棚窖建窖技术

番薯贮藏大棚窖是一种多用型贮藏窖，尤其适用于番薯的种薯或商品薯的贮藏，由贵州省铜仁市高级农艺师涂刚于2007年研制。2008年3月成功申请国家专利。

番薯的大棚窖贮藏库是将传统的地窖与蔬菜大棚有机地结合起来，既克服了蔬菜大棚保湿性能差和地窖湿度大、换气通风困难的缺陷，又保留了蔬菜大棚温、湿度控制调节方便以及地窖保温性能好等优点。

1. 规格要求

棚窖可大可小，视番薯的贮量多少而定，但一般是长20m、宽6m、高4.8m，计576m^3，可贮藏薯150 000~200 000kg。也可长8m、宽6m、高4.8m，计230m^3，可贮藏鲜薯60 000~70 000kg。大棚窖正面如图4-3所示。

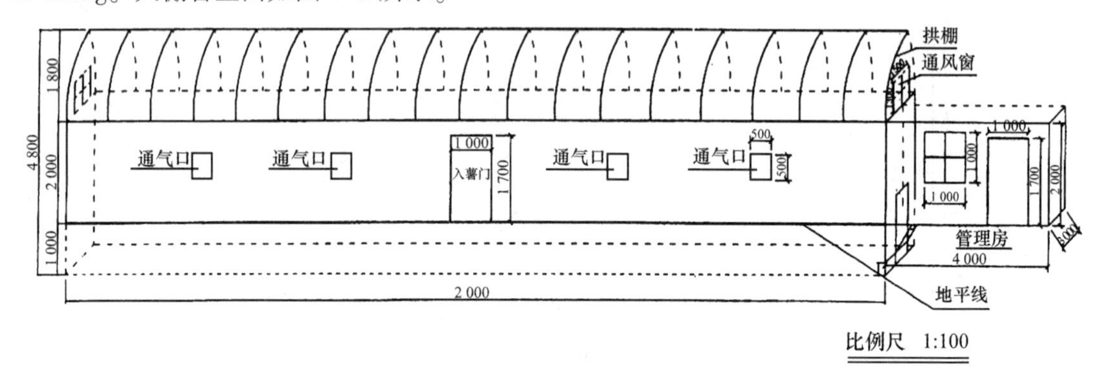

图4-3 大棚窖正面示意图

2. 建造材料

水泥砖、水泥、沙子、保温门、泡沫板、通风窗、床杆、棚、拱杆（可用镀锌钢管或竹片）、聚乙烯薄膜、遮光布。

3. 建造方法（以长8m、宽6m、高4.8m为例）

（1）场地选择：以地形平坦，贮运方便，地势高燥，排水良好，土壤黏质的地块为场地。

（2）窖墙的建造：挖深1m、宽6m、长8m的窖底，窖底层地面要整平夯实。在地平面四周用水泥砖砌成墙体，高度为2m。窖的前、后墙在距地平面2m处以上留50cm×50cm的通气孔，8m长的窖须设对称的4个通气孔，在前墙的正中设置一个高1.7m、宽1m的入薯门。在左右墙的上方设置1.5m×1.3m的通风窗（必须对称）。大棚窖平面图如图4-4所示。

（3）拱棚的建造：拱棚的高度为1.8m，可用大棚镀锌钢管或竹片支撑成圆拱。如用竹片（造价低）须在通风窗顶即棚顶设置脊梁以利稳固。棚杆可插在窖墙内。骨架拱扎完毕后，在棚窖四周挖一个20cm宽的小沟，用于压埋薄膜。为了固定压膜线，在前后墙的内侧打桩，间距为50~60cm，以利于固定棚膜和遮光布。棚顶先用塑料薄膜扣棚一层后，再加扣一层遮光布（即摆摊遮雨用的塑料布），然后用压膜线压牢，棚膜和遮光布都要求绷紧压实。

（4）管理房的建造：管理房主要是供棚窖管理人员对窖内进行日常管理的用房。用砖砌成长 3m、宽 2m、高 2m 的小平房。进入窖内的门设半下式窖门，高1.7m、宽 1m。管理房的前墙设置 1m×1m 的通风窗，并在房侧设置高1.7m、宽 1m 的耳门，当人进门时窖门是关上的，进门后应将耳门关上再开窖门，以免进入冷空气。房内可设置床、桌、记录用具、临时加温设施（关键时备用）。

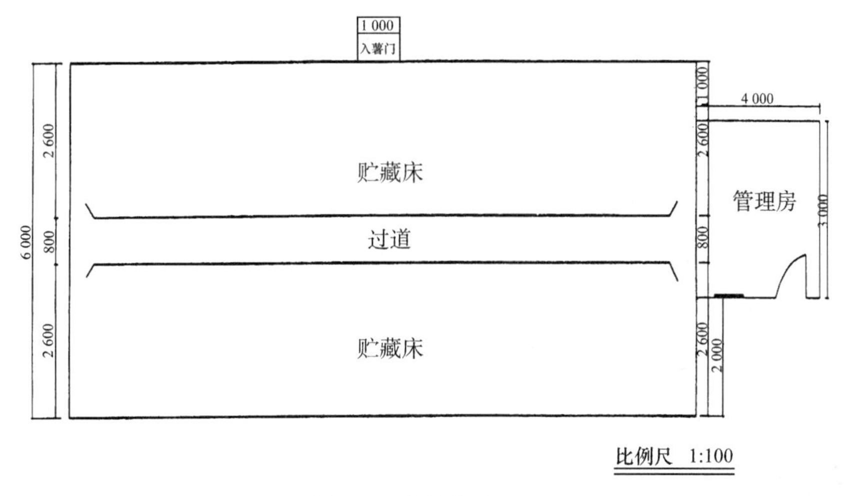

图 4-4 大棚窖平面图

（5）窖内设施：窖内地面须平整，窖正中和入薯门处设置 1m 的过道，两侧设置宽2.5m、高0.3m 的贮藏床，贮藏床四周可用砖砌成，床中填石、沙或土块以利排水，在贮藏床上 2m 长处设置高1.6m、宽2.5m 的床架，床架用横杆连接，将鲜薯贮蓄床分为两层，以利薯块通风散热。在窖肩 3m 处即棚与窖交界的地方，以前墙和后墙对称设架，架上面辅盖泡沫板，并将其固定，只在前、中、后留三块板作为活动板，以利通风、增温、散湿。泡沫板的密封是建窖的关键技术之一，入薯门和通气窗用相应宽度的泡沫板堵上以利保温。贮藏床每隔 2m 放置一个通气笼（用竹编织），番薯贮藏时须用竹筐或网袋，以利搬运时不损伤薯块（图 4-5 所示为大棚窖纵切面示意图）。

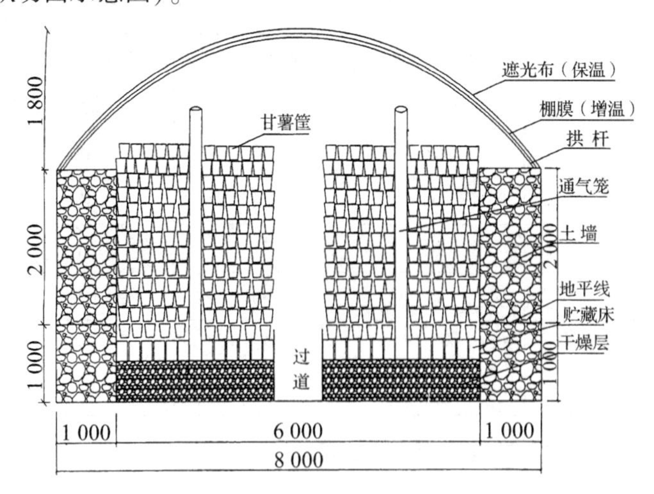

图 4-5 大棚窖纵切面示意图

4. 番薯贮藏大棚窖设计的原理

番薯安全贮藏的核心是维持适宜的温、湿度环境，要求温度为10℃~15℃，最适宜为10℃~14℃，湿度为85%~95%。番薯贮藏的关键是控制贮藏初期的高温（15℃以上）和入冬后的低温（10℃以下），以及窖内湿度保持在90%左右，窖内空气含氧量不得低于5%。番薯贮藏大棚窖充分利用了塑料棚膜的增温、能揭膜通风换气、降湿的特点，充分利用了地窖保温、保湿的特点，两者相互结合后，能人为控制窖内温度和湿度，灵活掌握通风换气，满足番薯安全贮藏的条件。

5. 大棚窖的使用年限及效果

大棚窖建成后使用年限均在10年以上。如果需要周年贮藏商品薯或贮藏马铃薯、蔬菜、水果等农产品，需在窖内加设一定的增（降）温设施，如空调等，即能按照贮藏所需要的条件，达到安全贮藏，提高经济效益的效果。虽然增加了一定的设备成本，但得到的贮藏增值效益却是设备成本的几十倍。

经验与提示

2005—2007年，贵州省铜仁市高级农艺师涂刚等对铜仁市碧江区和平乡、坝黄镇和万山区的大坪乡、茶店镇、鱼塘乡、谢桥办事处等乡（镇）的10个行政村，276个番薯贮藏窖进行调查。

1. 铜仁市番薯贮藏烂薯窖分布情况

通过对铜仁市碧江区和万山区的6个乡（镇）办事处的10个行政村，60个村民组，276个农户传统的番薯贮藏地窖调查，其中烂薯窖275个，占贮藏地窖的99.63%（见表4-2）。调查结果表明，农户使用传统地窖贮藏番薯，烂薯情况较为普遍。

表4-2 铜仁市部分乡镇番薯贮藏地窖烂薯情况抽样调查

乡镇	行政村/个	村民组/个	薯窖/个	烂薯窖/个	占比/%
合计	10	60	276	275	99.63
和平乡	2	12	58	58	100
坝黄镇	2	9	46	45	100
大坪乡	1	6	31	31	97.8
茶店镇	2	14	65	65	100
鱼塘乡	1	7	22	22	100
谢桥办事处	2	12	54	54	100

2. 铜仁市番薯贮藏地窖烂薯量的情况调查

在对铜仁市碧江区和万山区番薯贮藏6个乡（镇）办事处、10个行政村、60个村民组276个地窖烂薯量的分级调查中，烂薯0级的地窖1个，占调查总数的0.4%；烂薯1级的地窖82个，占调查总数的29.7%；烂薯2级的地窖56个，占总数的32.9%；烂薯3级的地窖91个，占总数的20.3%；烂薯4级的地窖29个，占总数的10.5%；烂薯5级的地窖17个，占总数的6.2%。按烂薯损失率加权平均计算，铜仁市番薯贮藏地窖每年平均番薯损失率达38.21%。大坪乡和茶店镇平均烂薯率为42.74%和42.31%，烂薯率最低的为坝黄镇，平均烂薯率为33.26%（见表4-3）。

表4-3 铜仁市红薯贮藏地窖烂薯情况抽样调查

乡镇	薯窖数/个	五级烂薯 100%~80% /个	四级烂薯 80%~60% /个	三级烂薯 60%~40% /个	二级烂薯 40%~20% /个	一级烂薯 20%~10% /个	0级烂薯为零/个	平均烂薯率 /%
合计	276	17	29	56	91	82	1	38.21
和平乡	58	4	3	11	23	17	0	35.6
坝黄镇	46	1	7	7	10	20	1	33.26
大坪乡	31	3	4	8	9	7	0	42.74
茶店镇	65	7	9	13	20	16	0	42.31
鱼塘乡	22	0	4	7	3	8	0	41.82
谢桥办事处	54	2	2	10	26	14	0	33.52

注：损失率（%）$=\frac{\text{（各级烂薯窖数×各级损失率）的总和}}{\text{调查总数}}\times 100\%$

3. 铜仁市番薯贮藏烂薯原因调查

通过对6个乡（镇）、办事处276个番薯贮藏地窖烂薯原因调查结果分析，番薯贮藏期间发生烂窖的主要原因有冷害、病害、缺氧、湿害四种类型。

（1）冷害：冷害是发生烂窖的主要原因之一。

受冷害的特征：首先，藤的拐子（茎叶交接处）由青绿色变为暗褐色，然后发生干腐；其次，薯块头尾发生腐烂；最后，薯块腐烂。把受到冷害的薯块横切时，切面缺少乳汁，用手挤压时，发软流出清水。受冷害轻的薯块发生“硬心”，还带甜味，部分细胞失去生活机能，对病菌的抵抗力大大降低，若病菌侵染，很快会发生腐烂。

受冷害严重的薯块带苦味，薯块内的维管束附近出现红褐色，后变为棕褐色，薯块呈水湿状，发软，用手挤压时，有褐色清液淌出，可直接使薯块腐烂。在调查地窖贮藏中由于冷害造成烂薯损失的占37.2%。在收挖期和贮藏期，温度在9℃以下，时间长了，红薯就发生冷害，使新陈代谢活动受到破坏，耐贮性、抗病力降低。受冷后，一般要经过一段时间才发生腐烂。温度越低、持续时间越长，受冷害烂薯也就越严重。

冷害和冻害是有区别的。所谓冻害，是指温度在-1.3℃~2℃时，薯块内部细胞间隙结冰，使组织破坏，当温度回升时引起烂窖。

调查结果表明：铜仁市番薯贮藏因冷害造成烂薯烂窖有两种类型。

①入窖前受冷害：主要是收挖过晚，或收挖后没能当天入窖，在窖外受冷害，入窖后20天左右，就发生零星点片腐烂。所以番薯要适时早收，收挖后当天入窖，以免受冷，造成损失。

②贮藏期间受冷害的主要原因是贮窖保温条件差，往往因窖浅或地窖的井筒过大、过浅、贮藏量过小。一般多在1月、2月的低温时期受冷害，到春季天气转暖时，多在窖口或薯堆由上而下地发生大量腐烂。

（2）病害：在调查中发现地窖贮藏番薯时病害也是烂薯的主要原因。造成烂薯的病害主要有番薯软腐病、番薯黑斑病、番薯茎线虫病。病害发生烂薯的主要途径是：薯块带病或病菌由伤口侵入带病，进入贮藏窖，当窖内的温湿度适宜于病菌生长时，造成发病、传播、烂薯、烂窖。调查结果表明，因病害造成烂薯的占41.8%。其中，番薯软腐病害常发生于贮藏后期。番薯受冷害、湿害，薯皮受伤后，生活力较差，抵抗力弱等，常易发生此病。病菌侵入薯块后，分泌果胶酶，溶解薯块的细胞壁，使薯块变软，并呈褐色，有酒味、酸味，又称“醉烂”“酒薯”。

番薯黑斑病和茎线虫病主要是田间感染，使薯块表面感染，拐子或薯块内部带病。薯块表面沾染的病菌，常在破皮受伤后从伤口侵入而发病。该病贮藏初期发病较多，后期蔓延较慢。

春薯比夏薯生理成熟度大，薯块组织比较松软，抗病力较弱，所以春薯的发病烂薯率较高。

（3）湿害：地窖湿害特别容易滋生病菌造成烂薯烂窖。贮藏前期由于气温较高，薯块呼吸作用旺盛，释放出较多的二氧化碳、水和热量，薯堆内水汽上升，遇冷时凝结成水珠，浸湿表层的薯块；或因下雨过多，地下水位上升，窖内淹水造成涝害，因湿度增加，适于病菌的繁殖和侵染。地窖由于湿害造成烂薯的占12.9%。

（4）缺氧：由缺氧造成的烂薯占6.3%。部分薯农地窖挖得过小，而贮量又过大，在入窖初期，气温较高，窖内薯块呼吸强度大，或封窖过早，就会造成缺氧烂薯烂窖。

另外，极少数砂页岩地窖，窖内湿度低，加上入窖的薯块不新鲜，入窖后致使薯块失水严重（低于80%以下），也造成薯块“糠心”烂薯，这种烂薯现象占1.8%。

根据红薯贮藏烂薯情况和烂薯原因调查的大量数据分析，造成烂薯的主要原因包括：一是温度。9℃以下的低温造成冷害烂薯，15℃以上的高温也可造成病害和发芽烂薯。二是贮藏期相对湿度95%以上，造成“水烂”。相对湿度在80%以下造成糠心烂。三是空气，贮藏期窖内通风不良，二氧化碳浓度过高，造成缺氧烂薯。四是病原菌，窖内消毒不严导致伤薯、破薯、病薯入窖，病菌基数过大，相互传播快，造成病薯烂窖。鉴于上述原因，如何克服番薯贮藏期的低温和高温，如何调节窖内的空气湿度，怎样才能方便贮藏窖的通风换气，成了番薯贮藏窖设计的关键内容。

任务训练： 番薯的大棚窖贮藏

【任务要点】

（1）采前管理。

（2）适时采收。

（3）防腐、防虫、防病处理。

（4）预贮。

（5）设计贮藏方案。

【任务准备】

1. 相关准备

采收：收获的最适时期是在气温15℃时开始收获，气温在10℃以上收完。注意选择晴天收薯。

愈合处理：采用升温措施，将温度升至38℃～40℃，在相对湿度85%～90%的条件下放置36h，以促进种薯伤口充分愈合，减轻各种病菌的侵入。

番薯入窖必须做到“四轻一防、五不入窖”，即轻收、轻装、轻运、轻藏，防撞伤，病薯、虫薯、破薯、冻薯和受涝薯不入窖。

2. 设施配备

大棚窖贮藏番薯、种薯或商品薯要配备测温、测湿、贮藏记录表、消毒、鼠害防治、安全、消防等设备条件。如果要进行商品薯周年贮藏，在窖内还需配备降温设备等设施。

3. 窖的消毒

番薯贮藏大棚窖，贮藏窖要彻底打扫，消除残渣、灰杂、堵塞洞隙。不能隔潮的地坪，在贮藏前应铺隔潮物料。必须对贮藏室进行消毒、杀虫、灭菌。

【任务实施】

1. 入窖堆存

要求：按种薯类型、品种标签装筐入窖。堆存的形式与高度，要在保证贮藏安全的条件下，尽量提高棚窖利用率。但因种薯是鲜薯贮藏，具有较强的呼吸作用，因此，在堆存时要适当留有空间余地（大棚窖至少留有1/4的空间）。

注意：在贮藏室内，种薯堆存堆码要整齐、牢靠，不能歪斜。各堆要放置通气笼，避免靠墙码垛。

2. 番薯贮藏大棚窖管理技术

番薯贮藏期的定期检测项目包括：薯温（薯堆温度）、窖温（窖内空气温度）、气温（窖外大气温度）、湿度（窖内相对湿度）、气湿（窖外大气相对湿度），窖内病、虫、鼠害情况检查。

（1）高温灭菌：将薯块按要求入窖堆垛后，将薯块顶层盖上遮光物，把顶棚用塑料膜密封，晴天不加温，阴天和雨天可在窖内升温，将温度升至38℃~40℃，湿度保持85%~90%，一般36h，可将番薯的黑斑病、软腐病等病菌杀灭，促进薯块伤口愈合。然后打开通气孔、敞开周边棚膜通风降温，将温度降到10℃~13℃，再盖膜保温，将窖内温度控制在10℃~14℃，湿度控制在90%左右，进行常规贮藏。因为大棚窖的温度、湿度，完全可以采用人为手段控制，且方法简单，易于操作，贮藏保鲜效果可达90%以上。

（2）前期通风降温（防汗）：入窖后20天内，温度高、湿度大，会使薯堆表薯块造成湿害，又称为“发汗”，这时白天要打开窖门通风，晚上关闭，使窖温稳定。

（3）中期保温防寒（防冻）：入窖20天后至翌年2月初为中期，此时进入“数九”期，气温低，易受冷害（低于9℃），要及时调整大棚窖温度，保证窖温维持在10℃以上。

（4）后期春后防热换气：春暖后气温回升，要适时通风换气，使窖内温度不宜过高，尽量保持贮藏温度。

大棚窖贮藏番薯可周年进行。番薯最适合的贮藏温度为10℃~15℃，过热它会长芽，过冷就会冻伤，番薯贮藏的空气相对湿度在85%~90%，太干燥水分会很快流失，太潮湿又会受到病菌的侵扰，达不到安全贮存和保鲜效果。大棚窖内具备增（降）温，增（降）湿设施，保温通风换气效能均较好，工作人员只要在窖内认真查看和记录温度、湿度，利用各种设施，掌握好窖内温度、湿度，检查病虫鼠害，注意窖内消防，即可达到安全贮藏保鲜最佳效果。

（5）番薯贮藏大棚窖贮藏期内异常温度、湿度及有害物质的处理。

①贮藏窖内高温的处理。薯块入窖后，窖内仍持续高温（超过15℃），可采取自然通风，大棚窖可将棚顶透光膜拆掉只盖部分遮光布，有空调设备的可开空调降温。

②贮藏窖内湿度的处理。当窖内湿度低于80%时，薯块内的水分蒸发，致使薯块脱水、萎蔫、皱缩、糠心，食用品质下降。相对湿度95%时，则薯块褪色褐变，病原菌繁殖，腐烂率上升。番薯入窖时含水量如超过80%，应敞窖通风、排湿。窖内湿度低于80%，可在过道间泼适量水，增加湿度。窖内空气相对湿度超过95%，或出现滴水、潮湿的情况，要立即进行排湿处理，以保证湿度在85%~90%。

③贮藏窖内有害物质的处理。窖内有害物质主要是二氧化碳，窖内二氧化碳浓度过高，空气含氧量就会降低。窖内的空气含氧量不得低于5%，否则易导致薯块缺氧呼吸，轻则丧失发芽力，重则缺氧“闷窖”，造成薯块窒息性全窖腐烂。因此，在整个贮藏过程中要经常注

意通风换气，增加窖内空气含氧量，以降低二氧化碳浓度。

④番薯贮藏期病、虫、鼠害的防治。番薯贮藏期以病害和鼠害发生为主，虫害一般较少。

造成红薯贮藏期间的鼠害有家鼠和农田鼠。鼠害常在贮藏窖内咬食番薯，造成番薯受伤感染各种病菌，形成烂薯。

 知识拓展

番薯的作用与功效

番薯又名红薯、山芋、地瓜、红苕、线苕、白薯、金薯、甜薯、朱薯、枕薯等。

常见的多年生双子叶植物，草本，其蔓细长，茎匍匐地面。块根，无氧呼吸产生乳酸，皮色发白或发红，肉大多为黄白色，但也有紫色。除供食用外，还可以制糖和酿酒、制酒精。

番薯含有丰富的淀粉、膳食纤维、红萝卜素、维生素A、维生素B、维生素C、维生素E，以及钾、铁、铜、硒、钙等十余种微量元素和亚油酸等，营养价值很高，被营养学家们称为营养最均衡的保健食品。

番薯的作用与功效如下。

1. 和血补中

番薯营养十分丰富，其含有大量的糖、蛋白质、脂肪和各种维生素及矿物质，能有效地为人体所吸收，防治营养不良症，并且能补中益气，对中焦脾胃亏虚、小儿疳积等病证有益。

2. 宽肠通便

番薯经过蒸煮后，部分淀粉发生变化，与生食相较可增加40%左右的食物纤维，能有效刺激肠道的蠕动，促进排便。人们在切番薯时看见的番薯皮下渗出一种白色液体，含有紫茉莉甙，可用于治疗习惯性便秘。

3. 增强免疫功能

番薯含有大量黏液蛋白，能够防止肝脏和肾脏结缔组织萎缩，提高机体免疫力，预防胶原病发生。番薯中所含有矿物质对于维持和调节人体免疫功能起十分重要的作用。所含的钙和镁，可以预防骨质疏松症。

4. 防癌抗癌

番薯还具有消除活性氧的作用，活性氧是诱发癌症的原因之一，因此番薯抑制癌细胞增殖的作用十分明显。

5. 抗衰老、防止动脉硬化

红薯的抗衰老和预防动脉硬化作用，主要是其所具有的水除活性氧作用产生的，番薯所含黏液蛋白能保持血管壁的弹性，防止动脉粥样硬化的发生；番薯中的绿原酸，可抑制黑色素的产生，防止雀斑和老人斑的出现。番薯还能抑制肌肤老化，保持肌肤弹性，减缓机体的衰老进程。

项目五 果蔬加工原料预处理

任务一 加工原料处理

学习目标

【知识目标】

掌握不同加工原料处理的方法。

【能力目标】

掌握对不同原料进行具体处理的操作技术。

一 加工前原料的预处理

园艺加工产品有糖制品、干制品、汁制品、腌制品、速冻制品、罐制品、酿造品、综合利用品等。加工品虽然较多，而果蔬种类和品种各异，组织特性区别很大，加工方法也有很大的不同，但是加工品在加工前的原料预处理过程有许多共同点。

优质加工品对原料的质量及处理方式、加工适性有严格的要求。所以在加工工艺和设备条件一定的情况下，要根据原料种类、品种、成熟度、新鲜度及产品质量的要求，对原料进行适当的预处理。如果处理不当，不但会对以后的加工工艺造成影响，而且会影响产品的质量和产量。

预处理原料必须保证新鲜，才能保证产品的风味和综合品质。预处理方法有原料选择、分级、洗涤、护色、去皮、修整、切分（或破碎）、烫漂、硬化等。

原料预处理的方法

（一）原料的选择

原料除有杂质外，还有新鲜度、大小、成熟度的差异，原料必须进行选择处理，剔除不合乎加工要求的部分，如未熟或过熟果、腐烂果、病虫害果、机械伤及残、次果，及砂石、草根和其他杂质，可以通过人工或机械进行选择，从而保证原料的质量。

（二）分级

分级是按照加工要求的不同，将原料分成不同的等级，以保持原料的大小、长短、形状、颜色、重量、成熟度等的一致性。

大多数果蔬需要分级，特别是需要保持果蔬原来形态。分级方法主要有人工分级和机械分级两种。

（1）人工分级：在生产规模不大或对产品要求较高时，常用手工分级，同时可配备辅助工具，如圆孔分级板、蘑菇大小分级尺等。

（2）机械分级：采用机械分级可大大提高分级效率，且分级均匀一致。它是使用仪器与电脑连接，提高分级效果。

其他分级如豌豆分级，国内外用盐水浮选法。它是根据豌豆的成熟度不同，所含的淀粉多少有差别，其相对密度不同，利用其在特定相对密度的盐水中上浮与下沉原理分级。

（三）清洗

清洗用水应符合饮用水标准。清洗的目的是除去表面的灰尘、泥沙和大量的微生物以及部分残留的化学农药。洗涤时常在水中加入盐酸、氢氧化钠、漂白粉、高锰酸钾等化学试剂，既可以减少或除去农药残留，还可除去虫卵，降低耐热芽孢数量。

宜用流动的水清洗。一般要求中等硬度水或较软水，硬度在8°~16°，但在制作腌制品和蜜饯制品时可以用较大硬度的水质。

（四）去皮

部分果蔬表皮粗糙、坚硬，具有不良风味，如柑橘外皮含精油和苦味物质；龙眼、荔枝外皮木质化；菠萝、竹笋外皮纤维化不可食用，必须去掉，否则对加工后产品质量有影响。去皮还可去除霉烂、机械伤的部分。但部分加工果脯、蜜饯，果酒、果汁需要打浆、压榨或其他原因不用去皮。

果蔬去皮的方法主要有手工去皮、机械去皮、碱液去皮、热力去皮、酶法去皮、冷冻去皮、真空去皮。不管采用哪种去皮方法，都要注意刀刃部分必须是不锈钢或合金，以免用含铁的刀与果蔬中的成分起反应产生褐变，影响产品的品质。

1. 手工去皮

手工去皮是用特别的刀、刨等工具人工削皮，其应用范围较广。手工去皮的优点是去皮干净、损失率少，并兼有修整的作用，还可去心、去核、切分等同时进行。在果蔬原料质量不一致的条件下能显示出其优点。但手工去皮费工、费时，生产效率低，不适合大规模生产。

2. 机械去皮

机械去皮是采用专门的机械进行，比较符合机械化生产。常用的去皮机主要有旋皮机、擦皮机、专用去皮机三种类型。机械去皮比手工去皮的效率高、质量好，但是损耗较大。一般要求去皮前原料有较严格的分级。

3. 化学去皮

主要有碱液去皮和酶法去皮两种。

（1）碱液去皮。碱液去皮是果蔬原料去皮中应用最广的方法。通过碱液对表皮的中胶层溶解，使果皮分离，表皮含的角质、半纤维素有较强的抗腐蚀能力，中层薄壁细胞主要由果胶组成，在碱液作用下腐蚀溶解，果肉的薄壁细胞膜比较抗碱。因此，碱液处理能使果蔬的表皮剥落而保存果肉。

碱液去皮常用的碱为氢氧化钠，其腐蚀性强且价廉，也可用氢氧化钾、碳酸钠、碳酸氢钠。同时要注意防止碱液腐蚀果肉。

碱液去皮特别要注意碱液的浓度、处理时间和碱液温度三个重要参数，应根据不同的果蔬原料种类、成熟度和大小而定。时间长及温度高会增加皮层的松离及腐蚀程度，适当增加任何一项，都能加速去皮作用，因此生产中必须根据具体情况灵活掌握，以处理后经轻度摩擦或搅动能脱落果皮，且果肉表面光滑为适度的标志。

碱液处理是将一定浓度、温度的碱液装入容器中，原料投入后不断搅拌，经过适当时间捞起立即用水冲洗干净，除去多余碱，直至果块表面无滑腻感、口感无碱味为止。漂洗必须充分，否则果肉受腐蚀，还有可能导致果蔬制品、特别是罐头制品的 pH 偏高，如杀菌不足使产品败坏，同时口感差。

（2）酶法去皮。酶法去皮主要用于柑橘的瓤瓣去瓤衣，原理是利用果胶酶的作用使果胶水解，使以果胶为主体的瓤衣分解达到去皮的作用。其关键是要掌握酶的浓度及酶的最佳作用条件，如温度、时间、pH 等。

4. 热力去皮

果蔬先短时间用热水或蒸汽处理，使表皮迅速升温而松软，果皮膨胀破裂，与内部果肉组织分离，然后迅速冷却去皮。此法适用于成熟度高的桃、杏、番茄、番薯等。

热力去皮原料损失少，色泽好。但只适用于皮层易剥离、充分成熟的原料，对成熟度低的原料不适用。

5. 冷冻去皮

将果蔬放在冷冻装置内让其达到轻度表面冻结，然后解冻，使皮层松弛后去皮。此法适用于桃、杏、番茄等，但此法成本较高。

6. 真空去皮

将成熟的果蔬先行加热，使其升温后果皮与果肉易分离，然后进入有一定真空度的真空室内，适当处理，使果皮下的液体迅速“沸腾”，皮与肉分离，最后破除真空，冲洗或搅动去皮。此法适用于成熟的果蔬，如桃、番茄等。

综上所述，果蔬去皮的方法很多，且各具特色，可根据实际生产条件、果蔬的状况而采用适合的方法。也可多种方法结合使用，如碱液去皮时，为缩短浸碱或淋碱时间，可将原料预先进行热处理，再进行碱处理等。

（五）去核、去心

果核、果心组织与果肉组织不同，影响产品质量。核果类加工前需去核，仁果类则需去心，枣、金柑、梅等加工蜜饯时需划缝、刺孔等，通常使用挖核器、通核器，生产上可根据实际情况灵活选用合适的工具。有些加工品无须去心和核，如杨梅凉果、蜜饯。

（六）切分、修整、破碎

体积较大的果蔬原料在加工时，为了便于操作需适当切分破碎。切分的形状应根据原料的形状、性质和加工要求而变化，可以切丁、块、丝，或圆形、三角形、五角星等形状。

有些产品没有外形要求，只在加工前进行破碎，如果酒、果蔬汁、果酱等产品，使之便于压榨或打浆，提高取汁率。

罐头或果脯、蜜饯加工时，为了保持良好的外观形状，需对果块在装罐前进行修整，以便除去未去净的皮、部分黑色斑点和其他病变组织、修整其形状。

用手工操作时，所使用的工具除一般刀具外，还有许多专用的小工具。如管状的去核器，匙形的去核器，金柑、梅的刺孔器等。

（七）烫漂

果蔬的烫漂，生产上常称预煮。即将已切分的或经其他预处理的新鲜果蔬原料放入沸水或热蒸汽中进行短时间的热处理，马上用冷水冷却，防止过度受热，组织变软，营养受损。烫漂对果蔬产品质量影响非常大，烫漂不好会造成加工品变色或软烂。

1. 烫漂的目的

（1）钝化酶活性。果蔬里的酶类若不被钝化，可能引起风味、组织结构和感官的变化，引起酶褐变和品质的进一步败坏，必须钝化酶活性。

原料受热后氧化酶类等可被钝化从而停止本身的生化活动，防止因其引起的氧化褐变，这在速冻、干制品、罐藏中尤为重要。如制作红薯片，烫漂不彻底，酶没有失活，非常容易引起红薯变黑，影响产品外观。一般认为抗热性较强的氧化还原酶在71℃~73.5℃，过氧化酶在90℃~100℃下一定时间内失活。

（2）软化或改进组织结构。烫漂后的果蔬体积适度缩小，组织变得适度柔韧。同时由于改变了细胞膜的透性，使水分易蒸发，糖分易渗入，不易产生裂纹和皱缩。热烫过的干制品也较容易复水。

（3）排除原料组织内部空气，稳定或改进色泽。空气的排除有利于罐头制品保持适宜的真空度。对于含叶绿素的果蔬，色泽更加鲜绿；不含叶绿素的果蔬，则变成半透明状态，更加美观。

（4）除去部分辛辣味和其他不良风味。对于苦涩味、辛辣味或其他异味重的果蔬原料，经过烫漂处理可适度减轻，有时还可以除去一部分黏性物质，提高制品的品质。如罐藏青刀豆通过烫漂可除去部分可溶性含氮物质，避免苦味并减少容器的腐蚀，同时杀死附在果蔬表面的微生物和虫卵。

2. 烫漂的方法

热水烫漂要求温度大于90℃，根据原料质地、厚薄不同，烫漂有不同处理时间，有些则原料需要烫漂2~5min，有些要5~8min。一般从外表上看果实烫至半生不熟，组织较透明，失去新鲜果蔬的硬度，但又不像煮熟后那样柔软即被认为适度。

热水烫漂的缺点是可溶性固形物损失多。随烫漂次数增多，烫漂用水的可溶性固形物浓度不断加大，之后则损失逐渐减少，因此在不影响烫漂外观效果的条件下，不应频繁更换烫漂用水。

为了保持绿色果蔬的色泽，常在烫漂水中加入碱性物质，如碳酸氢钠、氢氧化钙等。但此种物质对维生素C损失较大。葡萄干常用碳酸钾、氢氧化钠和植物油的混合液，或亚硫酸盐与植物油的混合液进行烫漂；豌豆常在0.08%~0.1%的叶绿素铜钠染色液中烫漂兼染色。

（八）原料护色

1. 原料护色的目的

原料在去皮和切分后，保护组织受破坏，果蔬迅速变成褐色，不仅影响外观和风味，还会造成营养损失。因此，护色的主要目的就是防止加工变色，保持产品原有的风味和品质，以免影响产品质量。

2. 原料变色的三要素

工序间的褐变主要是酶促褐变，在氧化酶和过氧化酶的作用下，将果实中的单宁物质、绿原酸、酪氨酸等酚类物质氧化，引起原料的变色。因此，原料变色的三要素是：必须有氧气参与；必须有酚类底物；必须有酶参与。三个条件只要缺少其中之一，变色无法进行。我们只要控制其中一个条件，就能防止果蔬变色。

3. 原料护色的具体方法

一般护色措施均从排除氧气和抑制酶活性两方面着手，方法主要有以下几种。

（1）烫漂护色。烫漂可钝化活性酶，防止酶褐变，稳定或改进色泽。

（2）食盐溶液护色。将去皮或切分后的果蔬浸于1%~2%的食盐水护色。其原理是抑制和破坏酶的活性作用，同时盐水中氧气的溶解度比空气小，有一定的护色效果，且比较方便、经济、实用。

果蔬加工中常见桃、梨、苹果及食用菌类用此法。例如，蘑菇用近30%的高浓度盐渍并护色。这只是一般意义的护色，更深层次必须用硫处理。

（3）硫处理。利用二氧化硫的强还原性，减少组织中含氧量，抑制酶活性，常用亚硫酸钠、亚硫酸氢钠和焦亚硫酸钠等。如亚硫酸钠溶液护色，既可以防止酶褐变，又可以抑制非酶褐变，效果较好。罐头加工时应注意采用低浓度溶液，并尽量脱硫，否则易造成罐头内壁产生硫化斑。但干制等可采用较高的浓度。

常用方法为浸泡法或熏蒸法护色，例如，采用亚硫酸盐对苹果进行护色处理，苹果干可以淡化损伤部位褐变和起到洁白的作用，常用0.5%亚硫酸盐溶液处理10min，即可取得较好的效果，硫残留量和含水量均符合国家标准。

（4）有机酸溶液护色。有机酸溶液既可降低pH、抑制多酚氧化酶活性，又可降低氧气的溶解度而兼有抗氧化作用。常用的有机酸有柠檬酸、苹果酸、抗坏血酸，除了一些名贵的果品或速冻果品外，生产上一般都采用食用柠檬酸，浓度在0.5%~1%。

（5）抽空护色。某些果蔬如苹果、番茄等，组织较疏松，含空气较多，易引起氧化变色，需进行抽空处理。抽空是将原料置于糖水或盐水等介质里，在一定的真空状态下，使内部的空气释放出来。果蔬的抽空装置主要由真空泵、气液分离器、抽空罐等组成。

（九）硬化处理

一般糖制品较多使用，果蔬都可以制作糖制品。硬化处理的目的主要是为了提高产品的耐煮性，防止软烂，保持产品形状。常用的硬化剂有石灰、氯化钙、明矾等。

硬化原料是钙盐、镁盐与原料中果胶物质生成不溶性的果胶盐，提高制品的硬度和脆性。

硬化剂使用量、硬化时间要适宜，一般制蜜饯时石灰用量为0.5%~2%，罐头中氯化钙应控制在0.05%以下。硬化时间较长，一般在2h以上，有的达10多小时，不同产品硬化时间不同，硬化剂过量、硬化时间太长会生成过多的果胶物质钙盐或引起部分纤维素钙化，影响果实对糖分的吸收，使制品质地粗糙，质量下降；过少则达不到效果。硬化后，要用流动水反复漂洗4~12h，洗去多余的硬化剂。

（十）染色处理

一般用色素处理，包括天然色素和人工色素（合成色素）。天然色素来源于动植物、微生物，对人体无毒害作用（除藤黄外），没有量的限制，但着色不牢，成本较高。天然色素有姜黄素、红花黄色素、辣椒红素、虫胶色素、红曲米、酱色、甜菜红、叶绿素铜钠盐和β-胡萝卜素等。

人工色素考虑有一定毒副作用，有量的限制，色彩鲜艳，成本较低。目前，我国允许使用的合成色素有苋菜红、胭脂红、柠檬黄、日落黄和靛蓝。

人工色素和天然色素分别用于果味粉、果子露、汽水、配制酒、红绿丝、罐头，以及糕点表面上彩等。但是，它们禁止用于水果及其制品（包括果汁、果脯、果酱、果冻和酿造果酒）等。

在国际上，自美国1976年禁止使用合成色素苋菜红之后，就逐步重视对天然色素的开发和应用。

经验与提示

1. 对食品加工用水的要求

水是加工用量较大的材料之一，腌制品、糖制品等的洗涤、烫漂、糖盐液配制、冷却工艺等都直接接触用水，食品加工用水有自来水、水库水、井水，江、河、湖水等。直接接触用水均需要符合饮用水标准，即符合《生活饮用水卫生标准》（GB 5749—2006），才能不污染食品，才能加工出符合质量要求的加工品。

加工用水标准，应澄清透明，无悬浮物质，无色、无臭、无味，静置时无沉淀物，不应含有重金属盐类。如果含有硫化氢、硫化氨、硝酸盐和亚硝酸盐等物质，就证明水中有腐败性微生物的存在。水中也不宜含有铁盐，因为铁盐与园艺产品中单宁物质作用使产品变成黑色。加工用水中的微生物指标要求是不允许有任何致病菌及耐热性细菌的存在。

其次加工用水有软硬之分，水的硬度是以1L水中含钙、镁离子多少来衡量的。也有用德国度（°）来表示的，硬度1°相当于1L水中含氧化钙10mg。水硬度分类为：软水是8°以下，中等硬水是8°~16°，硬水是16°以上。

一般加工用水用软水，但加工腌制品、糖制品用硬水，水的硬度大小对加工品最终品质有影响。腌制品采用硬水加工产品才较脆，口感好，而糖制品加工用硬水糖制品较耐煮。

2. 芒果巧去皮方法

芒果为漆树科常绿乔木芒果树果实。不完全成熟的芒果含有醛酸，对皮肤黏膜有一定刺激作用。它的果汁易粘到嘴上，有的人吃了芒果后出现口唇红肿皮疹等过敏症状，又痒又痛，严重者还会出现水疱。

（1）预防办法：正确食用对于预防芒果过敏很重要，可以把芒果切开后用勺子挖着吃，或是将芒果切成小块，用牙签直接送到口中，使口周及面部尽量不接触芒果汁液，以防皮肤过敏。

（2）去皮方法：一个芒果在大约1/3处，贴着芒果核切一片下来，再在核的另一侧贴着核切下一片，此时芒果分为3片，中间一片是核。将不带核的两片用小刀划成菱形的方块，切至果皮，但千万不要切断。将已切好的两片芒果向上翻，用手轻轻一顶。翻好后，一粒粒果肉都突出来了，就可以装盘享用了。

对于熟芒果，可以先从芒果尖用刀划个十字切口，再沿着切口对果蒂方向用筷子穿进去在火上烤4~5s，皮很容易剥下来。

任务训练：番茄酱加工

【任务要点】

掌握原料的选别、分级、清洗、去皮、去核、去心、切分、修整、破碎、烫漂等处理方法。

【任务准备】

番茄酱有甜味、咸味、原味的，不同用途采用不同的加工方法。我们以甜味为例。

番茄、白糖、食用柠檬酸、不锈钢刀、不锈钢锅、瓢铲、测糖仪（或温度计 100℃ 以上）、盆、秤、打浆机、玻璃罐、封罐机、灭菌锅。

【任务实施】

（1）原料选择：番茄果实选择圆形或椭圆形果，要求表面光滑、皮薄、肉厚、籽少，可溶性固形物含量为 4%~5%，成熟度为 8~9 成。

（2）清理去皮：洗净果实，去蒂部，于沸水烫煮 1~2min 后投入冷水中去皮，除去果蒂绿色部分、虫斑及烂点。

（3）破碎打浆：横切果实为两片，去掉种子，于破碎机或打浆机中进行捣碎，大小为 8~11mm 粒状。

（4）加糖浓缩：番茄捣碎后于锅内加入白糖，控制好火温，并不断搅拌，当含量达到 65%以上（温度 104℃~106℃）时起锅，当番茄含酸量不到0.6%~0.8%时，可根据具体测定含酸量后，补加柠檬酸。

（5）装罐密封：趁热装入干净并消毒的玻璃罐或四旋罐中，装后立即密封倒置，用热布擦净瓶口，分段冷却后便可存放。

知识拓展

吃水果去皮还是留皮？

一些果蔬到底是带皮吃好还是不带皮吃好？这是大家常常纠结的一个问题。通常，苹果、梨、茄子、橘子、冬瓜、西瓜的皮有功能性作用，一般不主张去皮，但也不是所有的果蔬皮都能吃，都对身体有好处。如土豆、柿子、荸荠的皮，它们对身体有副作用，主张去掉；有些果蔬表皮粗糙、坚硬，具有不良风味，在食用时对口感有影响，对身体没有副作用，但食用时还是主张去掉，如菠萝皮、猕猴桃皮。

1. 苹果皮

苹果皮含丰富的膳食纤维，能帮助消化。苹果中近半的维生素 C 在紧贴果皮的部位。研究表明，苹果皮比果肉抗氧化性更强，甚至比其他果蔬都高。已有许多厂家提取苹果皮中的活性物质来开发功能食品。有些商家在苹果、梨、黄果果皮表面涂蜡。如果是国家允许商品化处理的食用果蜡，则对人体没有影响，但很多商家为降低成本用工业蜡作表面涂层。如果用手或纸巾擦果实表面，发现有红色蜡，证明是工业蜡，必须去皮，以免有副作用。

2. 梨皮

梨皮是一种药用价值较高的中药，能清心润肺、降火生津。将梨皮洗净切碎，加冰糖炖水服能治疗咳嗽。

3. 葡萄皮

葡萄皮含有比葡萄肉和籽中更丰富的白藜芦醇，具有降血脂、抗血栓、预防动脉硬化、增强免疫力等作用。葡萄皮还含有丰富的纤维素、果胶质和铁等。

4. 橘皮

橘皮富含大量维生素C、胡萝卜素、蛋白质等多种营养素，人们用橘皮做出许多美味。橘皮粥芳香可口，还能治疗胸腹胀满或咳嗽痰多。橘皮能减轻油腻。橘皮泡水或泡茶，不仅味道清香，还能开胃、通气、提神。橘皮泡酒则有清肺化痰的功效。橘皮洗净蒸糖水饮用，有顺气清肺、祛湿、止咳化痰的功能。柠檬皮与此类似。

5. 西瓜皮

含丰富的糖类、矿物质、维生素，中医称瓜皮为“西瓜翠衣”，其具有清热解暑、泻火除烦、降血压等作用。西瓜皮可以凉拌、炒肉或做汤。

6. 冬瓜皮

冬瓜皮不光含有多种维生素和矿物质，还含多种挥发性成分。它能利水消肿，对糖尿病人更有好处。做冬瓜汤时最好带皮煮。

7. 黄瓜皮

黄瓜皮含较多的苦味素，是黄瓜的营养精华所在。食用带皮黄瓜不仅可使黄瓜中的维生素C被充分吸收，而且能帮助人体有效排毒。此外，黄瓜皮还有抗菌消炎的作用。

8. 番茄皮

番茄红素是迄今发现的抗氧化能力最强的天然物质，能防治心血管疾病，提高机体免疫力，预防癌症，它在番茄皮中含量最多。此外，番茄皮还有助于维护肠道健康。因此，番茄带皮吃最营养。

9. 茄子皮

茄子是心血管病人的食疗佳品，大量的营养物质都蕴藏在茄子皮中。茄子去皮后不仅会降低保健价值，还会因其中的铁被空气氧化，很容易发黑，影响人体对铁的吸收。

10. 萝卜皮

萝卜皮中富含萝卜硫素，为十字花科蔬菜里最有益健康的化合物之一，可促进人体免疫机制，诱发肝脏解毒酵素的活性，可保护皮肤免受紫外线伤害。萝卜皮性凉，味辛甘，清热利水，煮水后取汁喝，可缓解停经期的热潮红症状。

下面的果蔬不能吃皮，食用可能有毒副作用。

1. 土豆

土豆皮中含有“配糖生物碱”，其在体内积累到一定数量后就会引起中毒。由于其引起的中毒属慢性中毒，症状不明显，因而往往被忽视。

2. 柿子

柿子未成熟时，鞣酸主要存在于柿肉中，而成熟后鞣酸则集中于柿皮中。鞣酸进入人体后在胃酸的作用下，会与食物中的蛋白质起化合作用生成沉淀物——柿石，引起多种疾病。

3. 银杏

果皮中含有有毒物质“白果酸”“氢化白果酸”“氢化白果亚酸”和“白果醇”等，进入人体后会损害中枢神经系统，引起中毒。另外，熟的银杏肉也不宜多食。

4. 荸荠（马蹄）

荸荠常生于水田中，其皮能聚集有害、有毒的生物排泄物和化学物质。荸荠皮中还含有寄生虫，如果吃下未洗净的荸荠皮，会导致疾病。

食用果蔬皮，最好选择有机果蔬，清洗时可以用温水泡1~2min，用柔软的刷子刷洗，必要时，再用热水烫一下，或加面粉洗。不提倡用洗涤剂清洗果蔬，因为洗涤剂本身就是化学物质，可能造成二次污染。

任务二 果蔬干制

学习目标

【知识目标】

明确干制品对原料的要求，掌握果蔬干制的基本原理。

【能力目标】

掌握干制工艺及操作要点、常见质量问题及解决途径。

干制也称干燥、脱水，是指在自然或人工控制的条件下促使食品中大部分水分蒸发，将可溶性固形物的浓度提高到微生物难以利用程度的一种加工方法。果蔬干制品一般不添加辅料，保持了制品纯正的风味，是健康的绿色食品。干制品有果干、菜干，我国有许多传统的干制产品，如葡萄干、柿饼、红枣、干黄花菜、干辣椒、蒜片等。

干制品体积小、重量轻，便于携带，加工方法简单，脱水后味道更浓郁，常温贮藏能保藏较长时间，不需要耗费大量资金保藏，是低碳食品。近年来，人们的生活方式发生了大的改变，对脱水蔬菜需求量非常大，因此在我国发展迅猛。

原料经过预处理，采用干燥或脱水方法可以得到产品，干制品具有一定的色、香、味，可溶性固形物大于75%，加水可以复原。其中主要脱水蔬菜品种有脱水胡萝卜、脱水葱蒜、脱水洋葱、脱水青椒、脱水菌类等。

干制包括自然干制和人工干制。自然干制指利用自然条件，如日照、风吹等使园艺产品晒干、阴干、风干，因此它受天气情况影响较大。人工干制指在人为控制下使食品水分大部分蒸发的工艺过程，它有烘房烘干、隧道干燥、热空气干燥、真空干燥、冷冻升华干燥、喷雾干燥、远红外干燥、微波干燥等。人工干制成本较高。

果蔬干制的原理

果蔬含水量高及本身存在着各种酶是果蔬腐败的主要原因。

果蔬干制就是降低水分含量，浓缩可溶性物质浓度，使微生物难以利用，但不是杀死微生物。由于水分下降，酶的活性受到抑制，制品就可以得到较长时间的贮藏。

果蔬中水分的存在状态

新鲜园艺产品含水量较高，蔬菜含水量在75%~90%，果品含水量在70%~90%。果蔬中的水分以游离水、胶体结合水和化合水三种状态存在。

（一）游离水

园艺产品的水分主要以游离水存在。游离水的特点是在组织中呈游离状态，对可溶性固形物起溶剂的作用，流动性大，不仅易从表面蒸发，而且通过毛细管作用和渗透作用可以向外或向内移动，因此在干燥时首先被排除。

（二）胶体结合水

胶体结合水是指水性胶体物质间相结合的水分。结合水较稳定，难蒸发，不易溶解物质，低温下不结冰，干燥时，组织中的游离水被干燥后，胶体结合水才少量被排出。

（三）化合水

化合水是指存在于果蔬化学物质中，与物质分子呈化合状态的水。化合水极稳定，不能因干燥作用而被排出。

果蔬干燥过程

（一）果蔬干制水分变化

果蔬干制时，水分的蒸发是依赖水分的外扩散和内扩散作用形成温、湿度梯度完成的。

1. 水分外扩散

水分外扩散是水分在果蔬表面的蒸发。表面积越大，空气流动越快，温度越高，空气相对湿度越小，则水分从果蔬表面蒸发的速度越快。

2. 水分内扩散

水分内扩散当表面水分低于内部水分时，造成原料内部与表面水分之间的水蒸气分压差，水分由内部向表面转移，进行水分内扩散。这种扩散作用的动力是借助湿度梯度使水分在原料内部移动，由含水分高的部位向含水分低的部位移动。湿度梯度差异越大，水分内扩散速度就越快。所以，湿度梯度是物料干燥的动力之一。

在干燥过程中，温度上下波动。即先将温度升到一定程度，使物料内部受热，然后再降低物料表面的温度，这样物料内部温度高于表面温度，形成温度梯度，水分借助温度梯度沿热流方向向外移动而蒸发。因此，温度梯度是物料干燥的另一动力。

特别要注意的是干燥过程中，水分外扩散大于水分内扩散速度易造成“结壳”现象。“结壳”后水分反而扩散不出来，会使原料变色、发霉等，降低产品的贮藏性。

（二）果蔬在干制过程中的变化

果蔬在干制过程中的重量、体积、形状、色泽、营养成分、品种都会发生变化，有些变化是有利的，有些则是不利的。

（1）重量、体积变化：果蔬脱水后，果品重量减轻为原料的 6%~20%，体积缩小为原料的 20%~35%；蔬菜重量减轻为原料的 5%~10%，体积为原料的 10%，节省包装便于运输携带。

（2）色泽和透明度变化。在干制或贮藏中发生褐变成黄色、褐色或黑色。透明度也随果蔬受热排出空气发生改变，气体越多，透明度越低，干制品越透明，质量越好。

（3）营养成分变化。所含营养在干制中损失，主要是糖和维生素损失。干制时间越长，糖分损失越多。维生素因种类不同，稳定性不一，维生素 A_1、维生素 A_2 不及维生素 B_1、维生素 B_2 和尼克酸稳定，易受高温而损失，维生素 C 极不稳定损失十分严重。

四 影响果蔬干燥速度的因素

干制温度、湿度和空气流速称为干燥的三要素。它们对干燥速度起决定性作用，除此之外还有其他因素。干燥速度的快慢对成品的品质影响较大，当其他条件相同时，干燥越快越不容易发生不良变化，干制品的品质就越好。

（一）干燥介质的温度

干燥介质是热空气，它有两个作用：一是向原料传热，原料吸热后使所含的水分汽化；二是把原料的水气扩散到室外。

（二）干燥介质的湿度

干燥介质的相对湿度减小，则空气的饱和差越大。原料干燥的速度越快，最终含水率也越低。

（三）空气流速

增加空气流速，不仅能迅速将果蔬表面附近的饱和湿空气带走，还能及时使干热空气不断地接触果蔬，从而显著加速果蔬水分的蒸发。空气流速越大，越容易带走原料附近的湿空气，从而有利于原料水分的蒸发，加快干燥速度。

（四）大气压力或真空度

气压越低，水的沸点越低。若温度不变，气压降低，则水的沸腾加剧。因此，在真空室内加热干制时，可以在较低的温度下进行。如采用正常大气压下干燥，相同的加热温度下，低真空度将加速果蔬的水分蒸发，还能使干制品具有疏松的结构。对热敏性果蔬采用低温真空干燥，可保证其产品具有良好的品质。

（五）干燥原料种类和存在状态

干燥原料种类不同，其理化性质、组织结构也不同，因此在同样干燥条件下，干燥结果并不一致。一般果蔬可溶性物质含量越高，干燥时水分蒸发速率越慢。

（六）原料装载量

单位烤盘面积上装载原料越多，厚度增加，越不利于空气流动和水分蒸发，干燥速度越慢。因此干燥过程中可以随着原料体积的变化，改变其厚度。

黄花菜的食用

春夏之交，是黄花菜盛产期。黄花菜有鲜食和干制品食用方式，干制品营养丰富，但鲜黄花菜中含有一种“秋水仙碱”的物质，它本身虽无毒，但经过肠胃的吸收，在体内氧化为“二秋水仙碱”，则具有较大的毒性，能强烈刺激消化道，可导致食用者发生急性中毒，出现咽干口渴、恶心呕吐、腹痛腹泻等症状，严重者还会出现血便、血尿或尿闭等，甚至可能死亡。所以在食用鲜品时，特别注意每次不要食用太多。

由于鲜黄花菜的有毒成分在高温60℃时可减弱或消失，因此食用时，应先将鲜黄花菜用开水焯过，再用清水浸泡2h以上，捞出用水洗净后再进行炒食，这样秋水仙碱就能被破坏掉，鲜黄花菜才能食用。食用干品时，食用者最好在食用前用清水或温水进行多次浸泡后再食用，这样可以去掉残留的有害物，食用就比较安全了。

任务训练1：南瓜干加工

【任务要点】

（1）干燥过程中温度的控制。

（2）南瓜干湿度的控制。

（3）干燥工艺流程。

【任务准备】

1. 材料准备

南瓜、不锈钢刀、砧板、锅、漏瓢、塑料或密封的容器、恒温箱、温度计、盆。

南瓜干是经过脱水干燥后制成的一种休闲食品。这种食品保持了原有食物的风味，微甜适口，风味独特，有嚼劲，营养健康，便于长期贮存。

2. 原料选择

南瓜干制的原料应选择干物质含量高、水分少、可食部分比例大、风味良好、粗纤维含量少、颜色艳丽的品种。南瓜要求充分成熟，新鲜饱满，品质良好，组织不萎缩，无霉烂、病虫害及严重机械伤。与水果干不同，蔬菜干要求以干制后不致纤维粗糙为原则。

3. 南瓜干加工工艺

原料→去皮→切片→热烫→摆盘→干燥→回软→包装→成品→入库。

【任务实施】

1. 原料选择、清洗

选取风味良好的老熟南瓜，用流动清水清洗，以表皮清洁为宗旨。

2. 去皮、去果心、切片

原料经去皮，对切为两瓣，除去外皮、瓜瓤和种子，切成厚 6～7mm 的薄片或细条，切片或细条一定要均匀，厚薄大小一致。

3. 热烫

用沸水热烫处理 2～3min，取出后立即投入冷水冷却。

4. 摆盘

果片热烫后逐个均匀摆开，防止片与片之间粘连，以备干燥。

5. 干燥

干燥可用恒温箱干燥或晒干。烘箱温度控制在 60℃～85℃，时间控制在 3～5h 完成。如湿度较大，可通风烘干。

为使烘房内各方位均匀烘烤，原料受热均匀，获得干燥程度一致的产品，干燥过程中及时调换烘盘位置，同时注意翻动烘盘内的物料。当烘房温度最高、物料的水分蒸发最快时，应将烘盘进行第一次调换，把烘架最下部的烘盘与中部的烘盘调换位置。以后间隔一定时间调换一次，直到干燥结束。在调换烘盘的同时还应翻动物料，使物料受热均匀。

6. 回软

回软即均湿、发汗。经干燥所得的干制品之间的水分含量并不一致，即使同一干制品，其内部及表面的含水量也不均匀，常需进行均湿处理，使产品含水量均匀一致，以便包装和贮存。

方法：将晒干或烘干的果干混匀堆放在一起，并除去太湿及细碎部分，使干制果干各部分含水量均衡、质地呈适宜柔软状态，可在贮藏室的密闭容器内堆放 1~2 天。回潮后水分不得超过 18%。

7. 挑选、包装

均湿后的果干经人工挑选和修整。要求形状完整、厚度均匀，稍有卷曲或皱缩，不黏结。将果片上带有残留籽巢、果皮、机械伤疤、斑点、病虫害的修整掉，将果片中的水片（不干燥片）、煳片、焦片、碎片、脏片剔除，并除去杂质包装。

用压榨机压块成形或散装在塑料或密封的容器中，于避光干燥处保藏，若长期贮藏，还可注入二氧化碳、氮气等气体密封保藏。

包装材料要求符合食品卫生要求，能严格密封，有效防止干制品吸湿回潮、结块和长霉，在贮藏、搬运、销售过程中不易破损。

8. 成品质量标准

脱水果干呈淡黄色、黄白色或青白色，色泽较一致。具有脱水南瓜干应有的风味及气味，微酸适口，无异味；不带机械伤、病虫害、斑点，不允许有氧化变色片、焦片、水片，不完整片不超过 10%，碎末小块不超过 2%（均以重量计）；水分含量不超过 18%。

9. 贮存

贮存环境要求温度 0℃~2℃，不超过 10℃~14℃；相对湿度约 30%，通风避光环境，注意清洁、防鼠、防虫。

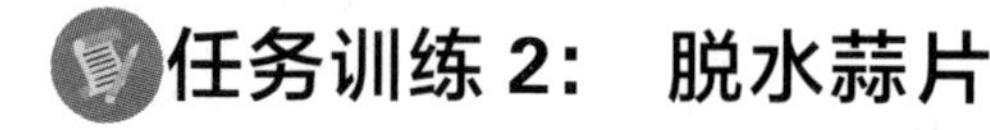

任务训练 2：脱水蒜片

【任务要点】

（1）蒜片加工工艺。

（2）蒜片加工注意事项的控制。

（3）蒜片质量评价。

【任务准备】

干蒜片是大蒜处理后经过脱水干燥后制成的家常炒菜佐料，食用前需要复水使用。这种食品保持了原有食物的风味，干香适口，风味独特，便于长期贮存，是一种方便、营养健康的食品。

1. 材料准备

大蒜、不锈钢刀、砧板、锅、漏瓢、塑料或密封的容器、恒温箱、温度计、盆。

2. 原料选择

大蒜干制的原料应选择充分成熟、水分少、饱满大粒、风味良好、颜色亮白的品种。大蒜要求新鲜饱满，品质良好，组织不萎缩，无霉烂、病虫害及严重机械伤。

3. 制作要点

工艺流程：鲜蒜→切蒂→分瓣、剥内皮→切片→漂洗→甩水→摊筛→烘干→去鳞衣→过筛→拣选→包装。

【任务实施】

（1）原料选择、清洗：选取风味良好的大蒜，用流动清水清洗，至表皮清洁为上。

（2）切蒂、剥皮：将合格的蒜头切去蒜蒂，挑出蒜粒，剥去内衣，置于干燥、通风、阴凉处。力求在 24h 内加工。

（3）切片：用水洗去泥尘，漂去衣膜，然后带水在切片机内切片，蒜片厚为1.5mm 左右，边冲水边切片。

（4）漂洗：将切好的蒜片装入竹箩中，放入清水缸中用流水冲洗，去除鳞衣及蒜片表面的黏液、糖分，一般冲洗 4 次。

（5）甩水：用离心机把蒜片表面水分甩干，约 2min。

（6）摊筛、烘干：摊筛要均匀，不能过厚。摊筛后把蒜片放烘房烘干，温度在 65℃ 左右，一般烘 5~6h，使水分降至 4%~4.5%。

（7）去鳞衣、过筛：把烘干的蒜片用风扇扇去残留的鳞衣片，用筛子筛去碎屑。

（8）挑选：剔除三角片、变色片和其他杂质，操作要符合卫生要求。

（9）包装：把拣选的蒜片检验后包装，包装时水分控制在 6%以下。

注意：

（1）产品特点：色泽淡黄，无焦黑及无红片，无碎片。

（2）复水。脱水蔬菜在食用前一般都应当复水。复水就是将干制品浸在水里，经过相当时间，使其尽可能地恢复到干制前的状态。

脱水蔬菜的复水方法是将干制品浸泡在 12~16 倍量的冷水里，经 30min 后，再迅速煮沸并保持沸腾 5~7min。复水以后，再烹饪食用。

知识拓展

花生苗芽菜

花生苗芽菜是用花生粒浸水发芽的苗芽菜，是用种子积累的营养通过浇水长出的蔬菜苗，生长中不用化肥农药。

花生种子含有蛋白质 20%~23%，脂肪 60%，花生中蕴含有丰富的维生素 B_2、维生素 P、维生素 A、维生素 D、维生素 E、钙和铁等，含有人体所需要的 8 种氨基酸。其功能性成分所含不饱和脂肪酸，如油酸、亚油酸、花生烯酸。其中，单不饱和脂肪酸、亚油酸能降低心血管疾病。尤其红衣有良好的止血功效。

花生芽苗中的白黎芦醇比花生中的含量多，白黎芦醇可以抑制癌细胞、降低血脂、预防心血管病，有抗氧化性、抗衰老等作用。芽苗菜作为一种新型的特种蔬菜，它的生产周期短，7~10 天即可上市。平均每年可生产 30 茬，芽苗菜大多较耐弱光，适合立体栽培，节约土地。不受季节和外界环境的限制，是无公害蔬菜。生产灵活性大，投资可大可小。

【练习与思考】

（1）简述干制的基本原理。

（2）影响果蔬干燥速度的因素有哪些？

任务三 野菜干制

学习目标

【知识目标】

明确野菜的特点，掌握野菜干制的基本原理。

【能力目标】

掌握蕨菜干制工艺及操作要点。

一 野菜的特点

野菜是野生食用蔬菜的简称，民间也称山野菜、山菜，是指自然分布和生长于不同地形地貌、植被和气候环境中，未经人工栽培或被广泛栽培可作为蔬菜食用的一大类野生植物。它包括草本和木本植物的根、茎、叶、花、果实，以及部分真菌类、蕨类、藻类、地衣类植物。野生蔬菜具有独特的品质与风味，因而有较高的开发价值。

野菜富含人体生理所必需的碳水化合物、蛋白质、脂肪、维生素、无机盐和纤维素，一些野菜还含有对人体健康有益的多种氨基酸和微量元素，具有较好的药用价值。

野菜多在山野、林地、荒坡和田边地头的自然状态下生长，它们适应能力广，生命力极强，很少有病虫害，基本可称为无公害食品，并且民间在长期的采集食用过程中，形成了多种食用方法，商品开发价值很高。

野菜资源丰富，分布范围很广。蕨菜、薇菜、蕺菜、茼蒿、香椿、荠菜、马齿苋、紫背天葵、蒌蒿、菊花脑、薄荷、蒲公英、草石蚕、枸杞、豆瓣菜、车前、粉葛、小芹菜、紫苏、清明菜、夏枯草，以及野生食用菌和笋用竹是其中主要的种类。

按食用部位，野生蔬菜可分为以下六类：①全株类：如菊科的牛蒡、蒲公英；百合科的芦笋；伞形科的水芹；苋科的苋菜；十字花科的荠菜；茄科的枸杞等；②叶菜类：如漆树科的黄连木；百合科的葱韭类等；③花菜类：如百合科、菊科、豆科的花等；④瓜果菜类：如壳斗科的板栗；无患子科的无花果等；⑤根菜类：如泽泻科的慈姑；豆科的葛；菊科的菊芋等；⑥菌菜类：如黑木耳、猴头、银耳、地耳等。

各野菜特性

（一）蕨菜

蕨菜又名蕨苔、龙头菜、如意菜、拳头菜、正爪菜、山蕨菜等，为蕨科中可食用的多年生草本植物。可食用的蕨科植物主要有凤尾蕨科、球子蕨科、蹄盖蕨科和紫萁科。其中，紫萁科植物的加工品称为薇菜。蕨类植物分布于全球温热带各地，在我国分布也极为广泛，西北、华北、东北和西南各地稀疏阔叶林和针阔叶树混交的林间空地和边缘，或荒坡的湿地上尤其多见。

蕨类植物是具有维管束的孢子植物，我们常见的绿色蕨类植物是其孢子体，作蔬菜的食用部位为嫩叶和根状茎。蕨类植物有的可作蔬菜食用，并且全株入药，其具有祛风除湿、解热利尿的功效。

各地均有采食蕨菜的习惯，近年来采集量逐年增加，市场销路日益广阔，是目前开发利用比较普遍的野生蔬菜之一。根据市场需求适度发展人工栽培，将具有较好的经济效益和市场前景。

1. 形态特征

蕨菜为多年生草本植物。植物高度多在 1m 以上，根茎长而横走，有褐色茸毛，在地下匍匐延伸。叶片近革质，2~3 回羽状复叶，叶柄粗而长，无毛，幼嫩新叶未展开时上部卷曲呈拳头状。

2. 对环境条件的要求

蕨菜是喜温植物，但不耐高温。当气温、地温达到 8℃时即可萌发，12℃以上时，叶片迅速生长。孢子发育的适宜温度为 25℃~30℃。气温超过 30℃时停止生长，气温低于 5℃时嫩叶片受冻害。

蕨菜对光照要求不严格，强光或弱光下均能生长。蕨菜对水分的要求幅度较大，在年降水量 500~1 800mm 的地区都能生长，但不耐长期干旱。在孢子繁殖时，要求土壤相对湿度在 90%为宜。

蕨菜对土壤要求不严格，但在土层深厚、排水良好的中性或微酸性土壤上生长良好。

3. 采收

各地一般在 3 月初至 6 月，采集鲜嫩肥厚未展开的卷成拳状的嫩叶。嫩叶出土 6~10 天，适时采收第一茬；再过 7~10 天，当第二茬嫩叶出土后，长到 20cm 左右，小叶未展开并呈拳状时可进行采收。嫩叶不可过长，否则会影响品质，一般长度在出土20cm左右，采集过短则影响产量。

采收时，要尽量贴近地面，用手掐或用刀割。蕨菜一年可采收2~3次，6月以后一般不再采收，保证来年生长。蕨菜采收的时间性很强，过早或过迟则品质差。蕨菜种植一次可采收数年，甚至可达10年。

采集后应及时清除杂物，鲜食的蕨菜用开水焯1~3min，即可有多种食法。蕨菜用开水焯后，可晒干做成干制品，也可保鲜包装、腌制。蕨菜的根状茎在冬季挖取，洗净后舂碎，再用清水浸泡，滤去渣滓，提取沉淀下来的淀粉就是蕨粉。

（二）薇菜

蕨类植物中紫萁科紫萁类植物的孢子体嫩叶的加工品称为薇菜，中药名为紫萁贯众。薇菜干有红、青两种，即“赤干”和“青干”，是我国目前出口创汇的重要蔬菜之一。

薇菜适宜在海拔800m左右的中低山区生长，武陵山区是我国薇菜的四大主要产区之一。重庆黔江区五县及其毗邻的湖北恩施州、贵州铜仁碧江区和湖南湘西州的薇菜野生资源极其丰富。开发利用薇菜正在成为山区农民的一条致富之路，处理好资源开发和保护的关系，薇菜的开发利用前景相当乐观。

1. 形态特性

薇菜属蕨类植物紫萁科，植株高一般在60~100cm，有营养叶和孢子叶之分。营养叶也称不育叶，簇生于根茎顶端，呈三角状阔卵形，顶部以下二回羽状，小叶片矩圆形；孢子叶也能育叶，较营养叶萌发得早，一般在成株中部抽生，羽状分裂，小羽片卷曲成条形，其上沿主脉两侧密生褐色孢子囊。根状茎粗短，直立或斜生。

2. 对环境条件的要求

薇菜对温度的适应性广，当地温达8℃时即可开始萌发，15℃左右时叶的生长速度最快，高于20℃时生长变缓，30℃以上生长停止。地下根可安全越冬。薇菜对水分的要求较严格，喜湿润，不耐干旱。薇菜喜酸性土壤，在疏松湿润富含腐殖质的土壤上生长更好。

3. 采集

野生薇菜主要产区采集时间一般在4~5月份。采集长度在20cm左右，顶部卷曲呈圆形或耳状，尚未展开伸直的嫩叶。顶部展开即老化，不宜采摘。但也不能采摘过小的嫩叶，太小会影响产量，而且也达不到出口标准。薇菜目前较少鲜食，以干制加工为主，也可保鲜包装或盐渍。根状茎的采集与蕨菜相同。

（三）蕺菜

蕺菜，别名侧耳根、鱼腥草、折耳根、狗帖耳和臭草等，各地叫法不一，为三白草科。蕺菜属多年生草本植物。蕺菜的食用部分为肉质的根状茎和嫩茎叶，腥香脆嫩，风味独特。蕺菜全草入药，有清热解毒、消炎止咳、利尿消肿的功效。西北、华北地区有分布，长江以南特别是西南地区的重庆、四川、贵州和云南分布极为广泛。自然生长的蕺菜在田埂、路边、沟旁和潮湿荒地随处可见。我国自古以来就有采集食用蕺菜的习俗。西南地区的人工栽培在20世纪80年代以来发展较快，市场上的蕺菜仍以野生采集的为主。人工种植蕺菜经济效益高。

1. 形态特征

蕺菜为多年生草本，植株矮小，茎直立，高15~50cm，常呈紫色。根状茎匍匐细长，白色，节上除轮生不定根外还着生芽，形成地上茎、叶。单叶互生，叶片肥厚，呈心形或宽卵形，先端渐尖，基部心形，全缘，叶面平展，绿色，叶背常呈紫红色，具5~7脉，呈放射状。茎端着生圆柱形的穗状花序，与叶对生。花小而密，两性花，无花被，种子多数，卵形。花期在5~6月，果期在10~11月。

2. 对环境条件的要求

蕺菜要求在温和的气候条件下生长，对温度的适应较广。地上部在无霜期内能生长，长江中下游地区可正常越冬，地下部耐寒力极强。气温在12℃以上时即可萌发，15℃~20℃范围内生长迅速；在10℃以下、25℃以上生长不良，但能耐短时间的35℃高温，在0℃低温下也能安全越冬。

蕺菜对光照要求不严格，喜弱光，在阴暗的环境生长良好，品质嫩脆。

由于蕺菜根系分布浅，吸收根、根毛不发达，因此对水分要求较严格。蕺菜喜湿耐涝，要求土壤潮湿，土壤应经常保持最大持水量的75%~80%，才能正常生长。若土壤长期积水或过分干旱均易造成死苗。

蕺菜对土壤要求不严，但以中性或微酸性（pH为6.5~7）的沙土或沙壤土为最好。对肥料的要求以氮肥、磷肥为主。

3. 采收

以食用嫩茎叶为目的，一般在春夏季采集。食用地下根状茎，可于秋后至早春萌发前采挖，夏季不宜采挖，贵州和川西一带以食用地下根茎为主。采集地上嫩茎叶和地下根状茎，均应采大留小，以便来年生长，保护野生资源。

（四）草石蚕

草石蚕又名地蚕、甘露儿、宝塔菜、螺丝菜。系唇形科水苏属中能形成地下块茎的栽培种，一年生或多年生草本植物。全国各地均有栽培，江苏扬州栽培较多。草石蚕的食用部位为地下块茎，多作加工食用，是泡菜和酱菜中的上品。重庆黔江区是草石蚕的主要生产基地。近年来该地区利用鲜草石蚕作原料，开发出草石蚕深加工品晶珠山珍，深受广大消费者的青睐。

1. 生物学特性

草石蚕根浅，根长不过10cm，地上部直立，接触地面部分节节生不定根。地上茎方形四棱，具倒生刺毛，近地面处生侧枝。地下部分发生匍匐茎，顶端膨大而成块茎，呈蚕蛹状。叶对生，卵形或长椭圆状卵形，叶缘钝锯齿形，叶柄短或无叶柄。穗状花序着生于主茎和上部侧枝顶端。花无柄或短柄，花冠呈白色或淡紫色，花萼钟状。果实为小坚果，黑色，呈卵圆形或长卵圆形，含种子1粒。

草石蚕为短日照植物，喜湿润，不耐高温干旱。春季地温在8℃时地下茎开始萌发，气温在20℃~25℃时植株生长最旺。秋季9月以后，地上部生长转缓，匍匐茎顶端数节开始膨大，形成块茎。入冬后，遇霜地上部枯死，以地下茎越冬。

2. 品种介绍

（1）地蚕：植株较矮小，叶片较小，卵圆形，块茎形如蚕蛹，长2~4cm，节间较短，组织脆嫩多汁，半透明，玉白色，特别适宜加工。

（2）地藕：植株较高，生长旺盛。叶片卵状披针形。地下匍匐茎较长，多在10cm以上。块茎节间较长，组织松，易空心，有异味。产量高，但加工品质差。

3. 采收

可根据市场需求情况，在秋末茎叶枯萎后随时采收，也可在次年春季块茎萌发前采收。一般每亩产量在1000kg以上，高的可达2000kg。

 野菜干制加工

野菜干制是指野菜脱去一定水分，而将可溶性物质的浓度提高到微生物难以利用的程度，同时保持野菜原来风味的野菜加工方法。下面以蕨菜干为例进行介绍。

（一）选料整理

挑选肉质肥厚、组织致密、粗纤维少的新鲜饱满蕨菜，将菜花、老杆、红毛菜、杂物、烂菜等去除干净，分类捆把，做到整齐一致，便于煮烫。

（二）煮烫

将清洗整理好的蕨菜投入沸水中烫7~8min。热烫液中一般加入质量份数0.2%~0.5%的柠檬酸和质量份数0.2%的焦亚硫酸钠，有条件时使用洁净的硫黄，先经熏硫后再进行热烫。每100kg蕨菜的硫黄用量为0.2~0.4kg，蕨菜与热烫液的比例为1∶1.5~2；煮烫过度则养分损失大，且复水能力下降。煮烫过程应始终保持锅中的水处于沸腾状态，蔬菜下锅后要不断翻动，使之充分受热均匀。

（三）水冷

煮烫好的蕨菜出锅后应立即放入冷水中浸渍散热，并不断冲入新的冷水，待盆中水温与冲入水的温度基本一致时，将蕨菜捞出，沥干水分后便可晾晒或烘干。

（四）烘干

将煮烫晾好的蕨菜均匀地摊放在烘盘里，再放在事先准备的烘架上，温度控制在

32℃~42℃，让其干燥。每隔 30min 进入烘房检查温度，同时不断翻动烘盘里的蕨菜，使之加快干燥速度，一般经过 11~16h，当蔬菜水分含量降至 20%左右时，可在蕨菜表面上均匀地喷洒0.1%的山梨酸或碳酸氢钠、安息酸钠等防腐霉保鲜剂，喷完后即可封闷。

（五）封闷

为防止蕨菜内外部水分不均，特别要防止过干使蕨菜表面出现折断和破碎，应剔除过湿的结块、碎屑，将烘干的蔬菜放入构造严密的大木柜（箱）中密封，并将其堆积1~3 天，以达到水分平衡。同时使干蕨菜回软以便压块或包装。

（六）分装

烘干出房的干制蔬菜，冷却后应装入塑料袋中密封，上市销售。

经验与提示

野菜的药用价值

通过多年的研究，野生蔬菜突出的营养和药用价值逐渐被人们认识。由于生长在自然状态下，野菜富含人所需的碳水化合物、蛋白质、脂肪、维生素、无机盐和纤维素，一些野菜中还含有对人体健康有益的多种氨基酸和微量元素。

几乎所有的野菜都可入药，我国民间有很多野菜入药的药方和食疗偏方，通过现代医学研究和临床试验，许多野菜含有功能性成分，其药用功效已逐渐被证实，并应用于临床。如荠菜能清肝明目、中和脾胃，主要用于痢疾、肝炎、眼病、小儿麻疹等，被称为“天然之珍”；蒲公英可清热解毒，是糖尿病、肝炎病人的佐餐佳肴；马齿苋也能消炎解毒，有预防痢疾的作用，并对胃炎、十二指肠溃疡、口腔溃疡有独特的疗效；苦菜则可以清热、冷血、解毒，治疗痢疾、黄疸、肛瘘、蛇咬伤等；灰菜能去湿、解毒、杀虫，可用于周身疼痒或皮肤湿疹；野苋菜有清热利湿的作用，可治痢疾、肠炎、膀胱结石、甲状腺肿、咽喉肿痛等；蕨菜的功效是清热、利尿、益气、养阴，用于高热神昏、筋骨疼痛、小便不利等。

由于含有各种抗氧化成分和丰富的营养，野菜还被用于化妆品中，可防止皮肤粗糙，促进新陈代谢，使皮肤活性化。适当食用野菜，还有减肥和美容的功效。

任务训练： 薇菜干加工

【任务要点】

（1）学会薇菜采集的方法。

（2）掌握薇菜加工要点。

【任务准备】

采摘筐、大锅、灶、开水、揉搓工具、箬箕、干燥箱。

【任务实施】

1. 薇菜的采摘

野生薇菜的采集时间一般在4~5月份。采集长度在20cm左右，筷子粗，顶部卷曲呈圆形或耳状，尚未展开伸直的嫩苔。顶部展开即老化，不宜采摘，但也不能采摘过小嫩叶，太小会影响产量，而且也达不到出口标准。边采摘边去掉顶部的绒毛，然后尽快放入存放的背篼或篮子中，不能长时间握在手中，以免影响品质。太短和太细的薇菜均不宜采摘。

2. 抢烫

抢烫是薇菜加工的关键环节，此环节掌握的好坏关系到薇菜整个加工的成败。采摘回来的新鲜薇菜在6h内必须及时抢烫，以免老化。抢烫时，用一口大锅盛大半锅水烧开，然后把占水容积1/3的薇菜放入开水中，让水淹没，继续加火，1~2min后检查是否煮熟。检查的方法有分菜法和卷指法两种。

（1）分菜法是从锅中选一根较粗的薇菜从底部分撕，看能否一撕到头，如能一撕两开，说明已煮好，中间折断说明未熟。

（2）卷指法是从锅中选一根较粗的薇菜在食指上卷起，如能卷起两圈不折断，说明已煮好，反之则未熟。

具体要求：水温100℃的开水下菜，保持火势，水温回升到95℃时即可捞起。迅速捞起后摊开散热。总之，火要大，水要多，捞起要及时，散热要迅速。

3. 返红

返红的原理是将抢烫好的薇菜稀薄地散在阳光下，充分的接受阳光中的紫外线，使其从青色转为红色。一般晴天3h开始返红，当一面返红后开始翻动，待大约有80%返红后开始揉搓。雨天大概要36h才能返红。无论晴天、雨天，都要放在阳光下，不能放在阴处，否则不能返红。

4. 揉搓

薇菜在阳光下80%返红后开始揉搓，揉搓时一次只能取1~1.5kg，朝逆时针方向呈圆形揉搓，第一次要轻，以免揉破或揉断，待表面出现水分后散开。水分稍干后进行第二次揉搓，逐次加大力度，在5~6次时要用力，直至晒干。一般薇菜要揉搓7~8次，揉搓的次数越多品质越好。

5. 干燥、整理

薇菜的干燥是边揉搓、边翻晒、边干燥。揉搓后的薇菜要稀薄地散开，使水分迅速散失，特别粗的要挑选出来放在一边晒，以免延长时间，干燥后的薇菜要及时剪去老梗，选出杂质，用塑料袋装好并密封，以免回潮。

根状茎的采集加工与蕨菜相同。

如果遇到阴雨天气，薇菜要及时烘烤干燥，以防腐烂，烘烤用烤筛，烤筛长一般1.5~

2m，宽0.8m，用细钢筛牢固地钉在做好的木架上，中间连一条粗铁丝以防烘烤时下垂。烘烤时，先将烤筛架在无烟的炭火上，烤筛离炭火大约50cm，将返红后湿的薇菜均匀地铺在烤筛上，反复翻动。待水分蒸发后，倒入油布或晒席上揉搓，再换一筛烘烤，如此反复多次，待烤至七成干，将几次的薇菜合在一起用微火烤干即可。注意：开始时，火要大些，翻动要快，使水分迅速散失；最后烤干，火一定要小，严防起泡或燃烧。

知识拓展

有毒野外植物种类

野菜能烹调出美味佳肴，但也有许多有毒的野外植物不可食用，其中一些毒性强且分布广，食用后会带来极大的危险。

（1）狼毒草：又名断肠草。高15~30cm，根浅黄色，有甜味。叶片呈线形，花黄色或白色，也有紫红色。全棵有毒，根部毒性最大。食用后呕吐、烧心、腹痛不止，严重的可造成死亡。

（2）老公银：又名蛇床子、野胡萝卜。根在幼苗时为灰色，长大后成浅黄色，像胡萝卜。叶柄为黄色。老公银的幼苗和老公银的茎发红，无臭味，但老公银的臭味很大，叶和根都有剧毒，食用后会造成死亡。

（3）苍耳子：又名耳棵。生长在田间、路旁和洼地。三、四月份长出小苗，幼苗像黄豆芽，向阳的地方又像向日葵苗；成年后粗大，叶像心脏形，周围有锯齿，秋后结带硬刺的种子。全棵有毒，幼芽及种子的毒性最大，食用后可造成死亡。

（4）曲菜娘子：冬季根不死，春天出芽，长出小苗。叶狭长较厚而硬，边有锯齿，大部分叶子贴着地面生长，秋后抽茎，高15~30cm。籽很小，上有白毛。幼苗容易和曲菜苗相混，但曲菜叶较宽而软，锯齿也不明显。食用曲菜娘子后脸部会变肿。

（5）毒芹：又名野芹菜、白头翁、毒人参。生长在潮湿的地方。叶像芹菜叶，夏天开折花，全棵有恶臭。全棵有毒，花的毒性最大，食用后恶心、呕吐、手脚发冷、四肢麻痹，严重的可造成死亡。

（6）野生地：又名猪妈妈、老头喝酒。春天开紫红色花，有的带黄色，花的形状像唇形的芝麻花。根为黄色，叶上有毛，有苦味。食用后会吐、泻、头晕和昏迷。

（7）毒蘑菇：其种类很多，常见的有毒伞（又称蒜叶菌、鬼笔鹅膏、绿帽菌）、褐鳞小伞、白毒伞、黑包脚伞、内绿菌、褐脚伞、残托斑毒伞、鬼笔，均含剧毒。生长在腐烂的物品上，形状特殊，像小笔、小伞。颜色鲜艳，有白色、红色、黄色。

值得一提的是，蘑菇的颜色、外形、生态等特征与其毒素没有必然的联系。因此采食蘑菇时，应分外小心，若不确定是否有毒，则坚决不采、不食，以免发生不测。

此外，有毒的还有曼陀罗（山茄子）、毛茛（猴蒜）、天南星（蛇玉米）、红心灰菜（落黎）、牛舌棵子、石蒜（野大蒜）等，都不能食用。

任务四 果蔬制汁

学习目标

【知识目标】

明确果蔬制汁对原料的要求，掌握果蔬汁制品加工的基本原理。

【能力目标】

掌握各种果蔬汁加工操作要点、加工中常见的质量问题及解决途径。

果蔬汁是果汁和菜汁的合称，一般指天然汁液（即从果蔬中直接压榨或提取得到的汁液）中添加其他成分的饮料，通常有果汁饮料、菜汁饮料或软饮料。天然的果蔬汁与人工配制的果蔬汁饮料在成分和营养功效上截然不同，前者为营养丰富的保健食品，而后者纯属嗜好性饮料。

水果适合制果汁，蔬菜中有些不适合制生汁，煮后榨汁口感更好，如十字花科蔬菜西兰花、菜花等焯水后口感更好，它们含有的丰富纤维素也更容易消化。

蔬菜中胡萝卜、黄瓜、番茄、芹菜、萝卜、香菜、生菜、柿子椒等适合生吃，做蔬菜汁，它们还可以与水果搭配制汁。果蔬汁营养健康，主要含矿物质、维生素，特别适合病人及牙齿不好的老人、儿童。

一 果蔬汁制品的分类

（一）按照果蔬汁透明性划分

按照果蔬汁透明性，可分为透明果蔬汁和混浊果蔬汁。

（1）透明果蔬汁。新鲜果蔬直接榨出的汁（浆）液，经澄清、过滤，除去果肉微粒、蛋白质、果胶物质等成分，呈澄清透明状态。如葡萄汁、苹果汁常制成透明态。这类果蔬汁制品的稳定性较高，但其营养成分有所降低，风味和色泽不及混浊果蔬汁。

（2）混浊果蔬汁。新鲜果蔬直接榨出的汁（浆）液，经均质、脱气处理，外观呈混浊均匀状态，果蔬汁中含有果肉微粒，且均匀分散在汁液中，含果胶物质。如柑橘汁、番茄汁常制成混浊态果汁。这类果蔬汁制品能较好地保持原果蔬的风味、色泽和营养，但是稳定性稍差。

（二）按果蔬汁含量划分

按果蔬汁含量可分为果蔬原汁和果蔬汁饮料。

（1）果蔬原汁。它是指用未添加任何外来物质，直接从新鲜水果或蔬菜中取得的汁液。

（2）果蔬汁饮料。它以果汁或菜汁为基料，加水、糖、酸或香料等调制而成的汁液。

（三）按照形态和浓度划分

按照形态和浓度可分为天然果蔬汁、浓缩果蔬（浆）汁和果蔬汁粉。

（1）天然果蔬汁：一般选用含水分较多的鲜果或蔬菜，用机械方法（如榨汁工艺）加工所得，不加水和糖，这类饮料口味不甜，保持天然鲜果或蔬菜的香气、滋味，同时最大限度地保留了鲜果或蔬菜中的各种营养成分，属高档果蔬汁饮品。

（2）浓缩果蔬（浆）汁：由新鲜果蔬直接榨出的汁（浆）液直接浓缩而成，要求可溶性固形物达到40%~60%，含有较高的糖分和酸分。一般浓缩3~6倍。如浓缩橙汁、浓缩苹果汁等。这类制品的营养价值高且体积缩小，便于运输和保藏。

（3）果蔬汁粉：是浓缩果汁或果汁糖浆通过喷雾干燥制成的脱水干燥产品，含水量1%~3%。常见产品有橙汁粉。

工艺要点

果蔬汁的原料和产品多种多样，但其生产工艺、基本原理和生产过程大致相同，主要有原料选择、预处理、榨汁、澄清和过滤、均质、脱气、浓缩、成品调配、杀菌、包装。

（一）原料选择

加工果蔬汁的原料要求新鲜多汁、酸甜适口、香味浓郁、无异味，色彩绚丽，糖酸比合适，并且在加工贮藏中能保持这些优良的品质，取汁容易，可溶性固形物高。

只有完全成熟的果蔬，其汁液营养最高、香味最浓，能满足制作果蔬汁的要求。未成熟和过熟果蔬不适合加工果蔬汁。除此之外，含单宁较高、容易变色的果蔬也不适合制汁。

常见的制汁原料有橙类、苹果、梨、猕猴桃、菠萝、葡萄、桃、番茄，胡萝卜、芹菜等。

（二）挑选与清洗

选择原料要新鲜，同时剔除霉变、腐烂、未成熟和受伤变质果实进行榨汁。

果蔬在生长、采收、运输、贮藏中不同程度受到农残、泥土、微生物及其他污物污染，为保证质量，榨汁前必须充分洗涤。洗涤用水应达到饮用水标准。经过洗涤作业的原料应该达到表面无农残、泥土、杂质。

（三）破碎

为了提高出汁率，榨汁前要对原料进行破碎，尤其是皮较致密的原料。破碎程度要适度，破碎过度会造成外层的果汁很快地被压榨出来而形成一层厚皮，使内部榨汁困难，影响出汁率，不利于出汁。如苹果、梨破碎后大小以3~4mm为宜；草莓、葡萄以2~3mm为宜；樱桃为5mm。破碎的同时可以添加维生素C等抗氧化剂护色；加入柠檬酸溶液调整果蔬汁的pH，以利于保藏。

（四）取汁

1. 取汁前的预处理：加热处理和酶处理

为提高果蔬汁质量，加工前应进行预处理。加热处理和酶处理是榨汁前的预处理，因为果蔬破碎后成为果浆，果蔬表面积增大，大量吸收氧，酶暴露空气中与氧接触，致使果浆产生各种氧化反应。此外，果浆为微生物提供良好营养，极容易变质。因此，必须对果浆采取措施，钝化酶活性、抑制微生物繁殖，保证质量。

加热处理可改变细胞结构，使果肉软化，果胶部分水解，降低果汁的黏度；有利于水溶性色素的提取；有利于除去不良气味；抑制原料中蛋白酶的活性。如葡萄、山楂、猕猴桃等水果，在破碎后置于60℃~70℃下，加热15~30min；带皮橙类榨汁时，为减少汁液中果皮精油的含量，可预煮1~2min。

另外，果胶酶制剂可以有效分解果肉组织中的果胶物质，使果汁黏度降低，从而使榨汁和过滤顺利。酶制剂应与果肉充分混合均匀，酶与原料作用的时间和温度要严格掌握，一般在37℃恒温下作用2~4h。

2. 取汁

取汁有压榨和浸提两种。

果蔬种类繁多，制汁性能各异，压榨取汁是生产果汁最广泛的方法，榨汁方法依原料种类及生产规模而异。常用的压榨机有水压机、辊压机、螺旋式榨汁机和离心式榨汁机、打浆机等。

对于果汁含量较低的果蔬，采取原料破碎后加水浸提的办法。加水量和浸提时间根据果蔬种类而定。浸提仅在山楂、李子、乌梅等水果采用，如山楂片提汁，剔除霉菌烂片，清洗加水加热至85℃~95℃，浸泡24h，滤出浸提液。与压榨汁相比，浸提汁色泽明亮，氧化程度小，微生物含量低，鞣质含量高，芳香成分较多，易于澄清处理。

（五）粗滤（筛滤）

在制混浊果汁时，需粗滤除去分散在果汁中的粗大颗粒（种子、种皮和大块果肉），避免对果汁外观、状态、风味等品质特性的影响。在制透明果汁时，粗滤后还要精滤，或先澄清后过滤。

（六）果蔬汁的澄清和精滤

1. 澄清

果蔬汁为复杂的多分散系统，它含有细小的果肉粒子、胶态或分子状态及离子状态的溶解物，包括果蔬营养成分，这些因素是果蔬汁浑浊的原因，可以通过过滤和离心分离除去。胶态颗粒是果胶、淀粉和蛋白质，在水中会形成亲水胶体，一旦电荷中和、脱水或加热会引起聚集沉淀，影响产品品质，可以通过添加澄清剂达到澄清目的。

（1）酶法澄清。利用果胶酶、淀粉酶等分解果汁中的果胶物质和淀粉等成分达到澄清目的。果胶物质是果汁中的主要胶体物质，用酶处理使胶体失去保护作用形成沉淀达到澄清目的。未成熟的仁果原料含的淀粉压榨后进入果汁液中，热处理后淀粉糊化逐渐老化以悬浮状态存在，与其单宁形成络合物出现浑浊，可以用淀粉酶消除。

（2）澄清剂澄清。如明胶—单宁絮凝法，其适用于多酚物质含量低、难以澄清的果蔬原汁。明胶、鱼胶或干酪素等蛋白物质，可与单宁酸盐形成络合物，此络合物沉降的同时，果汁中的悬浮颗粒被缠绕而随之沉降。明胶、单宁的用量取决于果汁种类、品种、原料成熟度及明胶质量，应预先实验确定。单宁用量为5~15g/100L，明胶用量为单宁的2倍。

此法在较酸性和温度较低条件下易澄清，以3℃~10℃为佳。适用于苹果汁、梨汁、山楂汁、葡萄汁等果汁。

（3）加热凝聚澄清法。将果汁在80~90s内加热到80℃~82℃，然后急速冷却至室温，由于温度的剧变，果汁中蛋白质和其他胶质变性凝固析出，从而达到澄清目的。但一般不能完全澄清，加热也会损失一部分芳香物质。

（4）冷冻澄清法。将果汁急速冷冻，一部分胶体溶液完全或部分被破坏而变成不定型的沉淀，此沉淀可在解冻后滤去，另一部分保持胶体性质的也可用其他方法过滤除去。但此法不容易达到完全澄清。

2. 精滤

为得到澄清透明而稳定的果蔬汁，必须经过精滤，目的在于除去细小的悬浮物质。常用的精滤设备主要有硅藻土过滤机、纤维过滤器、真空过滤器、离心分离机及膜分离等。

（七）混浊果蔬汁的均质和脱气

均质和脱气是混浊果蔬汁生产中的特有工序，它是保证果蔬汁稳定性和防止果汁营养损失、色泽变差的重要措施。

1. 均质

果蔬汁通过设备处理，使混浊果蔬汁的不同粒度和相同密度的果肉颗粒进一步破碎成更微小粒子，能均匀稳定地分散于果蔬汁中，增加果胶和果蔬汁亲和，抑制其分层、沉淀，保持均一性。

2. 脱气

排除果肉组织空气，防止色素、营养物质、芳香成分和其他物质氧化损失，防止装瓶后微粒上浮，防止或减少灌装和杀菌时产生泡沫。

脱气方法有加热法、真空法、化学法、充氮置换法等，常结合在一起使用。

（八）浓缩果蔬汁

浓缩果蔬汁是把果蔬汁固形物浓度提高，可溶性固形物含量达到65%~75%，体积缩小到原来的1/7~1/6，便于包装和运输；可以作为食品基料。理想的浓缩果蔬汁应该保存新鲜果的天然风味和营养价值，在稀释和复原时具备与原果汁相似的品质。常用的浓缩方法主要有以下几种。

1. 真空浓缩法

真空浓缩法是使在减压的条件下，降低果蔬汁的沸点，使果蔬汁水分迅速蒸发浓缩。由于蒸发过程是在较低温度条件下进行的，它既可以缩短浓缩时间，又能较好地保持果蔬汁的色香味，因此成为果蔬浓缩汁最重要、最广泛的浓缩方法。真空浓缩温度一般为25℃~35℃，不超过40℃，真空度约为94.7kPa。这种温度适合于微生物繁殖和酶的作用，因此果蔬汁在浓缩前应进行适当高温瞬时杀菌。

2. 冷冻浓缩法

冷冻浓缩法是使汁液降温，在达到冰点时，水会部分成结晶析出，除去水分，剩余溶液中的溶质浓度提高，达到浓缩目的，但浓缩时会带走部分果蔬汁造成损失。

3. 反渗透浓缩法

这种方法是利用选择透性的膜——半透膜来处理果蔬汁，是果蔬汁浓缩较理想的方法。反渗透是渗透的逆过程，施加大于渗透压的压力于果蔬汁液上，使果蔬汁中的水分通过不透膜而脱离果蔬汁，达到浓缩目的。

（九）成分调整与混合

1. 成分调整

为使果蔬汁接近新鲜果蔬汁的风味，常需要适当调整成分，主要对糖酸比例、香味物质进行调整，调整范围以不丧失原品种果蔬汁风味为宜。一般要求果汁成品的糖酸比例在13~15∶1范围，添加白砂糖和柠檬酸或苹果酸。除此之外，添加维生素C、香味物质、色素物质，或将不同果蔬汁进行混合，或将果蔬汁进行稀释。调整糖酸比及其他成分，可在特殊工序如均质、浓缩、干燥、充气之前进行，有时也可在特殊工序中间进行调整。

果蔬汁饮料的糖酸比例是决定其口感和风味的主要因素。一般果蔬汁中含糖量在8%~14%，有机酸的含量为0.1%~0.5%。调配时用折光仪或白利糖表测定并计算果蔬汁的含糖量，然后按下列公式计算补加浓糖液的重量和补加柠檬酸的量。

$$X=\frac{W(B-C)}{D-B}$$

式中：X——需加入的浓糖液（酸液）的量，kg；

D——浓糖液（酸液）的浓度，%；

W——调整前原果蔬汁的重量，kg；

C——调整前原果蔬汁的含糖（酸）量，%；

B——要求调整后的含糖（酸）量，%。

糖酸调整时，先按要求用少量水或果蔬汁使糖或酸溶解，配成浓溶液并过滤，然后再加入果蔬汁中，放入夹层锅内，充分搅拌，待调和均匀后，测定其含糖量。如不符合产品规格，可再适当调整。

果蔬汁除需进行糖酸调整外，还需要根据产品的种类和特点进行色泽、风味、黏稠度、稳定性的调整。所使用的食用色素、香精、防腐剂、稳定剂等应按食品添加剂的规定量加入，如果是蔬菜汁调配可以按实际需要加盐、香料等调味。

2. 混合

许多果蔬，如苹果、葡萄、柑橘、番茄、胡萝卜等，既可以单独制得品质良好的果蔬汁，也可以与其他种类的果实配合。不同种类的果蔬汁按恰当方法和适当比例混合，可以取长补短，制成品质良好的混合果汁，得到与单纯果蔬汁不同风味和营养的果蔬汁。混合汁是果蔬汁加工的发展方向。

（十）杀菌

1. 杀菌

果蔬汁杀菌工艺直接影响成品质量，杀菌的目的有两个：一是杀灭微生物，防止发酵，主要杀灭酵母和霉菌；二是钝化各种酶类，避免各种不良变化。

杀菌方法有热杀菌和冷杀菌两种，热杀菌应用较普遍。果蔬汁杀菌以果蔬汁的 pH = 4.5 为分界线，pH 是决定采用巴氏杀菌还是高温杀菌的关键。高酸果汁可采用高温瞬时巴氏杀菌工艺，即采用 93℃ ±2℃保持 15~30s 杀菌，为防止微生物二次污染，灌装后常进行二次杀菌；低酸果汁可采用超高温瞬时杀菌，采用 120℃保持数分钟杀菌。

无菌包装果蔬汁由于杀菌时间短，果蔬汁营养损失少，风味色泽好，可以长期贮藏，深受消费者欢迎。

2. 包装

果蔬汁的包装方法，因果蔬汁品种和容器种类而有所不同，常见的有铁罐、玻璃瓶、纸容器、铝箔复合袋等。果实饮料的灌装除纸质容器外均采用热灌装，使容器内形成一定真空度，较好地保持成品品质。一般采用罐装机热装罐，装罐后立即密封，罐头中心温度控制在 70℃以上；如果采用真空封罐，果蔬汁温度可稍低些。

结合高温短时杀菌，果蔬汁常用无菌灌装系统进行灌装。目前，无菌灌装系统主要有纸盒包装系统（如利乐包和屋脊纸盒包装）、塑料杯无菌包装系统、蒸煮袋无菌包装系统和无菌罐包装系统。

经验与提示

果蔬汁选购

随着我国经济的迅速发展，人们生活水平的提高，导致其消费结构发生了根本变化，对果蔬汁的需求增加，因此我国的果汁市场发展前景非常广阔。

人们购买较多的果蔬汁有原果蔬汁、果蔬汁饮料。原果蔬汁除含天然营养成分，还有很多植物性功能成分，如番茄中的番茄红素、葡萄中的花青素、茶叶中的儿茶酚等，是果蔬汁饮料远远不及的。果汁饮料中添加了水、糖、水果香精和维生素。维生素饮料目前在我国没有行业标准，且维生素C饮料并非就是维生素饮料，购买时一定要看营养成分表，看看是否添加了维生素B_2、维生素B_6、维生素B_{12}及维生素B_3，这些B族维生素主要存在于杂粮、豆薯类及动物性食品中，通过果蔬难以获得，身体易缺乏。

饮料放置时间过久，维生素容易分解。维生素饮料能否补充维生素与其生产日期、包装贮藏方式有关，维生素C、维生素B_2等不稳定，易见光分解，超市大部分饮料包装瓶是透明的，时间越久维生素含量越低，还有可能产生对健康不利的降解物。

任务训练：　双色果汁制作

【任务要点】

关键工艺：

（1）破碎。破碎的质量是影响果蔬出汁的重要工艺，对不同的果蔬要采取不同的破碎方法才能达到较好的取汁效果。

（2）取汁。为获得比较多的果蔬汁，要采取不同的方式取汁，取汁有压榨和浸提两种。

（3）杀菌与包装。

【任务准备】

果汁具有适口的甜、酸综合性风味，气味芳香，色泽柔和，且含有多种人体所必需的维生素和矿物质。可以制作多种颜色的果汁，这里我们制作上层呈红色、下层呈橙黄色的果汁。

1. 品种准备

水果如橙子、西瓜，蔬菜如番茄等，均为重要的制汁原料。它们含汁较多，色彩鲜艳、香味浓郁、可溶性固形物含量高，可以制成混浊果蔬汁。因为构成风味、色泽和营养成分主要是果蔬汁中的悬浮微粒，以充分成熟的果实为佳。

2. 原料准备

橙子、西瓜、番茄、玻璃杯、螺旋式压榨机（打浆机）、柠檬酸、白糖等。

3. 加工工艺流程

原料选择→清洗→分级→榨汁→粗滤→混合→均质、脱气→装罐→密封→杀菌→冷却。

【任务实施】

1. 原料选择

选择原料，剔除有病虫害、霉烂及未熟果。从合格的果实中取样，进行糖酸比值、色泽、果汁含量和其他理化指标的测定。

2. 清洗

用清水洗净果实表面的泥沙等污物及农药残留物。必要时可用洗涤剂洗果，但洗涤后一定要用清水充分冲洗干净。

3. 榨汁

榨汁前果实应去皮、去络，最好能除去种子，以免对果汁质量有影响。然后用压榨机榨取汁液。

4. 粗滤

将果蔬浆放入20目振动筛中分离出果实碎片、种子等杂物。榨汁机一般均附有果汁粗滤器，榨出的果汁经粗滤后能立即排除果渣及种子，所以无须另设粗滤器。

5. 混合调配

在果蔬汁中添加适量的糖，可增加果蔬汁的风味。还可加入一定量的柠檬酸，调整果蔬汁中含酸量达0.9%、含糖16%为宜。

6. 装罐

调味后的果汁装罐（玻璃杯）。几分钟后上层呈红色，下层呈橙黄色，中间渐变的颜色更加漂亮、自然。

7. 杀菌冷却

杀菌后快速冷却到40℃以下。

8. 制品质量要求

果蔬汁上层呈红色，下层呈橙黄色，中间为渐变的颜色；静置后允许有沉淀，但经摇动后仍呈原有的均匀混浊状态；原果汁含量100%。

知识拓展

鲜榨果蔬汁兴起

随着人们生活水平的提高，健康意识不断增强，对原味果蔬汁的需求日益增加，鲜果蔬汁发展前景变得非常广阔。

人们日常生活中饮用的嗜好品—果蔬汁饮品含果蔬汁较少或不含果蔬汁。而鲜榨果蔬汁，不仅可以提供身体所需的各种营养物质，而且还能达到减肥、消暑的效果。清晨、两餐之间或睡前半小时是饮用果蔬汁的较佳时间，它可以降低饥饿感，促进胃肠蠕动。

鲜榨果汁没有淡旺季，一般现榨现喝，保鲜时间短。鲜榨果汁也会有部分营养素损失。因为水果蔬菜的细胞当中，都有复杂的超微结构，不能混在一起，否则就会互相作用，维生素C遇到多种氧化酶，自然就会损失一部分。

榨汁后在2h内必须饮用，否则容易变色。果汁发生褐变并不意味着产生有毒有害物质，仍可以食用，只是果蔬中的多酚类保健成分接触氧气被氧化，抗氧化作用下降，同时贮藏中风味会逐渐变化，失去原有的新鲜美味。

商业制作果蔬汁往往对原料热烫处理一下（略微烫下），使酶失活，组织质地柔软，再榨汁，这样维生素损失小，出汁率高，汁液鲜艳不变色，特别是那些无酸味的蔬菜，如胡萝卜、芹菜、青菜、鲜甜玉米。

目前，鲜榨果汁面临着整体行业标准的缺失问题，整个市场正处于无序的运作状态。

随着人们生活水平的提高，鲜榨果汁必将成为生活必需品，许多家庭开始自行加工鲜榨果汁，鲜榨果汁饮料消费占饮品消费的2/3，鲜榨果汁消费还有很大的发展空间。

【练习与思考】

（1）果蔬汁加工中的关键工艺有哪些？

（2）果蔬汁浓缩工艺有几种方法？

任务五 果蔬糖制

学习目标

【知识目标】

掌握糖制加工的基本原理、工艺。

【能力目标】

掌握果蔬糖制品加工工艺及操作。

一 糖制品分类及特点

糖制品种类较多，按加工方法和制品的状态分为蜜饯果脯类、果酱类。随着科技的发展，人们健康观念的转变，低糖制品不断涌现，在食品消费中不断发展，成为一个新门类。

（一）蜜饯果脯类

蜜饯类制品的特点是保持了果实或果块一定的形状，一般为高糖食品，成品含糖量在50%~70%。含水量在20%以上的称为蜜饯，含水量在20%以下的称为果脯。蜜饯类分为以下几类。

（1）干态蜜饯（果脯）：即糖制后烘干或晾干的制品，如苹果脯、杏脯、糖姜片。

（2）糖衣蜜饯（返砂蜜饯）：在制作果脯时，表面蘸敷上一层透明胶膜或干燥结晶的糖衣制品。基本保持果蔬形状的干态糖制品。

（3）糖渍蜜饯：是果实经过煮制以后，保持在浓糖液中的一种制品。

（4）加料蜜饯（凉果）：以咸果胚为主要原料、甘草等为辅料制成，其味甘美、酸甜、微咸，有原果风味。果品经过盐腌、脱盐、晒干，加配料蜜制干制而成。制品不经煮制等加热过程，制品含糖量不超过35%，属于低糖制品，外观保存原果形，表面干燥、皱缩，有的品种表面有层盐霜，如话梅、橄榄制品等。

（二）果酱类

一般为高糖高酸食品，不保持果实或果块的原形。成品糖量在40%~65%，含酸量在1%以上。果酱类分为以下几种。

（1）果酱：果肉加糖煮制成稠度的酱状产品。可以带有果肉碎块。

（2）果泥：是经筛滤后的果浆加糖制成稠度较大，且质地细腻均匀的半固态制品。

（3）果丹皮：由果泥进一步干燥脱水制成的柔软薄片的制品。

（4）果冻：含果胶的果汁加糖浓缩，冷却后呈半透明的凝胶状制品。制品光滑、透明有弹性、有光泽。

（5）果糕：果实煮烂后，除去粗硬部分，将果肉与糖、酸、蛋白质等混合，调成糊状，倒入容器中冷却成形或经烘干制成松软而多孔的制品。

（三）低糖化糖制品

传统的糖制品基本都是高糖高酸食品或高糖食品。现代人健康意识提高，开始注重糖摄入量，避免甜食，低糖制品成为糖制品的新兴制品。

低糖化糖制品可以从食品标签上看出，配料表中的代糖成分不是功能性高倍的人工合成甜味剂，而是用功能性糖醇、天然甜味剂替代蔗糖、淀粉糖。功能性糖醇（木糖醇、麦芽糖醇、山梨糖醇）具有与蔗糖相似的甜度。木糖醇的甜度是蔗糖的1倍，麦芽糖醇的甜度是蔗糖的0.8倍，山梨糖醇的甜度是蔗糖的0.6倍。

天然甜味剂甜菊糖苷是继甘蔗、甜菜后的世界第三糖源。天然甜味剂甜菊苷的甜度是蔗糖的200~400倍，热量仅为蔗糖的1/3，食用后不会产生龋齿且不干涉胰岛素调节。具有安全性高、甜度高、稳定性好、口感优良等优点。

果蔬糖制原理

食糖对微生物并无毒害作用，它不是杀菌剂。高浓度糖有高渗透压，能使微生物细胞的原生质脱水而失去活性，利于长期保藏，所以高糖量可以抑制微生物的活动。低浓度的糖则能促进微生物的生长和繁殖。因而食糖只是一种食品保藏剂，它只有在较高浓度下才能产生足够的渗透压。1%的蔗糖液约有70.9kPa的渗透压，大多数微生物细胞渗透压为307~615kPa。50%的糖溶液能抑制大多数酵母的生长，而65%以上的含糖量能有效地抑制细菌和霉菌的生长，所以糖制品一般最终糖浓度控制在65%以上。

（一）食糖的保藏作用

食糖的保藏作用主要体现在高渗透压、抗氧化和降低水分活性三个方面。

（二）食糖的性质

糖制品质量与食糖的性质有极大关系。食糖的性质包括物理性质和化学性质。物理性质包括渗透压、溶解度与结晶、吸湿性等；化学性质包括蔗糖的转化等。

糖按分子结构划分为单糖、寡糖、多糖。有些仅存在于植物中，如果糖、蔗糖、麦芽糖、淀粉、纤维素；有些仅存在于动物中，如乳糖、半乳糖、糖原等。有些动植物中都有，如核糖、脱氧核糖、葡萄糖。

糖制品所用糖类有蔗糖、麦芽糖、人工制作的糖复合物（如淀粉糖浆、饴糖、果葡糖浆）和天然存在的糖复合物（如蜂蜜）等。随着食品工业的发展，糖醇类正在被越来越多地运用到糖制食品中，主要有木糖醇、麦芽糖醇、异麦芽糖醇、赤藓糖醇等。

1. 糖的甜度

糖的甜度能影响糖制品的甜味和风味。口味是感官性味觉，具有主观性，所以各种糖的甜度常以蔗糖为基准的相对甜度表示，标准计 100，按甜度递减顺序排列为果糖、转化糖、蔗糖、葡萄糖。以糖的“味感阈值”表示（能感受甜味最低含糖量），该值越小含糖量越高。

不同种类的糖其甜度有很大的区别，风味各异，并且在口中留甜的时间长短有差异。在不同的温度下甜度也有一定的变化，如 5%的果糖溶液和 10%的蔗糖溶液，当温度为 50℃时，果糖液与蔗糖液的甜度相等；当温度低于 50℃时，果糖液甜度高于蔗糖液；当温度高于 50℃时，蔗糖液甜度高于果糖液。

糖制品的风味不仅与甜味有关，还与酸、咸、香味等合理配比才能达到良好效果。

2. 糖的溶解度与结晶

（1）糖的溶解度。糖的溶解度一般随溶液的温度增高而增大，糖的种类不同，溶解度有差异。同一种糖随温度升高，溶解度加大。在常温条件下，蔗糖即可达到 65%的浓度，所以应用蔗糖时可煮制，也可以腌制。

（2）糖的结晶。糖溶于水达到过饱和状态时易结晶。纯正的麦芽糖也能从溶液中结晶，但一般糖制品常含麦芽糖 40%~60%，混有不同程度的糊精成分，所以为溶液状态。由于含糊精成分能阻止晶体形成，故常利用这一特性使之与蔗糖混合使用，从而阻止蔗糖在制品中结晶。淀粉糖浆又称为“糖稀”，也有不同程度的糊精，通常用来阻止蔗糖“返砂”，使制品保持一定的柔韧性。

糖的溶解度与结晶对糖制品保藏性影响很大，如果制品出现晶析，则降低含糖量，削弱保藏作用，影响制品品质。相反，也可以利用糖的晶析性质，适当控制过饱和率，给干态蜜饯上糖衣。

3. 糖的沸点

糖溶液的沸点与温度之间有一定的关系，糖溶液的沸点、温度随着糖溶液浓度的增大而升高。可以根据糖溶液温度的高低来测定糖液的浓度，从而控制煮制时间和终点或制品可溶性固形物总量，见表 5-1。

表 5-1 101kPa 下不同浓度蔗糖溶液的沸点温度

含糖量%	10	20	30	40	50	60	70	80	90
沸点温度/℃	100.4	100.6	101	101.5	102	103.6	105.6	112	113.8

4. 糖的吸湿性

糖的吸湿性是指糖吸收水分的能力，它是糖本身具有的特性。一般情况下，高浓度的砂糖在空气相对湿度不超过60%的条件下，不会吸湿发潮；但纯度低时其晶体表面有少量的非糖物质，易吸收空气中的水分而潮解，甚至使晶体溶解。糖制品吸湿后，糖的浓度和渗透压下降，糖的保藏作用削弱，会引起制品的变质和败坏。糖的种类不同，吸湿性也不同，其中果糖最强，其次是葡萄糖，蔗糖最弱。

5. 蔗糖的转化

蔗糖属于双糖，在酸性溶液中或在转化酶的作用下转化成等量葡萄糖和果糖，这个过程称为蔗糖的转化。所生成的葡萄糖和果糖的混合物称为转化糖。蔗糖的转化可以提高制品中蔗糖溶液的饱和度，抑制蔗糖结晶；增大制品的渗透压，提高制品的保藏性；增加制品的柔韧性，并能增进制品的甜度。

蔗糖的转化需要较低的 pH 和较高的温度。最适宜的 pH 为2.5；转化温度越高，作用时间越长，蔗糖转化的数量越多。所以，糖煮时要控制制品最终转化糖的含量，必须处理好 pH、煮制时间和煮制温度三者的关系。

质量正常的果脯质地柔软，鲜亮透明。但如果在煮制过程中掌握不得当，就会造成成品表面和内部的蔗糖“重结晶”，这种现象称为“返砂”。“返砂”使果脯质地变硬、失去光亮色泽、容易破损、品质降低。产生这种现象的原因是果脯中蔗糖含量过高而转化糖含量不足的结果。但是，如果果脯中转化糖含量过高，在高温高湿季节，又容易出现流糖现象，使产品发黏。试验证明：果脯中的总含糖量为68%~70%、含水量为17%~19%、转化糖占总糖量不超过50%时，易出现不同程度的“返砂”；转化糖量达到总糖量的60%时，在良好条件下就不会出现“返砂”；但当转化糖高达90%以上时，则易产生流糖现象。

掌握好果脯中蔗糖和转化糖的含量，是防止上述现象发生的根本方法。经验证明，控制煮制时条件，是决定转化糖含量的有效措施。目前将糖液的 pH 保持在 2~2.5，促进蔗糖的转化，其方法是加柠檬酸调节。对于含酸量偏高的原料糖不宜过度煮制，以免生成过多的转化糖而出现流糖现象，使保藏性降低。

三 糖制品加工工艺（以蜜饯类加工工艺为例）

糖制品加工工艺流程：原料选择→去皮切分→原料预处理（硬化、熏硫或染色）→漂洗→预煮→糖制（蜜制、煮制，或二者交叉进行）→烘干→果脯→上糖衣→糖衣蜜饯。

（一）原料选择、分级

果脯蜜饯产品加工工艺要进行煮制处理，为防止煮碎、煮烂，应选择新鲜、组织致密、中等成熟度硬果、富含果胶的果品为宜。

根据制品对原料的要求，选择新鲜果，及时剔除病果、烂果、成熟度过低或过高的不合格果，同时对原料进行分级。

（二）原料洗涤

应用符合饮用卫生要求的水清洗果蔬，保持原料清洁卫生，洗去产品表面的污物、残留农药等。

（三）去皮

有些水果的果皮比较坚硬，有异味，对产品质量有不利影响，对原料要进行去皮。

（四）去心、划缝、切分

为了加工方便，有些果蔬要进行去心、划缝、切分处理。用手工或机械的方法去除果心、果核等质地与果肉不同的部分，提高产品质量；对个体较大的原料必须进行切分或破碎，按食用习惯和产品特点进行切分，切分要保持大小均匀一致，破碎对成品形状没有要求；对果蔬皮层组织紧密或表皮有蜡质难以去皮或去皮不方便，如李、枣、梅等水果，如果不易透糖、透盐，可以采用刺孔、划缝方法增加糖制效果。刺孔、划缝是果脯、蜜饯加工中的特殊工艺，可增加成品外观的纹路，使产品美观，又加速糖制速度，一般用手工或用刺孔机、划纹机进行。

（五）保脆硬化

对不耐煮制的原料，在糖煮前要进行硬化处理，以提高原料硬度、耐煮性。常用硬化剂石灰、明矾、氯化钙或氢氧化钙等钙离子、镁离子水溶液浸渍处理原料，达到硬化目的。使用的盐类含有的钙离子和铝离子能与果胶物质形成不溶性的盐类，使组织硬化耐煮。

硬化剂的选择、用量和处理时间要适当。用量过高会生成过多的果胶酸钙，或引起部分纤维素钙化，从而降低原料对糖的吸入量，使产品粗糙，品质下降。

硬化剂的使用浓度分别为：明矾溶液浓度为0.4%~2%，亚硫酸氢钙溶液浓度为0.5%左右，石灰水溶液为0.1%~5%。可用pH试纸贴至产品中心断面上，若试纸全部变为蓝色，表示浸泡已到中心部位，否则继续浸泡。浸泡后用清水漂洗，除去残余的硬化液。

（六）护色与染色

糖制品的色泽是品质的重要特性，因此应特别注意成品的色泽保护，还可以采用染色处理。

（1）护色：对含单宁较多、易于变色的原料，大多数需要护色处理，主要是抑制氧化变色，使制品色泽鲜明。护色的方法较多，可以进行硫处理、热烫等，用二氧化硫护色有防腐、抗菌的功能。

（2）染色：糖制加工易使原料色素发生变化，为增加感官色泽可进行染色。染色有天然色素和人工色素两种。目前，可供糖制品着色的天然食用色素有红紫色的苏木色素、玫瑰茄色素，黄色的姜黄色素、栀子色素，绿色的叶绿素铜钠盐（可用微量）。人工合成色素有柠檬黄、胭脂红、苋菜红和靛蓝等。所有色素使用量一般不能超过 0.05g/kg。染色时，原料用1%~2%明矾溶液浸泡后再进行染色。糖渍或把色素液调成糖渍液进行染色。染色要达到固有色泽为宜，切勿过度。

（七）糖制

糖制是利用糖高渗透压把糖分渗透果蔬中逼出水分，增加其保藏性。糖制是糖制品加工工艺中重要的环节。糖制方法有糖渍和糖煮。

1. 糖渍

糖渍是我国蜜饯制作中一种传统的糖制方法。此法适于肉质疏松、不耐煮制的原料。糖渍是用糖液或糖对原料进行浸渍，达到要求的含糖量，其特点是分次加糖，不加热。

由于糖有一定的黏稠度，在常温下渗透速度慢，所以产品加工时间较长。糖渍的优点是不加热，制品能保持原有的色、香、味，保持完整的外形及质地，营养损失较少。糖渍的缺点是糖制时间较长。

糖渍的具体方法是：先用原料重量 30%的干砂糖与原料拌均匀，经 12~14h 后，再添加20%的干砂糖翻拌均匀，再放置 24h，再补加 20%的干砂糖腌渍。由于糖渗透压的存在，原料本身含有的水分较多，经腌制后组织中水分大量渗出，使原料体积收缩到原来的 1/2 左右，渗糖速度降低。糖制时间 1 周左右，最后将原料捞出，沥干表面糖液或洗去表面糖液，即成制品。

实际操作中常采用糖渍和煮制混合进行，相互取长补短，达到理想效果。

2. 糖煮

产品组织致密的原料采用煮制法，可迅速完成加工过程，只是制品在色、香、味、维生素 C 上有所损失。煮制法分为敞煮法和真空煮制法两种。敞煮法又分为一次煮成法和多次煮成法。在具体应用中有下列几种方法。

（1）一次糖煮法。这是糖制加工最基本的方法，适于组织疏松易于透糖的原料，将原料与糖液一起加热煮制，初始糖液浓度为 40%，一直加热蒸发浓缩到结砂为止。这种一次糖煮即可完成加工的方法称为“一次糖煮法”。

（2）逐次糖煮法。开始糖煮时，采用浓度为 30%的糖液；待糖液煮沸腾后，分次加入少量的冷糖液。糖液浓度逐渐增加，使组织与糖液之间的浓度梯度不大，组织较紧密，渗糖较好。在加冷糖液时也可加白砂糖，这样可以缩短煮制时间。但整个加工中始终加热，所以称“逐次糖煮法”。

逐次糖煮法的优点是制品组织比较细致紧密，渗糖效果好；缺点是时间延长，易引起颜色加深，维生素 C 损失多。

（3）多次煮成法。原料与糖液煮沸短时间后，停止加热放置一段时间，使组织内外的糖液浓度有较长的时间来达到扩散平衡；然后再加热煮沸，使糖液达到一定浓度后停止加热，放置一段时间，达到浓度梯度平衡后，再煮沸。如此反复几次，最后完成糖煮，称为多次煮成法。

（4）变温糖煮法。这种方法是利用温差不同，使原料受到冷热交替的变化，组织内部的水蒸气分压有增大和减小的变化，由压力差的变化迫使糖液透入组织，加快组织内外糖液的平衡，缩短煮制时间。由于此方法操作较复杂，生产上应用较少。

（5）减压糖煮法。在较高真空度下进行糖煮，可以使其沸点降低。由于在减压下糖煮，所以组织内的蒸汽分压随真空度的变化而反复收缩，促使组织内外糖液浓度加速平衡，缩短糖煮时间，使产品品质稳定，制品色泽鲜明、风味纯正。

减压糖煮法一般所用的真空度是 80~87kPa，温度为 60℃。减压糖煮法需要在真空设备中进行，常采用真空锅或真空罐。用 30%~40%浓度的糖液，加热到 60℃时，开始抽真空减压，使糖液沸腾，同时进行搅拌，沸腾约 5min 后可改变真空度，使糖加速渗透，最后使糖液浓度达到 60%~65%时解除真空，完成糖煮过程，全部时间仅需 1 天左右。

（八）干燥、上糖衣

1. 干燥

果脯和“返砂”蜜饯制品，要求保持完整和饱满状态，不皱缩、不结晶、质地紧密而不粗糙，水分一般在 18%~20%，因此要进行干燥处理，即烘干或晾晒。烘干多用于果脯和返砂蜜饯，晾晒多用于凉果类制品。

烘干在烘房中进行，人工控制温度，升温速度快，排湿通气好，卫生清洁，原料受热均匀。烘烤中注意通风排湿和产品调盘。烘烤时间在 12~24h，烘烤至手感不黏、不干硬为宜。

晾晒在晒场进行，设有专门的晾架，晒到产品表面干燥或萎蔫皱缩为止。此法受自然条件影响大，产品难以保持卫生。

2. 上糖衣

制作糖衣果脯蜜饯，可在干燥后上糖衣。上糖衣是用配制好的过饱和糖液处理干态蜜饯，干燥后使其表面形成一层透明状的糖质薄膜。上糖衣不仅外观好，且保藏性增强，可以减少蜜饯保藏期中吸湿和“返砂”。上糖衣用的过饱和糖浆一般以 3 份蔗糖、1 份淀粉糖浆和 2 份水配制而成，混合后煮沸到 113℃~114. 5℃，离火冷却到 93℃，将已干燥的蜜饯浸入糖液中 1min，取出放置筛面上，于 50℃下晾干即成，或将干燥的蜜饯浸于 90℃的1. 5%食用明矾和 5%白糖的溶液中，取出在 35℃左右温度下干燥即成。

上糖粉，即在干燥蜜饯的表面裹上一层糖粉，增强其保藏性。糖粉的制法是将砂糖在 50℃~60℃烘干条件下磨碎成粉，即可使用。操作时，将收锅蜜饯稍冷，未收干时，即加入糖粉拌匀，筛去多余的糖粉，成品表面有一层白色糖粉。

（九）整形

果脯和干态蜜饯，由于在加工中进行一系列的处理而使原料出现收缩、破碎、折断等现象，因此在包装前要进行整形。

即按原有产品的形状、食用习惯和产品特点进行大小分级和整形。

（十）包装

果脯和干态蜜饯包装的一个重要目的是防潮防霉。一般可先用塑料薄膜包装后，再用其他包装。可用大包装或小包装，以利于保藏、运输、销售为原则。

带汁蜜饯以罐头包装为宜。进行挑选后装罐，加入糖液，封罐，于90℃下杀菌20~40min，取出冷却。

经验与提示

果胶的凝胶的形成条件

果胶是多糖成分，具有良好的胶凝、增稠、稳定、乳化作用，果胶甲氧基有凝胶性质。

果胶物质根据其甲氧基化比例不同分为两种凝胶状态：甲氧基含量在7%以上的果胶称高甲氧基果胶；甲氧基含量在7%以下的果胶称低甲氧基果胶。

高甲氧基果胶的凝胶多为果胶-糖-酸凝胶，果冻、果酱的凝胶多为此种。凝胶形成的基本条件必须含有一定比例的果胶-糖-酸，最佳比例分别是果胶占0.6%~1%、糖占65%~70%，pH在2.8~3.3，果胶含量越高，越易胶凝。温度越低，胶凝速度越快，超过50℃时胶凝强度下降。

在用糖很少甚至不用的情况下，加入钙或其他二价、三价离子，把果胶分子中羟基相连生成凝胶，是离子键结合成的网状结构。低甲氧基果胶的凝胶具体形成条件：低甲氧基果胶在1%、pH在2.5~6.5，加入钙离子25mg。在0℃~58℃范围内，温度越低，强度越大。

低甲氧基果胶在食品工业上用途广泛，可制成低糖和低热量的果酱、果冻。

任务训练：　姜糖片加工

【任务要点】

（1）糖制原料选择：种类与品种、新鲜度、成熟度。

（2）果蔬糖制的关键工艺，操作注意事项；产品质量。

【任务准备】

1. 原料准备

生姜、白糖、夹层锅、加热设备、烘盘、烘箱、秤、盆等。

2. 加工工艺流程

原料选择→预处理→糖制→烘烤→整形→包装。

【任务实施】

1. 生姜品种准备

生姜应选择黄姜，不宜选择水姜。黄姜加工后，颜色鲜黄艳丽、芳香味较浓。应选新鲜饱满，纤维尚未硬化，组织脆嫩的子姜，色浅黄无腐烂，具有生姜的辛辣味及芳香，过老、过嫩者均不适宜。

2. 原料预处理

（1）洗涤、去皮、切分：除去腐烂及虫斑姜，用清水洗净，刮去表皮，切成0.3~0.5cm的薄片。

（2）烫漂：将姜片投入沸水中4~5min，使其半熟呈透明状，立即捞出投入冷水中漂洗0.5~1h。

3. 糖制

姜糖制列两种有下，可交替进行加工。

（1）糖渍：姜片沥干水分，加白糖，按一层白糖一层姜片在容器铺好，糖渍4h以上。

（2）糖煮：采用一次糖煮法将姜片和浸出的糖液一起倒入锅内，进行煮沸、糖液浓缩，在浓缩过程中，不断进行搅拌，然后分2~3次直接向锅中加入剩下的白糖，直到糖液大部分渗入姜片内为止，当糖液浓度在65%时，捞出姜片，沥干水分。

4. 烘烤（上糖衣）、整形

将糖制的果块捞出，沥干糖液摆盘，不要重叠。糖煮后的姜糖采用80℃温度进行烘干，其间要翻盘，注意不要烤煳。当姜片不粘手时，加入10%的白糖粉将姜片裹住，筛去多余的糖粉。加工处理的原料会出现收缩、破碎、折断等现象，在包装前要进行整形。

5. 包装

包装的目的主要包括以下几方面：①保护产品不受污染，符合卫生要求；②保护成品品质不受外界环境的影响；③延长货架寿命；④方便食用、携带、销售；⑤美化成品，提高商品价值。总之，要减少外界环境对糖制品的影响，保持原有品质，并达到利于销售、美化成品的效果。包装好后，将成品置于密闭容器内存放于通风干燥处。

6. 产品质量标准

产品质量标准为色泽浅黄色至金黄色，鲜艳透明有光泽，色度一致。块形整齐有弹性，无生心、无杂质。不返砂、不结晶、不流糖、不干瘪。保持生姜味道，甜酸适宜，无杂味。总糖含量在68%~75%，含水量在16%~18%。

知识拓展

水果拼盘的制作步骤

水果拼盘是以各种鲜美的果蔬为原料，配合巧妙的刀工技术和创意造型的艺术品，它讲究构思巧妙，色形俱佳，选料多样，既好吃又好看。它的制作没有统一模式，可以凭借制作者自由发挥，没有统一标准，可以随心所欲。所以它看似简单，但要有突破、有创意、有艺术特色，制作者要花费不少心思。

水果拼盘是各种水果零部件的切雕，常用到食品雕刻技术。水果零部件是水果拼盘最基础的组成元素。

水果拼盘的制作步骤如下。

(1) 选料：从水果的色泽、形状、口味、营养价值、外观完美度等多方面对水果进行选择。水果必须成熟、新鲜、卫生。

(2) 构思：制作水果拼盘的目的是使水果个体通过形状、色彩等几方面结合为一个整体艺术品，以色彩和美观取胜，从而刺激人的感官，增进其食欲。

制作不能随便应付，应考虑宴会主题。

(3) 色彩搭配：水果颜色的搭配一般有“对比色”搭配、“相近色”搭配及“多色”搭配三种。红配绿、黑配白是标准的对比色搭配；红、黄、橙是相近色搭配；红、绿、紫、黑、白是丰富的多色搭配。

(4) 器皿选择：不同造型、价格选不同形状、规格、质地的器皿。如长形的水果造型便不能选择圆盘来盛放。另外，还要考虑到盘边的水果花边装饰，也应符合整体美，并能衬托主体造型。常用玻璃器皿，高档的器皿有水晶制品、金银制品。

(5) 拼摆造型：要遵循构思新颖、色彩协调 、分工协作、讲究卫生、注意安全等原则。

注意：水果的厚薄、大小以能直接食用为宜；加工原料应明显可辨；食用部分不宜过分雕饰。

【练习与思考】

(1) 简述果脯、果酱产品的加工原理。

(2) 简述苹果脯的加工工艺。

任务六 果酒的酿制

学习目标

【知识目标】

明确葡萄酒酿造对原料的要求，掌握果酒酿造的基本原理。

【能力目标】

掌握酿造红葡萄酒的工艺流程及操作要点、常见质量问题及解决途径。

葡萄酒是果酒的一种，是酵母菌利用葡萄的糖分发酵得到的低度酒。果酒一般含酒精

13%~15%，果酒最高度数不超过 20°。果酒成分丰富，除酒精外，还含水果的营养成分，如糖、有机酸、酯类及多种维生素，同时有水果的香味。它有低酒精度、高营养、好口感的特点，是一种药食同源的食品，适量饮用有补充营养的功效。

果酒的分类

果酒是发酵酒的一种，根据酿造方法和成品特点不同，可以将果酒分为五类。

（一）发酵果酒

这种果酒是用果汁或果浆经酒精发酵陈酿而成的，如葡萄酒、苹果酒。根据发酵程度不同，又分为全发酵果酒与半发酵果酒。葡萄酒占比较大。

（二）配制果酒

配制果酒是将果实或果皮、鲜花等用酒精或白酒浸泡提取，或用果汁加酒精、糖、香精、色素等食品添加剂调配而成。

（三）蒸馏果酒

蒸馏果酒是果品经酒精发酵后，再经蒸馏所得到的酒，如白兰地、水果白酒等。蒸馏果酒的酒精含量较高，大多在 40%以上。

（四）加料果酒

加料果酒是以发酵果酒为基础，加入植物性增香物质或药材而制成的，如人参葡萄酒、鹿茸葡萄酒等。此类酒因加入香料或药材，往往有特殊浓郁的香气或滋补功效。

（五）起泡果酒

起泡果酒是含有二氧化碳的果酒，如香槟、小香槟、汽酒。

（1）小香槟酒中的二氧化碳由发酵产生，或人工充入二氧化碳制成。

（2）香槟是以发酵葡萄酒为酒基，再经密闭发酵产生大量的二氧化碳而制成的。

（3）汽酒中的二氧化碳由人工充入。

葡萄酒的分类

葡萄酒是经过破碎或未破碎的鲜葡萄浆果或汁液经完全发酵或部分发酵获得的产品，其酒精度不能低于8.5%，特殊地区葡萄酒的酒精度不能低于 7%。

葡萄酒是果酒的主要品类，它的产量和类型最多。天然葡萄酒是完全用葡萄为原料发酵而成的，不添加任何成分。1892年，张弼士经过多方考察在烟台建立了我国第一个葡萄酒厂——张裕葡萄酒厂。

（一）按成品酒的颜色分类

（1）红葡萄酒用红葡萄带皮发酵酿造而成。酒色呈自然深宝石红、宝石红、紫红或石榴红色。

（2）白葡萄酒是用白葡萄或红皮白肉的葡萄分离取汁发酵酿造而成的。酒色近似无色或浅黄微绿、浅黄、淡黄、禾秆黄色。

（3）桃红葡萄酒是用红葡萄短时间浸提或分离发酵酿造而成的。其酒色介于红白葡萄酒之间，呈玫瑰红、桃红、浅红色。这些颜色深受年轻人喜欢。

（二）按含糖量分

（1）干葡萄酒：含糖量≤4g/L。饮用时尝不出甜味，酸味明显。如干白葡萄酒、干红葡萄酒、干桃红葡萄酒。

（2）半干葡萄酒：含糖量在4.1~12g/L。饮用时有微甜感，如半干白葡萄酒、半干红葡萄酒、半干桃红葡萄酒。

（3）半甜葡萄酒：含糖量在12.1~50g/L。饮用时有甘甜、爽顺感。

（4）甜葡萄酒：含糖量≥50.1g/L。饮用时有明显的甜醉感。

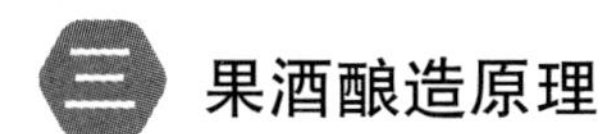

三 果酒酿造原理

果酒酿造是利用酵母菌将果汁中可发酵性糖经酒精发酵生成酒精，再在陈酿澄清过程中经酯化、氧化、沉淀等作用，制成酒液清晰、色泽鲜美、醇和芳香的果酒过程。

（一）果酒酿造微生物

1. 酵母菌

酵母菌是果酒酿造的主要微生物。酵母菌种类较多，有葡萄酒酵母、尖端酵母、巴士酵母等。其中，葡萄酒酵母活力强，产酒精量高，生香性强、抗逆性强，是完成果酒发酵的主要微生物。

2. 乳酸菌

乳酸菌是果酒酿造的重要微生物。乳酸菌能把苹果酸转化为乳酸，使葡萄酒的酸涩、粗糙等缺点消失，从而使葡萄酒变得醇厚饱满，柔和协调；但当有糖存在时，乳酸菌易分解糖成乳酸、醋酸等，使酒的风味变坏。

（二）酒精发酵过程及产物

酒精发酵是果汁中的葡萄糖在酵母菌和一系列酶的作用下，通过复杂的化学变化，最终产生酒精和二氧化碳的过程，简单反应式为：

$$C_6H_{12}O_6 = 2CH_3CH_2OH + 2CO_2 \uparrow$$

果汁中的葡萄糖和果糖直接被酒精发酵利用，蔗糖和麦芽糖在发酵过程中通过分解和转化酶的作用生成葡萄糖和果糖参与酒精发酵。

1. 酒精发酵的主要过程

酒精发酵是复杂的生化过程，会发生很多的反应和产生很多中间产物，而且需要一系列酶的参与。

（1）糖分子的裂解。主要是已糖磷酸化过程。已糖磷酸化是通过已糖磷酸化酶和磷酸糖异构酶的作用，将葡萄糖和果糖转化为1,6-二磷酸果糖的过程，在一系列酶参与下，转化成丙酮酸。

（2）丙酮酸的分解。丙酮酸首先在丙酮酸脱羧酶的催化下脱去羧基，生成乙醛和二氧化碳。乙醛则在氧化还原的情况下，还原为乙醇，同时将3-磷酸甘油醛氧化为3-磷酸甘油酸。

（3）甘油发酵。在酒精发酵开始时，参加3-磷酸甘油醛转化为3-磷酸甘油酸所必需的氧化型辅酶通过磷酸二羟丙酮的氧化作用提供。该氧化作用伴随甘油的产生。当磷酸二羟丙酮氧化一分子烟酰胺腺嘌呤二核苷酸，就形成一分子甘油，这过程称甘油发酵。在这个过程中，由于将乙醛还原为乙醇所需的两个氢原子已被用于形成甘油，所以乙醛不能继续进行酒精发酵，因此乙醛和丙酮形成其他副产物。

2. 酒精发酵的主要副产物

（1）甘油：是除水、乙醇外含量较高的物质，味甜且稠，能增加果酒稠度，使果酒口味清甜圆润，经过贮藏含量升高。

（2）乙醛：酒精发酵副产物。乙醛是葡萄酒的香味成分之一，过多的游离乙醛会使葡萄酒有苦味和氧化味，经过陈酿含量升高。

（3）琥珀酸：可以增加果酒的爽口感。

（4）高级醇：是果酒二类香气的主要成分，含量低，过高会有不愉快的粗糙感。

（5）醋酸：是葡萄酒中主要的挥发酸，在一定的范围内是葡萄酒良好的风味物质，赋予葡萄酒气味和滋味。

（6）酯类：主要是有机酸和醇反应产生的。

（三）影响酒精发酵的因素

1. 温度

酵母菌活动的最适温度是20℃～30℃，40℃时停止活动。20℃以上，繁殖速度随着温度升高而加快，至30℃达到最大值。根据发酵温度的不同，可将发酵分为高温发酵和低温发酵。30℃以上为高温发酵，这种发酵时间短，但口味粗糙，杂醇、醋酸等含量高；20℃以下为低温发酵，这种发酵时间长，但果酒风味好。果酒发酵的理想温度为25℃左右。一般红葡萄酒发酵最适温度为25℃～28℃；白葡萄酒发酵最适温度为18℃～20℃。

2. 氧气和二氧化碳浓度

酵母是兼性厌氧微生物，在缺氧时，酵母繁殖速度慢，酒精产量很高；而在氧气充足时，酵母繁殖速度快，酒精产量减少。根据这一特性，在果酒酿造初期供给酵母菌充足的氧气，使其大量繁殖，为以后产生酒精打基础；后期创造缺氧的环境，使其产生大量酒精，完成酒精发酵。二氧化碳浓度过高时，也会阻止酒精发酵。

3. 酸度

酵母菌在pH在2～7范围内均可生长，pH在4～6生长最好，发酵能力最强，但一些细菌也生长良好。因此，生产中一般控制 pH 在3.3～3.5，此时，细菌受到抑制，酵母菌活动良好。

4. 糖分

酵母菌生长繁殖所需要的营养从果汁中获得，糖浓度会影响酵母的生长和发酵。含糖量为 1%～2%时，生长发酵速度最快；果汁中含糖量超过 25%，会抑制酵母菌活动；含糖量达到 60%以上时，发酵几乎停止。因此，生产高酒精度果酒时，要采用多次加糖的方法，以保证发酵的顺利进行。

5. 酒精含量

多数酵母在酒精浓度达到 2%时就开始抑制发酵，尖端酵母在乙醇浓度达到 5%时不能生长。葡萄酒酵母可忍受 13%～15%的酒精浓度。因此，自然酿制生产的果酒不可能生产度数过高的果酒，必须通过蒸馏或添加纯酒精生产高度果酒。

6. 二氧化硫抑杂菌

在果酒生产中常使用二氧化硫进行容器和发酵液的灭菌。添加二氧化硫主要是为了抑制有害菌的生长，酵母菌对二氧化硫的抵抗能力比较强。葡萄酒酵母可耐 1g/L 的二氧化硫，果汁含 10mg/L 二氧化硫，对酵母无明显作用，但其他杂菌则被抑制。当二氧化硫含量达 50mg/L 时，发酵仅延迟 18～20h，其他微生物完全被杀死，二氧化硫是理想的抑菌剂。二氧化硫在果汁中的加入量为 100～150 μL/L。

（四）陈酿

新酿成的果酒混浊、辛辣、粗糙，不适宜饮用，必须经过一定时间的贮存，以消除酵母味、苦涩味、生酒味和二氧化碳刺激味等，使酒质透明、醇和芳香，这一过程称酒的陈酿或老熟。陈酿中发生一系列化学变化，这些变化中，以酯化反应和氧化还原反应对酒的风味影响最大。

1. 酯化反应

酯化反应是指酸和醇生成酯的反应。酯类物质是果酒香气的主要来源之一。在陈酿的前两年，酯的形成速度快，以后逐渐减慢。酯化反应不可能一直进行，因为酯化反应是一个可逆反应，进行到一定阶段即达到极限，与水解反应达到平衡。影响酯化反应的因素主要有温度、酸的种类、pH 及微生物种类等。

（1）温度。在葡萄酒贮存过程中，温度越高，酯的生成量也越高，这是葡萄酒进行热处理的依据。

（2）酸的种类。有机酸的种类不同，其生成酯的速度也不同，而且酯的芳香也不同。对于总酸 0.5%左右的葡萄酒来说，如通过加酸促进酯的生成，以加乳酸效果最好，柠檬酸次之，苹果酸又次之，琥珀酸较差，加酸量以 0.1%～0.2%的有机酸为适当。

（3）pH。氢离子是酯化反应的催化剂，因此 pH 对酯化反应的影响很大。同样条件下，

pH 降低一个单位，酯的生成量增加一倍。

（4）微生物种类。微生物种类不同，生成的酯的种类和数量有一定差异。

2. 氧化还原反应

氧化还原反应是果酒加工中重要的反应，会直接影响到产品的品质。因为氧化还原反应可以通过酒中的还原性物质去除酒中游离氧的存在，还可以促进一些芳香物质的形成，对酒的芳香和风味影响很大。

经验与提示

葡萄酒质量组成

国际葡萄与葡萄酒组织规定（OVI，1978），葡萄酒只能是经破碎或未经破碎的新鲜葡萄浆果或汁液，经完全发酵或部分发酵后获得的产品，其酒精度不能低于8.5%（V/V），在特殊地区可以不低于7%（V/V）。

有人说“葡萄酒质量三分在工艺，七分在原料，先天在于原料，后天在于工艺。”可见原料对于质量的重要性，葡萄原料由果梗、果皮、果肉、果核组成。其中，果梗占果穗重量的4%~6%，果皮占8%，果肉占80%~85%。

1. 果梗

果梗含有木质素、单宁、树脂、无机盐，少量有机酸、糖。其中，单宁、苦味树脂含量较高，因此发酵前必须除去，否则产品有严重的苦涩味。

2. 果皮

果皮含单宁、花青色素、芳香成分，对酒风味的影响相当重要，成就了葡萄酒的核心，通常，葡萄酒中的涩味就是由此而来。

3. 果肉

果肉含水、糖、酸和一些化学性物质，它是葡萄酒的主要成分，不同的葡萄品种，其化学成分不同。

4. 果核

果核有1~4个核或无核，果核有影响葡萄酒风味的物质，如脂肪、树脂、单宁，这些物质进入发酵醪液，会影响产品质量，破碎时尽量避免压碎果核。

葡萄果浆是果肉和果汁的总称，也是酿造葡萄酒的主要部分，其中包含的成分有：糖分（一般是单糖）、酸度（包括酒石酸和苹果酸）、含氮物、果胶质和无机盐。这些成分构成了葡萄酒丰富多彩的韵味。

气候对葡萄的影响是很明显的。一般来说，葡萄树的生长理想温度为年平均气温14℃~15℃，而且夏天平均气温不能低于19℃。典型的地中海气候是最好的；在我国，则以山东蓬莱及河北昌黎地区最为理想。

葡萄酒之所以有不同的分类和特色，在很大程度上是由于酿酒原料的葡萄不同品种之间的差异造成的。而果皮的颜色和厚度决定葡萄酒（特别是红酒和玫瑰红酒）的颜色及其主要的香味。葡萄酒的甜度和酒精度则是由原料的酸糖比率来决定的。

葡萄酒质量除与原料有关，还与发酵、贮藏过程中产生很多物质，如酒精、酯等成分及功能性物质有关。越来越多的人关注葡萄酒中的功能性成分，如白藜芦醇、槲皮酮。白藜芦醇对人体心血管病、癌症有预防作用。食用高脂肪食物的人群，常喝葡萄酒，其心血管病发病率较低，除此之外，葡萄酒中的涩味单宁有生物活性作用，不但有降低血液尿素氮的作用，还有抗过敏、抗毒素等功效。

任务训练：自酿刺葡萄酒的方法

【任务要点】

（1）加工场所及设备选择关系到酒的卫生和加工产品的质量，在生产葡萄酒时一定要对加工场所及设备认真加以考虑。

（2）控制酿造微生物、酒精发酵和陈酿三个关键点。

（3）制作工艺中的注意事项。

【任务准备】

刺葡萄酒是武陵山区特有的颜色深紫的小颗粒葡萄，它皮厚，含糖量高，果粉多，有一定涩味。制作时，果皮和果肉一起发酵。

1. 品种选择

选择 2 号刺葡萄，要求充分成熟、新鲜，它含糖量高，并含有一定量有机酸。有机酸在果酒酿造中有促进酵母菌繁殖、抑制腐败细菌生长的作用，还可增加酒香和风味，促进果中色素溶解，使果酒具有鲜丽的色泽。

2. 原料准备

2 号刺葡萄、葡萄破碎机、果汁分离机、果汁压榨机、高速离心机、发酵罐、贮酒罐。

3. 加工场所

加工场所要通风，能清洗，准备足够的装酒容器；加工场所应保持清洁、卫生，防止微生物污染。

4. 加工工艺流程

葡萄选择→挑选→破碎→除梗→成分调整→主发酵→压榨过滤→后发酵→陈酿→调配→过滤→包装杀菌→成品。

【任务实施】

1. 原料选择

在 2 号刺葡萄自然成熟的 10 月中下旬采收。要求葡萄果粒必须充分成熟，果皮上的果粉较多，色素达到最高而酸分适宜，挑出霉烂果及成熟度差的果。

2. 破碎、除梗

葡萄采收后，用剪刀贴近果蒂处剪下葡萄，去除果蒂，再进行清洗、控干。

破碎果肉时，注意不压破种子和果梗，籽粒破碎会使制成的酒带有涩味或异味。破碎便于增加酵母与果汁的接触面，利于红葡萄酒色素的浸出，整个过程中葡萄不能与铁、铜、油接触，防止油、金属溶于酒中引起异味。

破碎后的原料要立即将果浆与果梗分离，除梗可防止因果梗中苦涩物质增加酒的苦味，还可减少发酵体积，便于运输。制红葡萄酒用果肉和果皮一起发酵。

3. 成分调整

按葡萄酒的定义，葡萄酒是不加任何物质的发酵品，但一般人对不加任何物质的葡萄酒不习惯，觉得口感不适，尤其觉得涩味太重，所以可以加冰糖调节它的口感，调整它的成分。

4. 发酵及管理

酒的发酵过程分前发酵（主发酵）与后发酵两个过程。将发酵醪送入发酵容器到新酒出桶的过程为前发酵；分离后的新酒，由于酒液与空气接触，酵母又得到复苏，在贮存中，酵母将酒液中的残糖进一步发酵以提高酒精浓度，这一过程称为后发酵。

果汁经成分调整后装入发酵容器，充满 7~8 成为宜，以防发酵旺盛时汁液外溢。采用密闭式发酵，安装发酵栓以利于二氧化碳逸出和阻止空气进入，因为果粒的果粉上面存在酵母菌，可以直接发酵。

发酵包括酵母繁殖期和酒精生成期。前发酵是酿酒发酵的主要阶段，果汁经前发酵变成果酒。

（1）酵母繁殖期。发酵之初，液面平静，随着有微弱的二氧化碳气泡产生，发酵开始；而后酵母繁殖加快，二氧化碳逸出增多，温度升高，发酵进入旺盛期。酵母繁殖期管理上主要是控温，最适温度应控制在 20℃~30℃，同时注意空气供给，促进酵母繁殖。

（2）酒精生成期。此时甜味渐减，酒味渐增，皮渣上升在液面结成浮渣层，当品温升到最高，酵母细胞数保持一定；随后，发酵液气泡减少，发酵势减弱，二氧化碳释放减少，液面接近平静，品温下降近室温，此时，糖分大部分已转变成酒精，完成主发酵。酒精生成期管理主要控制品温在 30℃以下，不断翻汁，破除酒帽。

主发酵结束后，及时将酒液虹吸或用泵抽出，也可通过筛网流出，即为原酒。这道工序很重要，可防止糖苷类物质、单宁溶于酒中，从而造成果酒的涩味，影响品质。

前发酵结束后，应及时出桶。将不加压自行流出的酒即自流酒与压榨酒渣最初得到的2/3压榨酒混合，转入消过毒的贮酒桶，装入量为容积的 90%左右，酒中剩的少量糖，在后发酵中进一步转化为酒精。如原酒中酒精浓度不够，应补充一些糖分。后发酵仍在密闭容器中进行，装上发酵栓，糖分下降到 0.1%~0.2%，无二氧化碳放出时，后发酵便完成，将发酵栓取下，用同类酒添满，加盖密封。待酵母、皮渣全部下沉后，及时换桶，分离沉淀，转入陈酿。后发酵管理上控制温度在 20℃左右，经 15~20 天，后发酵完成。

夏天气温高，过 21 天葡萄酒即酿好；如果气温低（低于 30℃）可以多酿几天。要注意的是，葡萄酒酿的时间越长，酒味越浓；葡萄酒酿好以后，放置的时间越长，酒味越浓。

5. 陈酿

陈酿目的是使果酒清亮透明，醇和可口，有浓郁纯正的酒香。陈酿的酒桶都应装有发酵栓，防止外界空气进入。陈酿的酒桶应装满酒，随时检查，及时添满，以免好气性细菌增殖，造成果酒病害。陈酿中及时清除不溶解的矿物质、蛋白质及其他残渣在贮藏中产生的沉淀。

贮存环境条件：一般应放置在温度为 10℃~15℃、相对湿度为 85%左右的地下室或酒窖中，贮存环境空气新鲜、无异味和二氧化碳积累。

6. 果酒澄清

果酒在陈酿过程中需进行澄清，可采用自然澄清或加胶过滤方法除去果酒中的悬浮物。加胶澄清方法有以下几种。

（1）加明胶。果酒中加明胶0.1~0.15g/L、单宁0.08~0.12g/L。加单宁时，先用少量酒将单宁溶解，加入搅匀；白明胶用冷水浸泡 12~14h，去除腥味，然后除去浸泡水，重新加水，用微火加热或水浴加热溶解，再加 5~6L 果酒搅匀；倒入酒桶，静置 8~10 天，过滤。此法适用于草果酒的澄清。

（2）加鸡蛋清。100L 果酒加 2~3 个蛋清，每加蛋清一个，添加单宁 2g。用少量果酒溶解单宁，倒入桶内充分搅匀；经 12~24h 后，将打成沫状的蛋清，用少量果酒搅匀，加入陈酿酒中；静置 8~10 天，即可澄清。

7. 成品调配

成品调配指对酒的某些成分进行调整或标准化，调整指标主要有酒精度、糖分、酸分、颜色。调配后再经过一段贮藏去“生味”，使成品醇和、芳香、适口。

（1）酒精度。原酒的酒精度若低于产品标准，可用同品种高度酒调配，或用同品种葡萄蒸馏酒调配。

（2）糖分。糖分不足时，用同品种浓缩果汁或精制砂糖调整。

（3）酸分。酸分不足时，加柠檬酸补充。1g 柠檬酸相当于0.935g 酒石酸，酸性过高，用中性酒石酸钾中和。

（4）颜色。红葡萄酒若色调过浅，可用深色葡萄酒或糖色调配。

8. 过滤

过滤是葡萄酒生产中常见的澄清方法。

9. 包装、杀菌

葡萄酒常用玻璃瓶包装，优质葡萄酒配软木塞封口。装瓶时，空瓶先清洗、消毒、杀菌。

对酒精浓度在 16°以上的干葡萄酒及含糖 20%以上、酒精浓度在 11°以上的甜葡萄酒，可不杀菌。酒精浓度在 16°以下的需杀菌，杀菌温度为 60℃~70℃，时间 10~15min。

对光检验酒中是否有杂质，装量是否适宜，合格后贴标装箱。

【干红葡萄酒质量标准】

1. 感官要求

（1）色泽为紫红、宝石红、红微带棕、棕红色。

（2）透明度：澄清透明，有光泽，无明显悬浮物（使用软木塞封口的酒，允许有3个以下大小不超过1mm的软木渣）。

（3）气味口味纯正，具有怡悦、和谐的果香和酒香。

2. 理化要求

酒精度（20°）9%～13%；总糖（以葡萄糖计）≤4g/L；总酸（以酒石酸计）5～7g/L；挥发酸（以醋酸计）≤0.8g/L。

3. 微生物指标

细菌总数≤50个/mL；大肠杆菌≤3个/100mL。

【考核要点与方法】

（1）要点：果酒酿造关键工艺操作过程；产品质量。

（2）方法：操作态度；操作熟练程度；产品合格率。

知识拓展

买葡萄酒别盲信年份

果酒酿造在我国已有2000多年的历史。但一直未得到发展，直到1892年，华侨张弼士在烟台建立了“张裕葡萄酒公司”，才开始进行小型工业化生产。

随着人民生活水平的提高和国际交往的频繁，葡萄酒市场销量越来越多，我国比较有名的葡萄酒有张裕葡萄酒、长城葡萄酒、王朝葡萄酒等，有很多消费者购买时特别迷信“年份”。

少数企业对所谓“年份酒”的价格和宣传存在误导消费现象。实际上葡萄酒标注的年份是葡萄采摘的年份，葡萄酒并不是年份越久越好，消费者在选购葡萄酒时，不要盲目迷信“年份”。

很多人选葡萄酒最重要的一个参考标准就是出厂时间，认为年份越久，品质越高，价格越贵。在超市，不少葡萄酒标着“1990”“1992”等年份字样，同品牌的葡萄酒，标年份的比没标年份的贵，年份久的更贵。

2008年1月1日，《葡萄酒强制性国家标准》正式实施，该标准对“年份”葡萄酒做出了明确的规范，要求“葡萄酒标注的年份必须是葡萄采摘的年份”。也就是说，“年份”只代表酒的原料来源于哪一年，既不能作为评定葡萄酒质量好坏的依据，也不能完全作为葡萄酒定价高低的依据。葡萄酒的质量主要取决于葡萄的质量，如果某一年的气温、降水等气象条件及其他各方面条件都比较适合葡萄生长，使这一年的葡萄品质比其他年份的都好，用这一年采摘的葡萄所酿制的葡萄酒的品质也会比其他年份的葡萄酒品质好。

【练习与思考】

(1) 简述果酒酿造的基本原理。

(2) 红葡萄酒酿造工艺需要注意哪些要点?

(3) 葡萄酒酿造中常见质量问题有哪些，又存在哪些解决途径?

任务七 蔬菜腌制

学习目标

【知识目标】

通过对蔬菜腌制加工的学习，使学生掌握蔬菜腌制原理。

【能力目标】

掌握常见蔬菜的腌制工艺。

腌制品是我国民间食用较多的食品之一，它价廉物美，口味独特，容易保存，特别是在蔬菜淡季能起到很好的补充作用。

腌制原料选择总的要求是组织致密，质地脆嫩，含纤维少，含糖较高，以利于发酵。不同的蔬菜种类有不同的规格要求。

一 蔬菜腌制品的分类

蔬菜腌制品的种类繁多，根据腌制工艺和食盐用量、成品风味等的差异，可分为发酵性腌制品和非发酵性腌制品两大类。

(一) 发酵性腌制品

发酵性腌制品在低浓度的盐分腌制下，经过乳酸发酵，并伴有轻微的酒精发酵，利用乳酸菌发酵所产生的乳酸与加入的食盐及调味料等一起达到防腐的目的，保藏蔬菜并改善或增进其风味。这一类的代表产品有泡菜和酸菜等。

发酵性腌制，根据发酵原料、配料的含水量不同，一般分为半干态发酵和湿态发酵两种。湿态发酵是原料在一定的卤水条件下进行发酵腌制，如酸菜；半干态腌制是除去部分水分，再用食盐及配料混合后腌渍，自然发酵后熟而成的，如榨菜。由于这类腌制品本身含水量较低，保藏期较长。

腌制酸菜的原料在入缸发酵前要适当晾晒，脱除部分水分使菜体收缩、组织柔软。晒好后可热烫或直接入缸，可在菜层间少量放盐或不放，并用重物压紧压实菜体，加清水没过白菜，在15℃~20℃下发酵。

泡菜是将处理好的原料稍加晾晒后入坛，并压紧，装至整坛容量的3/5左右，加入配料及6%~8%浓度的盐水进行发酵，要注意密封槽中水位，及时添加。

（二）非发酵性腌制品

此类制品在腌制过程中，不经发酵或微弱的发酵，主要是利用高浓度的食盐、糖及其他调味品来保藏和增进其风味。非发酵性腌制品依所含配料及风味不同，分为咸菜、酱菜、糖醋菜三大类。

1. 咸菜类

咸菜是一种腌制方法比较简单的腌制品。主要利用较高浓度的食盐溶液来保藏，并通过腌制改变蔬菜的风味。由于味咸，故称为咸菜。代表品种有咸萝卜、咸雪里蕻、咸大头菜等。

不是任何蔬菜都适于腌制咸菜。例如，有些蔬菜含水分很多，怕挤怕压，易腐易烂，熟透的西红柿就不宜腌制；有些蔬菜含有大量纤维素，如韭菜，一经腌制榨出水分，只剩下粗纤维，既没有多少营养，吃起来又无味道；还有一些蔬菜吃法单一，如生菜，适于生食或做汤菜，炒食、炖食不佳，也不宜腌制。因此，腌制咸菜，要选择那些耐贮藏，不怕压、挤，肉质坚实的品种，如白菜、萝卜、苤蓝、玉根（大头菜）等，最好选用六七成熟的新鲜蔬菜。

咸菜盐渍：经晾晒1~2天，使原料失去部分水分，经过清洗将蔬菜入缸（或池内）。根据原料含水量不同，可采用干盐和盐水两种方法腌制。

2. 酱菜类

将蔬菜经盐渍成咸坯后，再经过脱盐酱渍而成的制品称为酱菜。如什锦酱菜、北京八宝菜、酱黄瓜等。制品不仅具有原产品的风味，同时吸收了酱的色泽、营养和风味。酱的质量和风味对酱菜的质量有极大的影响。

3. 糖醋菜类

糖醋菜类是将蔬菜制成咸坯并脱盐后，再经糖醋渍而成。糖醋汁不仅有保藏作用，同时使制品酸甜可口。如南京糖醋萝卜、北京白糖蒜等。

二 蔬菜腌制加工原理

蔬菜腌制主要是利用食盐的高渗透作用、微生物的发酵作用及蛋白质的分解作用等一系列的生物化学作用，达到抑制有害微生物的活动。

（一）食盐的保藏作用

食盐是蔬菜腌制中的重要辅料，其除具有调味作用外，更重要的是具有防腐保鲜作用。

具体有以下几个方面。

1. 高渗透压作用

食盐溶液具有较高的渗透压，1%的食盐可产生0.18×10^5Pa 的渗透压力，腌渍时食盐用量在 4%～15%，能产生 24.72×10^5～92.71×10^5Pa 的渗透压力。

大多数微生物细胞渗透压为 3.54×10^5～16.92×10^5Pa，食盐溶液渗透压大于微生物细胞渗透压，微生物产生生理脱水现象，从而使微生物活动受到抑制，甚至会由于生理干燥而死亡。不同种类的微生物具有不同的耐盐能力，一般对腌制有害的微生物对食盐的抵抗力较弱。表 5-2 所列为几种微生物能忍耐的最大食盐浓度。

表 5-2　几种微生物能忍耐的最大食盐浓度

菌种名称	食盐浓度%	菌种名称	食盐浓度%
植物乳杆菌	13	肉毒杆菌	6
短乳杆菌	8	变形杆菌	10
发酵菌	8	醛酵母	25
甘蓝酸化菌	12	霉菌	20
大肠杆菌	6	酵母菌	25

从表 5-2 中看出，霉菌和酵母对食盐的耐受力比细菌大得多，酵母菌的耐盐性最强，达到 25%，而大肠杆菌和变形杆菌在 6%～10%的食盐溶液中就可以受到抑制。这种耐受力均是溶液呈中性时测定的，若溶液呈酸性，则所列的微生物对食盐的耐受力就会降低。如酵母菌在中性溶液中对食盐的最大耐受浓度为 25%，但当溶液的 pH 降到2.5时，只需 14%的食盐浓度就可抑制其活动。

2. 食盐的抗氧化作用

与纯水相比，食盐溶液中的含氧量较低，对防止腌制品的氧化具有一定作用。可以减少腌制时蔬菜周围氧气的含量，抑制好氧微生物的活动，同时通过高浓度食盐的渗透作用可排除组织中的氧气，抑制氧化作用的发生。

3. 降低水分活度的作用

食盐溶于水就会电离成钠离子和氯离子，每个离子都迅速和周围的自由水分子结合成水合离子状态。随着溶液中食盐浓度的增加，自由水的含量会越来越少，水分活度会下降，这大大降低了微生物利用自由水的程度，使微生物的生长繁殖受到抑制。

注意钠离子的毒害作用。食盐溶于水后离解出的钠离子能和细胞中原生质的阴离子结合，因而对微生物有毒害作用，并随着 pH 的降低，钠离子的毒害作用加强。

总之，食盐的防腐效果随浓度的提高而加强。但浓度过高会延缓有关的生物化学变化，当盐量达到12%时，会感到咸味过重且风味不佳。因此，用盐量必须合适。生产上结合压实、隔绝空气、促进有益菌群快速发酵等措施来共同抑制有害微生物的败坏，从而生产出优质的蔬菜腌制品。

（二）微生物的发酵作用

在腌制时有不同程度的微生物发酵作用。其中有有利的发酵，如乳酸发酵，不但能抑制有害微生物的活动，还能使制品形成特有风味；同时也有不利的有害发酵作用，如丁酸发酵等，要尽量抑制。

1. 乳酸发酵

乳酸菌将原料中的糖分分解生成乳酸及其他物质的过程称为乳酸发酵。一般认为，凡是能产生乳酸的微生物都可称为乳酸菌。一般发酵性蔬菜腌制品都有乳酸发酵过程。

乳酸菌一般以单糖（葡萄糖、果糖等）和双糖（蔗糖、麦芽糖等）为原料，主要生成物为乳酸，最适温度为25℃~32℃，多为杆菌和球菌。常见的乳酸菌有植物乳杆菌、德氏乳杆菌、肠膜明串珠菌、短乳杆菌、小片球菌等。

根据发酵生成产物的不同可分为以下几种情况。

（1）正型乳酸发酵，又称同型乳酸发酵。反应式如下：

$$C_6H_{12}O_6 = 2CH_3CHOHCOOH$$

这种乳酸发酵只生成乳酸，不产生任何其他物质，而且产酸量高。上面的发酵作用在腌制中占主导地位，参与正型乳酸发酵的有植物乳杆菌和乳酸片球菌等，在合适条件下可积累乳酸量达1.5%~2%。

（2）异型乳酸发酵。反应式如下：

$$C_6H_{12}O_6 = CH_3CHOHCOOH + C_2H_5OH + CO_2$$

这是发酵六碳糖产生乳酸及其他产物的过程。例如，肠膜明串珠菌发酵糖除生成乳酸外，还生成乙醇和二氧化碳。

蔬菜腌制前期，由于蔬菜中空气含量高，并存在大量微生物，使异型乳酸发酵占优势，中后期以正型乳酸发酵为主。

腌制品是以乳酸发酵占主导地位，要想充分利用好乳酸菌，从而达到保藏产品、提高质量的目的，必须满足乳酸菌生长所需要的环境条件。影响乳酸发酵的因素有很多，主要有以下几个方面。

（1）食盐浓度。食盐溶液可以起到防腐作用，对产品的风味有一定的影响，更影响到乳酸菌的活动能力。实验证明，随食盐浓度的增加，乳酸菌的活动能力下降，产生的乳酸量减少。在3%~5%的盐水浓度时，发酵产酸最为迅速，乳酸生成量多；浓度在10%时，乳酸发酵作用大为减弱，乳酸生成较少；浓度达15%以上时，发酵作用几乎停止。腌制发酵性制品一定要把握好食盐的用量。

腌制中用盐的计算方法：

①用盐水腌制。

$$s=p(r+w)/(100-p)$$

式中：s——100kg 原料应加入盐水量，L；

p——预定腌制后蔬菜组织中食盐浓度所达百分率，%；

r——原料含水量，%；

w——腌菜 100kg 所预计加入清水量，L。

②用干盐腌制：

$$s=pr/(100-p)$$

式中，s——100kg 原料应加入干盐量，kg；

p——预定腌制后蔬菜组织中食盐浓度所达百分率，%；

r——原料含水量，%。

（2）温度。乳酸菌的生长适宜温度是 26℃～30℃，在此温度范围内，发酵快、产酸高。但此温度也利于腐败菌的繁殖。因此，发酵温度最好控制在 15℃～20℃，使乳酸发酵更安全。

（3）酸度。微生物的生长繁殖要求有一定的 pH，乳酸菌较耐酸，pH 在 3 以下时不能生长，而霉菌和酵母虽抗酸，但缺氧时不能生长，因此发酵前加入少量酸卤水，并注意密封，可减少制品的腐败和变质。

（4）空气。乳酸发酵需要在嫌气条件才能正常进行，这种条件能抑制霉菌等好气性腐败菌的活动，也能防止原料中维生素 C 的氧化。所以在腌制时，要压实密封，还应注意盐水腌没原料以隔绝空气。

（5）含糖量。乳酸发酵是将蔬菜原料中的糖转变成乳酸，1g 糖经过乳酸发酵可生成 0.5～0.8g 乳酸。一般发酵性腌制品中含乳酸应为0.7%～1.5%，蔬菜原料中的含糖量常为 1%～3%，基本可满足发酵的要求。有时为了促进发酵作用，发酵前可加入少量糖。

2. 酒精发酵

蔬菜在腌制过程中同时伴有微弱的酒精作用。酒精发酵是由于酵母菌将蔬菜中的糖分分解而生成酒精和二氧化碳，其反应式如下：

$$C_6H_{12}O_6 \longrightarrow 2CH_3CH_2OH + CO_2\uparrow$$

蔬菜腌制中所生成的乙醇，除直接由酵母菌产生外，还包括由大肠杆菌和肠膜明串珠菌等活动所生成的一部分乙醇。在蔬菜腌制初期，由于原料淹没在水中引起无氧呼吸，也可产生微量的乙醇。乙醇的积累对腌制品在后熟期中发生酯化反应生成芳香物质是很重要的。

3. 醋酸发酵

在蔬菜腌制中有微量的醋酸形成。极少量的醋酸不但无损腌制品的品质，反而有利，只有过多时才会影响成品的品质。醋酸的重要来源是由醋酸菌氧化乙醇而生成的。其反应式如下：

$$CH_3CH_2OH+O_2 \longrightarrow CH_3COOH+H_2O$$

乙醇　　　　　　醋酸

醋酸菌仅在有空气存在的条件下才可能使乙醇氧化变成醋酸。因此，腌制品要及时装罐封口，隔离空气，避免醋酸产生。

总之，在蔬菜腌制过程中，微生物发酵作用主要是乳酸发酵，其次是酒精发酵，醋酸发酵极轻微。制作泡菜和酸菜时，要利用乳酸发酵；制作咸菜及酱菜时，则必须抑制乳酸发酵。

在腌制过程中常出现不正常现象，如“生花”“长霉”等，这些都是有害发酵的结果，在腌制中要严格控制。它们多为酒花菌和丁酸发酵所致，要严格按工艺要求，控制好环境条件，从而保证腌制品的质量。

（三）蛋白质分解作用

蛋白质的分解及其产物氨基酸的变化是腌制过程中的生化反应，是腌制品色、香、味的主要来源。蛋白质在蛋白酶作用下，逐步被分解为氨基酸，而氨基酸本身具有一定的鲜味和甜味。如果氨基酸进一步与其他化合物作用，就可以形成复杂的产物。蔬菜腌制品色、香、味的形成都与氨基酸有关。蛋白质分解反应式如下：

$$\text{蛋白质}\xrightarrow{\text{蛋白酶}}\text{多肽}\xrightarrow{\text{肽酶}}RCH(NH_2)—COOH$$

1. 鲜味的形成

除了蛋白质水解生成的氨基酸具有一定的鲜味外，其鲜味主要来源于谷氨酸与食盐作用生成的谷氨酸钠。反应式如下：

$$HOOC—CH_2CH_2CH(NH_2)—COOH+2NaCl \rightarrow NaOOC—CH_2—CH(NH_2)—COONa+2HCl$$

谷氨酸　　　　　　　　谷氨酸钠（味精）

除了谷氨酸有鲜味外，另一种鲜味物质天冬氨酸的含量也较高，其他氨基酸如甘氨酸、丙氨酸、丝氨酸等也有助于鲜味的形成。

2. 香气的形成

氨基酸、乳酸等有机酸能与发酵过程中产生的醇类相互作用，发生酯化反应，形成具有芳香气味的酯，如氨基酸和乙醇作用生成氨基丙酸乙酯，乳酸和乙醇作用生成乳酸乙酯。氨基酸还能与戊糖的还原产物4-羟基戊烯醛作用，生成含有氨基的烯醛类香味物质，为腌制品增添香气。

此外，乳酸发酵过程生成乳酸外，还生成具有芳香味的双乙酰；十字花科蔬菜中所含的黑芥子苷在酶的作用下分解产生的黑芥子油，也给腌制品带来芳香。

3. 色泽的形成

蛋白质水解生成的氨基酸能与还原糖作用发生非酶褐变，形成黑色物质。酪氨酸在酪氨酸酶或微生物的作用下，可氧化生成黑色素，这是腌制品在腌制和后熟过程中色泽变化的主要原因。腌制和后熟时间越长，温度越高，制品颜色越深。

另外，腌制过程中叶绿素也会发生变化而逐渐失去鲜绿的色泽，特别是在酸性介质中，叶绿素发生脱镁呈黄褐色，也使腌制品色泽改变。

（四）脆度的变化

腌制品一般要求保持一定的脆度。腌制处理不当会使腌菜变软。蔬菜脆度主要与鲜嫩细胞和细胞壁的原果胶变化有密切关系。

腌制初期，蔬菜失水萎蔫，细胞膨压下降，脆性减弱；在腌制过程中，由于盐液的渗透平衡，又能使细胞恢复一定的膨压而保持脆度。如果腌制前原料过熟，会使原果胶被蔬菜本身的果胶酶水解，或在腌制中被一些微生物分泌的果胶酶水解而生成果胶酸，失去黏结作用，结果导致腌制品的脆度下降，甚至软烂。

保脆的方法有两种：一是防止霉菌生长引起的腐烂；二是在溶液中加入氯化钙、碳酸钙等保脆剂，用量为菜体重的0.05%。

总之，蔬菜腌制加工，虽没有进行杀菌处理，但由于食盐的高渗透压作用和有益微生物的发酵作用，许多有害微生物的活动被抑制，加之本身所含蛋白质的分解作用，不仅能使制品得以长期保藏，而且能形成一定的色泽和风味。在腌制加工过程中，掌握好食盐浓度与微生物活动及蛋白质分解各因素间的相互关系，是获得优质腌制品的关键。

经验与提示

泡菜坛的选择

选择好的泡菜坛，才能做出好的腌制菜。现在很多人做腌制菜都选择用塑料罐，不用换水，并且非常方便，但是腌制菜发酵过程要产生酸类物质，易与质量不好的塑料起反应，所以选择腌制菜的腌器最好用避光的土陶或细瓷的泡菜坛子，切忌使用金属制品，也可以用玻璃罐，但玻璃罐不避光，蔬菜容易变色发生氧化反应。

如何挑选土陶？首先要检验它的封闭性能。密封好的坛子才制出来泡菜。具体方法为：一是照，举起坛子，对光照，从坛口看坛里有无亮眼、裂纹，它们都会导致渗水现象；二是听，耳朵贴着坛口听，“嗡嗡嗡”声越响越好；三是点火，向坛沿内注入清水，点燃一两张纸，丢进坛内，盖上坛盖，若能把坛沿水吸入坛盖的内壁，证明泡菜坛的密封好，反之则差。

菜坛使用需要注意以下几方面：

（1）菜坛使用前必须消毒杀菌。

（2）要常洗坛沿、坛盖，常换坛沿水。

（3）若想泡菜香，不能只泡一二种菜，菜种类越多越好。坛内水可连续地使用下去，而且越陈越香。

（4）泡菜制好后，不能让生水落入坛中，每次放新菜，一定无生水。

(5) 夹取泡菜的筷子最好专用，不能有油星儿。

(6) 菜坛要搁放在阴凉处。

(7) 发现液面有白膜，应立即除去，并加入少量烧酒和鲜姜片、大蒜、青花椒和苦瓜，或花椒叶，会迅速消除且味道格外香，同时将坛内装满蔬菜，创造无氧条件即可制止。

(8) 无论做哪种泡菜、什么风味的泡菜，千万不要加醋。

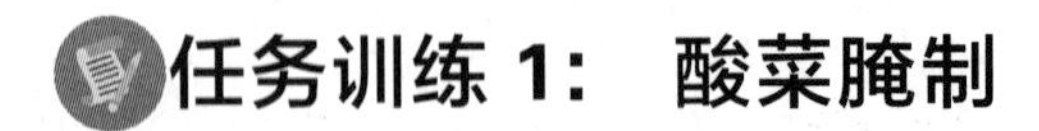

任务训练 1：　酸菜腌制

【任务要点】

酸菜腌制的关键工艺操作过程；产品质量。

【任务准备】

酸菜的腌制在我国十分普遍。腌制方法简单，除乳酸发酵外，不加或加极少的食盐，不加防腐剂。制品味酸故名酸菜。

1. 品种选择

腌制酸菜的原料以大白菜比较多。大白菜品种很多，有散叶型、花心型、结球型和半结球型。主要品种有青麻叶（天津绿）、黄芽白菜、台湾白菜、北京大白菜等。

2. 原料准备

以生产 100kg 成品为例，需原料大白菜 160kg、食盐 6kg、大缸一个。

3. 加工工艺流程

原料选择和处理→热烫→冷却→腌制→成品。

【任务实施】

1. 原料选择和处理

腌制酸菜的主要原料是叶菜类，如白菜、甘蓝等。在蔬菜收获后，除去黄帮烂叶，削去菜根，进行晾晒和清洗。菜体一般不切分，如菜体过大可将根部切开。

2. 热烫

酸菜在腌制时有热烫和不热烫两种处理。热烫将原料放于沸水中烫 3~5min。

热烫的目的是使腌制品的质地更软，同时增加腌制量，产品质量更好。

3. 冷却

热烫后要立即冷却，然后入缸。不热烫的原料直接入缸。

4. 腌制

一般在大缸或木桶中进行。装菜前要严格清洗，可用高锰酸钾溶液进行消毒。减少杂菌，去除污物，防止油脂类物质的带入。

原料在缸中要摆紧压实，上部压重物，加入清水或淡盐水，盐水浓度在4%左右，没过原料 10cm，防止原料上浮，减少氧气量。在自然条件下进行发酵，经过 30~40 天即可达到成熟。

腌制一定要达到成熟后才能食用。要防止亚硝酸盐中毒，亚硝酸盐的含量在 20 天左右达到最高峰，要在腌制 30 天后才能食用。

5. 产品质量标准

原料不同，其制品的色泽有差异，一般为黄绿色或乳白色；具有乳酸发酵所产生的特有香气，质脆，酸盐适口，无不良气味。

泡菜的加工与酸菜相似，其容器为泡菜坛，比酸菜所用的大缸更为科学合理。泡菜一般可以直接食用，但要注意食品卫生。

任务训练 2： 糖醋大蒜

【任务要点】

糖醋菜腌制的关键工艺操作过程；产品质量。

【任务准备】

糖醋菜口味比较特别，常见的如糖醋大蒜。

1. 原料准备

以生产 100kg 成品为例，需原料蒜头 140kg、食盐 14kg、白醋 70kg、砂糖 32kg，山奈、八角等香料，大缸等。

2. 加工工艺流程

原料选择→剥衣→盐腌→换缸→晾晒→配料→腌制→包装。

【任务实施】

1. 原料选择

选鳞茎整齐、肥大、皮色洁白、肉质鲜嫩的大蒜头为原料，将其分等整理，即特级 20 只/kg，甲级 30 只/kg，等外 30 只/kg 以上。

2. 剥衣

用刀切除大蒜的根部和茎部，剥去包在蒜头外面的蒜皮，在清水中洗净，沥干水分。

3. 盐腌

按鲜蒜头 100kg、食盐 10kg 的比例腌制。在腌制的缸内先撒一层底盐，然后按一层蒜头一层盐的方法铺在缸中，腌制大半缸为止，再在最上面撒一层盐。

4. 换缸

换缸的目的是为使上下各部位的蒜头腌制均匀。准备同样容量的清洁空缸作为换缸之用，每天早晚各换缸一次，直至卤水能淹到全部蒜头为止。同时还需将蒜头中央部位刨一个小洞，以使卤水流入洞中，经常用瓢舀出洞中的卤水浇淋在蒜头的表面。如此管理15天后，即为咸蒜头。

5. 晾晒

从缸中捞出咸蒜头置于竹席上晾晒，晾至比原重减少30%~35%时为宜。日晒时每天翻动一次，夜间放入室内或覆盖防雨布以防雨淋。

6. 配料

每100kg晾晒过的咸蒜头用白醋70kg、砂糖32kg。配料时先将白醋加热至80℃，再加砂糖使其溶解。有的还可以加入少许山奈、八角等香料。

7. 腌制

将咸蒜头装入坛中，轻轻压紧，装至坛子的3/4时，将以上配好的糖醋香液注入坛内，加满为止，蒜头与香液重量基本相等。在坛颈处横挡几根竹片，以免蒜头上浮，然后用塑料薄膜或油纸捆严坛口，并加盖一木板，再用三合土涂敷坛口，使其密封。经3个月后，蒜头即成熟。时间越长，成品质量越好。密封的蒜头可长期保藏。

8. 质量要求

成品要求呈乳白色或乳黄色，甜酸适口，肉质脆嫩；有光泽，具有蒜香和脂香气，颗粒饱满，质脆少渣。

糖醋大蒜的配方很多，可以根据自己的口味灵活调整。

知识拓展

蔬菜腌制多久食用对人体危害最大

美国华盛顿大学的Gordon教授在2011年，因发现肠道菌群元基因组获第八届达能国际营养奖。Gordon教授说，肠道菌群有助于解决营养不良、肥胖甚至不同人群营养紊乱问题，如“三高”，Gordon教授肯定了亚洲传统发酵食品的作用，中国豆豉、黄酒、日本纳豆、韩国泡菜都有助于调节肠道菌群。

蔬菜腌制有着悠久的历史，传统的蔬菜腌制主要以蔬菜为原料，需要大量的盐腌制，随着技术工艺的改进，蔬菜的高盐腌制逐渐向低盐、增酸、适甜等方向发展。

在蔬菜的腌制过程中，维生素C容易损失，而酸味增加，因此适当吃腌菜可以调节胃口，增加食欲。

腌制类食品在加工过程中会加入很多盐。如果加入食盐量少于15%，蔬菜中的硝酸盐可能被微生物还原成亚硝酸盐。腌制1h后亚硝酸盐含量增加，两周后可达到高峰，并可持续2~3周。食用这样的腌制食品，重者会引起亚硝酸盐在体内遇到胺类化合物时，生成一种致癌物质亚硝酸胺。因而常吃腌制类食品对身体不利，特别是食用短时间腌制的蔬菜。食用腌制类食品要错开亚硝酸盐形成的高峰期。

此外，食物钠盐含量超标，造成进食腌制类食品者肾脏的负担加重，发生高血压的风险增高。

【练习与思考】

（1）简述蔬菜腌制加工原理。

（2）常见的蔬菜腌制加工技术有哪些？

（3）蔬菜腌制加工中滋味的形成与哪些有关？

任务八 果蔬罐藏

学习目标

【知识目标】

果蔬罐藏加工的基本原理。

【能力目标】

掌握各种罐藏品加工工艺及操作要点、加工中常见问题及解决途径。

罐头加工技术是由法国糖果商尼克拉·阿培尔在19世纪发明的。阿培尔从1790开始研究到1805年才研究成功，他被称为食品罐藏的始祖。后来此加工方法很快传到欧洲各国。罐头生产20世纪才传入我国，在当时我国罐头工业没有什么发展。1949年后，我国的罐头工业在各方面均有了迅速的发展，特别是加工技术由手工操作发展到机械化大生产。

目前，我国罐头食品品种有300余种，其中200余种销售到100多个国家和地区。菠萝、橘子、番茄酱、青豆、午餐牛肉罐头已成为出口万吨以上的大宗商品。但从罐头产量、品种、包装装潢、产品质量、劳动效率等方面与国外仍有很大差异，需要加倍努力。

罐头食品具有耐贮藏、易携带、品种多、食用卫生、风味独特、食用方便等特点。罐头食品种类很多，按罐头食品原料可分为果品类、蔬菜类、肉类；按加工方法可分为糖水类、糖浆类、果浆类、什锦类、清蒸类、油渍类；按罐头所用容器可分为金属罐、非金属罐（玻璃罐、软包装、塑料罐）。

一 罐藏加工原理

罐制品败坏的主要原因包括：①由于各种微生物的侵染危害；②由于各种酶类的活动，

引起食品败坏。罐制品要长期保藏，可以采用排气、密封、杀菌等工艺杀灭罐内引起败坏腐烂的微生物，抑制原料组织中酶的活性，外界微生物无法进入，罐内大部分空气被抽出，食品的营养成分不被氧化，并保持密封状态，使罐制品不再受外界微生物的污染而得到保藏。

（一）罐制品保藏基本知识

罐制品与其他食品的根本区别在于它的密封性。如果罐制品的密封性差，产品非常容易腐败变质，主要原因是由于微生物和酶而导致。

因为微生物的生长繁殖及酶的活动必须具备一定的环境条件，罐藏就是创造一个不适合微生物和酶的活性的环境，从而达到在室温下较长期保藏的目的。

（二）罐制品与微生物的关系

1. 微生物与 pH

微生物的生长繁殖是导致园艺产品败坏的主要原因之一，罐制品若杀菌不够，残存在罐内的微生物在条件适宜时就能繁殖，造成罐制品的败坏。

与园艺产品密切相关的微生物有细菌、酵母菌、霉菌。霉菌和酵母菌一般不耐高温，在加热杀菌过程中容易杀灭。另外，霉菌属于好气性微生物，在缺氧或无氧的条件下匀可被抑制，因此，这两种菌在罐制品中较容易控制和杀灭。除此之外，细菌是导致罐制品败坏的主要微生物，因而热杀菌的标准是以杀灭某种细菌为依据。

不同的微生物适宜生长的 pH 范围不同，制品的 pH 会影响细菌对热的抵抗能力。随着 pH 的降低，细菌芽孢的耐热性显著下降，加热时很容易使细菌死亡。

pH 低说明酸度高，细菌及芽孢在此环境下的抗热力低，杀菌效应好。根据食品酸性强弱，可分为酸性食品（pH 为4. 5或以下）和低酸性食品（pH 在4. 5以上）；也有的将食品分为低酸性食品（pH 在6. 8）、酸性食品（pH 在3. 7～4. 5）和高酸性食品（pH 在2. 3～3. 7）。pH 在4. 5以下的酸性水果罐制品，通常杀菌温度不超过 100℃；pH 为4. 5以上的低酸性罐制品，通常杀菌温度要在 100℃以上，这个界限的确定是根据肉毒梭状芽孢杆菌在不同 pH 下的适应情况确定的。

罐头生产工业中以 pH＝4. 5为分界线，pH<4. 5 生长受到抑制，不产生毒素；pH>4. 5 适宜生长，并产生致命的外毒素。

2. 商业无菌

罐头食品杀菌的目的和意义是：杀死食品中所污染的致病菌、产毒菌、腐败菌，并破坏食品中的酶类活性，使食品保藏两年以上不变质。但热力杀菌必须尽可能保存食品的品质和营养，最好能做到有利于改善食品的品质。

罐头食品杀菌与医疗上、微生物研究上的“灭菌”不同，它不要求达到无菌水平，只是不允许致病菌、产毒菌存在。即达到“商业无菌”状态，并不要求达到绝对无菌。

所谓商业无菌，是指在一般商品管理条件下的贮藏运销期间，不致因微生物败坏或因致病菌的活动而影响人体健康。它不含致病性微生物，也不含在通常温度下能繁殖的非致病性微生物。

（三）罐制品与酶的关系

酶的活动会引起原料或制品发生变色、变味、变浊、质地软化等变化，因此必须对酶进行完全钝化。

大多数酶适宜生存的温度为 30℃～40℃。当温度达到 60℃～80℃时，大部分酶被破坏，发生不可逆变性；当温度接近 100℃时，酶的催化作用完全丧失。

原料中所含的各种酶中以过氧化物酶系最耐热，这在超高温热力杀菌（121℃～150℃瞬时处理）时被发现，可见其耐热性比许多抗热细菌还强。所以，常把过氧化物钝化作为酸性食品罐头杀菌的指标。

（四）排气的作用

排气是食品装罐后密封前，将罐内顶隙间的空气尽可能排除，使密封后的罐头顶隙内形成部分真空的工序。

罐制品内过多的氧对色、香、味及营养物质产生影响。罐制品在保藏期内发生的产品变质、品质下降，以及罐内壁腐蚀等不良变化，与罐内残留的氧气有关。所以在罐制品生产工艺中，排气对罐制品的质量有着至关重要的作用。

排气达不到要求，容易促使需氧菌特别是其芽孢的生长发育，从而使罐制品质量下降，不能长时间保藏。

（五）密封的作用

密封是罐头食品长期保藏的关键工序之一。密封是使杀菌后的罐内食品与外界隔绝，不再受到外界空气及微生物的污染而引起腐败。罐制品的密封性直接影响着罐制品保藏期的长短，因此罐制品生产过程中要严格控制密封的操作，保证罐制品的密封效果。

（六）杀菌公式的确定

罐制品通过加热杀死罐内引起罐制品败坏的微生物。要了解高温对微生物的影响以及热能在杀菌时的传递方式，然后制定出合理的杀菌公式。

杀菌工艺条件主要是确定杀菌温度和时间。杀菌工艺条件制定的原则是在保证罐制品安全性的基础上，尽可能缩短杀菌时间，以减少热力对罐制品品质的影响。

杀菌温度的确定是以主要对象菌的热力致死温度作为杀菌温度。杀菌时间的确定受多种因素的影响，在综合考虑的基础上，通过计算确定。

（1）杀菌公式。杀菌条件确定后，通常用“杀菌公式”的形式来表示，即把杀菌温度、杀菌时间排列成公式的形式。一般杀菌公式为：

$$F_o=(T_1-T_2-T_3)/t$$

式中：F_o=杀菌值，个；

T_1——升温时间，min；

T_2——恒温杀菌时间（保持杀菌温度时间）min；

T_3——常温，min；

t——杀菌温度,℃。

（2）影响杀菌效果的因素。罐头食品是依靠其良好的密封状态来长期保藏的，而不是用防腐剂达到抑制腐败微生物来保藏食品的目的，所以控制杀菌效果很重要。

影响罐制品杀菌的因素很多，主要有微生物的种类和数量、果蔬的性质和化学成分、杀菌温度、传热方式和速度、杀菌温度和时间。

（3）微生物的种类和数量。微生物的种类和数量取决于原料的状况、工厂的环境卫生、车间卫生、机器设备和工具的卫生、操作人员个人卫生、生产操作工艺条件等因素。微生物的种类不同导致抗热能力相差很大，嗜热性细菌耐热性最强，芽孢比营养体更加抗热。罐头产品在杀菌前污染的细菌数量，尤其是芽孢数越多，在同样的致死温度下所需的时间越长。

（4）罐制品中的化学成分。罐制品原料种类不同，所含营养成分如糖、淀粉、蛋白质、盐等就不同，杀菌条件就有差异，营养成分对微生物的耐热性有不同程度的影响。糖浓度越高，杀灭微生物芽孢所需的时间越长，浓度很低时，对微生物耐性的影响很小；淀粉、蛋白质能增强微生物的抗热性；低浓度的食盐对微生物的抗热性具有保护作用，高浓度的食盐对微生物的耐热性则有削弱作用。

（5）罐制品的酸度（pH）。微生物对酸性环境比较敏感，酸含量与微生物的生长和耐热性密切相关。大多数微生物都是在中性或酸性环境中抗热力最强，而提高酸度就会降低其耐热性。低酸性食品一般采用高温高压杀菌；酸性食品则采用常压杀菌。

（6）传热方式和速度。热传导方式有传导、对流、辐射三种，而罐藏品的加热方式主要有传导、对流，液体食品以对流传热为主，固体食品以传导传热为主，固液体共存时两方式并存。热传热方式与杀菌密切相关。

而罐制品杀菌时，热的传递主要是以热水或蒸汽为介质，因此杀菌时必须使罐制品能直接与介质接触。热量由罐的外表传至罐制品中心的速度，对杀菌有很大影响，影响罐制品传热速度的因素主要有罐藏容器的种类和形式、制品的种类和装罐状态、罐制品的初温、杀菌锅的形式和罐制品在杀菌锅中的位置等几个方面。

（7）杀菌的温度和时间。杀菌的温度和时间是罐头食品杀菌工艺最重要的一步。只有制定合理的温度和时间才能确保杀菌效果。提高杀菌温度可以成倍甚至几十倍地缩短杀菌时间。例如，一般果蔬罐头在100℃下需10~15min杀灭细菌，但在120℃下只需要20~30s即可达到杀菌效果，而且能较好地保持罐头食品的色、香、味及质量。

罐制品加工要点

（一）原料的选择与预处理

罐制原料的选择是保证罐制品质量的关键。通常，原料要求：新鲜、成熟度适中、糖酸含量高、单宁含量少。此外，组织致密，含粗纤维少，无异味，大小适中，形状整齐，耐高温、耐煮，成熟度一致，色泽鲜艳，无病虫害等也是比较重要的指标。

果品常用的罐制原料种类包括苹果、梨、桃、杏、柑橘、菠萝等。蔬菜包括菜豆、番茄、竹笋、石刁柏、荸荠、蘑菇、甜玉米等。

原料预处理包括分级、清洗、去皮、去心、去核、切分、热烫。

（二）空罐准备

罐藏容器有金属罐、玻璃罐、复合塑料薄膜袋。它们常附有灰尘、微生物、油脂等污物，因此，使用前必须对容器进行清洗和消毒，以保证容器卫生干净，提高杀菌效率。

另外，特别要注意检查罐的密封性，特别是金属罐，它是可以回收利用的，要求罐盖边缘无缺口、无变形；玻璃罐要求罐口平整、光滑、无缺口、圆正、灌身无气泡、裂痕。

金属罐一般先用热水冲洗，玻璃罐先用清水（或热水）浸泡，然后用毛刷刷洗或用高压水喷洗。不论采用哪类容器清洗，冲洗后，都要用 100℃沸水或蒸汽消毒 15～30min，然后倒置沥干水分备用。罐盖也进行同样处理，或用75%酒精消毒。洗净消毒后的空罐要及时使用，不宜长期搁置，以免生锈或受微生物污染。

（三）填充液配制

对于罐藏品中除了流体或半流体制品（果汁、果酱）、干制品不添加罐液，一般都要向罐内加注汁液，称为罐液。罐头的罐液一般是糖液、盐液、清水。

果品填充液多用糖液，对含酸较低的果品可以添加柠檬酸调整糖酸比；蔬菜多用盐液、清水，可以在罐液中添加香辛料调味。

1. 填充液的作用

填充液能填充罐内原料以外的空隙。目的在于增进风味；排除空气，减少加热杀菌时的膨胀压力，防止封罐后容器变形；减少氧化对内容物带来的不良影响，保持或增进果蔬风味；提高初温，并加强热的传递效率。

2. 填充液的配制

（1）糖液配制。

①配制糖液的浓度。配糖液的浓度，依水果种类、品种、成熟度、果肉装载量及产品质量标准而定。我国目前生产的糖水果品罐头，一般要求开罐含糖量为 14%～18%。每种水果罐头加注糖液的浓度可根据下式计算：

$$Y=(W_3Z-W_1X)/W_2$$

式中：W_1——每罐装入果肉质量，g；

W_2——每罐注入糖液质量，g；

W_3——每罐净重，g；

X——装罐时果肉可溶性固形物质量分数，%；

Z——要求开罐时的糖液浓度（质量分数），%；

Y——需配制的糖液浓度（质量分数），%。

测定糖液浓度生产中常用折光仪或糖度计测定。通常其标准温度多采用20℃，所测糖液温度高于或低于20℃，则所测得的糖液浓度还需加以校正。

②配制糖液的方法。配制糖液的主要原料是蔗糖，其纯度要在99%以上。配糖液有直接法和稀释法两种。

a. 直接法。根据装罐所需的糖液浓度，直接按比例称取砂糖和水，置于溶糖锅中加热搅拌溶解并煮沸，过滤待用。例如，用直接法配30%的糖水，按砂糖30kg、清水70kg的比例入锅加热配制。

b. 稀释法。先配制高浓度的糖液，也称之为母液，一般浓度在65%以上，装罐时再根据所需浓度用水或稀糖液稀释。用十字交叉法计算。例如，用65%的母液配35%的糖液：

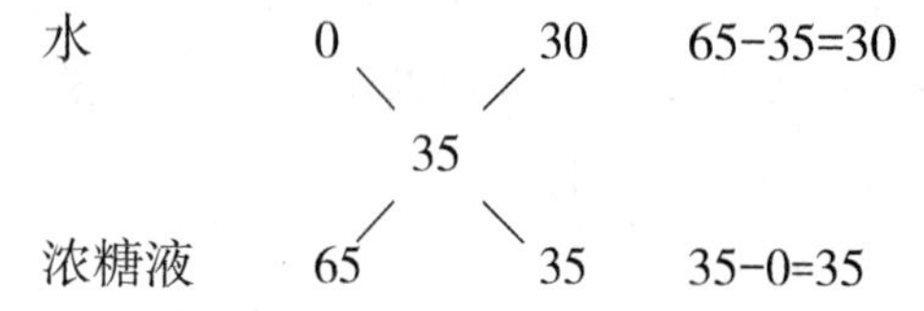

大数减去小数即为需用的浓糖液及水的量。上式中，水30份、65%浓糖液35份，即6∶7（重量比）混合后就得到浓度为35%的糖液。

③配制糖液的工艺。糖液配制时要煮沸过滤，因为有些砂糖会有二氧化硫残留。糖液煮沸一定时间（5～15min），就可除去残留的二氧化硫，以避免二氧化硫对果蔬色泽的影响。煮沸还可以杀灭糖中所含微生物，减少罐头内的原始菌数。糖液必须趁热过滤，滤材选择要得当。

另外，对于大部分糖水果品罐头都要求糖液维持一定的温度（65℃～85℃），以提高罐制品的初温，确保后续工序的效果。而个别生产品种如梨、荔枝等罐头所用的糖液，加热煮沸过滤后应急速冷却到40℃以下再行装罐，以防止果肉变红。

糖液中需要添加酸时，注意不要过早加入，应在装罐前添加，以防止蔗糖转化而引起果肉变色。

（2）盐液配制。盐液配制所用食盐应选用精盐，氯化钠含量在98%以上。配制时常用直接法按要求称取食盐，加水煮沸过滤即可。蔬菜罐制品所用盐水浓度为1%～4%。

3. 罐液配制注意事项

（1）糖液的配制：切忌用铁制器具，糖液配好后必须过滤，一般要随配随用，切忌长时间保温和过夜再用，否则会影响产品色泽。

（2）盐液的配制：食盐要纯净，不含钙、铁、镁等杂质，配制时将食盐加水煮沸，除去上层泡沫，经过滤后再加水配成所需要的浓度，一般蔬菜罐液用盐水浓度为1%～4%，测定盐液浓度常采用波美比重计。为了避免腐蚀，接触盐水的管道及设备，需用不锈钢或玻璃制成。

（四）装罐

装罐一般先把原料装入罐内，再加罐液，特别要注意留顶隙。同时注意装罐时要迅速，注意卫生，严格操作，保证产品质量。

1. 装罐原料的要求

装罐要求原料新鲜，无变色，无病斑、色斑；同一罐内原料力求大小、色泽、形态大致均匀，排列整齐、美观；装罐要及时、准确、趁热，以防止污染、增加初温，保证杀菌效果；装罐后将罐头倒置，控水 10s，以沥净罐内水分；内销一般原料装量为 55%，外销为 65%；及时加入填充液，装罐量要求误差±3%。

2. 顶隙

顶隙是指罐制品内容物表面与罐盖之间所留间隙的距离，一般要求为 3~8mm。

保留罐头顶隙的主要目的是保证罐内经排气后能产生真空，若没有罐头顶隙，则罐内无气可排，也就不可能有真空；此外，罐头顶隙的存在还方便了对净重的调节。

装罐时一定要留顶隙，顶隙的大小对产品都有影响。顶隙过小，杀菌时罐内制品受热膨胀、内压过大，会造成罐盖外凸，甚至造成密封性不良，或者形成物理性胀罐。顶隙过大，会造成内容物装量不足，或因排气不足易使罐制品氧化，抑或因排气过足使罐内真空度过大，杀菌后出现罐盖（体）过度凹陷，造成瘪罐。

果蔬罐制品，因其原料及成品形态不一，大小、排列方式各异，所以多采用人工装罐；对于流体或半流体制品（果汁、果酱），可用机械装罐。装罐时一定要保证装入的固形物达到规定重量。

（五）排气

食品装罐后在密封之前，将罐内顶隙间的空气尽可能排除，使密封后的罐头顶隙内形成部分真空，这个工序是排气。

排气应达到一定的真空度。罐制品真空度是指罐外大气压与罐内残留气压的差值，一般要求在26.7~40kPa（200~400mmHg）。罐内残留气体越多，它的内压越高，真空度就越低。罐制品内保持一定的真空，能使罐盖维持平坦或微内陷状态，这是正常良好罐制品的外表特征，常作为检验罐制品质量的一个指标。

影响排气效果的因素主要有排气温度和时间、罐内顶隙的大小、原料种类及新鲜度、酸度等。

排气方法有热力排气、真空密封排气和蒸汽密封排气三种。

（1）热力排气。采用热膨胀原理，有热装罐排气和加热排气。热装罐排气适用于流体、半流体或组织形态不会因加热搅拌而受到破坏的制品；加热排气是将装罐后的制品送入排气箱，在具有一定温度的排气箱内经一定时间的排气，使罐头的中心温度达到要求温度（一般在 80℃左右）。

（2）真空密封排气。借助于真空封罐机将罐头置于真空封罐机的真空仓内，在抽气的同时进行密封的排气方法。此法排气真空度可达到33. 3～40kPa。

（3）蒸汽密封排气。这是是一种蒸汽喷射排气方法。它是在罐制品密封前的瞬间，向罐内顶隙部位喷射蒸汽，由蒸汽将顶隙内的空气排除，并立即密封。

（六）密封

罐制品密封是保证其长期不变质的重要环节。罐制品密封的方法和要求视容器的种类而异。金属罐采用专门的封口机，其主要工艺是使罐身和罐盖相互卷合、压紧而形成紧密重叠卷边的过程。玻璃瓶有卷封式和旋封式两种，现多采用旋封式密封。复合塑料薄膜袋采用热熔合方法密封。

（七）杀菌

罐制品密封后，应立即进行杀菌。常用的杀菌方法有常压杀菌和高压杀菌。

1. 常压杀菌

杀菌温度在100℃或100℃以下，适合于果品罐制品（酸性），采用的杀菌介质为热水或热蒸汽。

2. 高压杀菌

杀菌温度为115℃～121℃，适合于低酸性的蔬菜罐制品，一般用高压杀菌锅。

（八）冷却

杀菌后应立即冷却，以确保产品的质量。冷却不及时，会对产品造成热处理时间加长，内容物色泽、风味、组织结构均受到影响。

冷却分为常压冷却和反压冷却。常压杀菌的铁罐制品，杀菌结束后可直接将铁罐取出放入冷却水池中进行冷却；玻璃罐则采用分段冷却，每段温差20℃。高压杀菌须采用反压冷却，即向杀菌锅内注入高压冷水或高压空气，以水或空气的压力代替热蒸汽的压力，既能逐渐降低杀菌锅内的温度，又能使内部的压力保持均衡消降。制品冷却至38℃～43℃即可。

（九）检验

果蔬罐制品的质量标准及试验方法、检验规则、包装要求如下。

1. 保温检验

罐藏品经过排气、密封、冷却后常常抽查检验。罐藏品在常温下放置室内保藏一定时间，检查是否有微生物繁殖及罐藏品出现败坏的情况，出现这些情况时它要产气。保温的条件和时间应根据食品特性而定，中性和低酸性食品应在37℃保持至少一周；酸性食品在25℃温度下保持7～10天。在保温期间，每日进行检查，若发现有胀罐现象，应立即取出并开罐接种培养，确定细菌的种类和查找带菌的原因，以便及时采取防止措施。保温后按质量标准进行检验，合格产品包装。

2. 感官指标检验

在室温下将罐制品打开，将内容物倒入白瓷盘中，观察其色泽、组织、形态是否符合标准；检验是否具有该产品应有的滋味与气味，并评定其滋味和气味是否符合标准。

3. 理化指标检验

净含量按《定量包装商品净含量计量检验规则》（JJT 1070—2005）标准检验。可溶性固形物含量、酸含量和重金属含量（测定锡、铜、铅、砷）按《绿色食品水果、蔬菜罐头》（NY/T 1047—2014）规定的方法检验；氯化钠含量按《食品安全国家标准　食品中氯化物的测定》（GB 5009. 44—2016）规定的方法检验；微生物检验按《食品安全国家标准　食品微生物学检验　商业无菌检验》（GB 4789. 26—2013）规定的方法检验。

4. 检验规则

按《罐头食品检验规则》（QB/T 1006—2014）执行。

经验与提示

罐制品的败坏

罐制品生产过程中由于原料处理不当、加工不合理、操作不慎、成品贮藏条件不适宜等，往往能使罐制品发生败坏。

1. 胀罐

合格的罐制品其底部、盖部中心部位略平或呈凹陷状态。当罐内微生物活动或化学作用产生气体，内部的压力大于外界空气压力时，造成罐制品底盖鼓胀，称之为胀罐或胖听。胀罐分物理性胀罐、化学性胀罐、微生物性胀罐三种。

（1）物理性胀罐

①产生原因：罐制品内容物装的太满，顶隙过小；加压杀菌后，降压过快，冷却过速；排气不足或贮藏温度过高等。

②防治措施：严格控制装罐量；注意装罐时顶隙大小要适宜，控制在3~8mm，提高排气时罐内中心温度，排气要充分，封罐后能形成较高的真空度；加压杀菌后反压冷却速度不能过快；控制罐制品适宜的贮藏温度。

（2）化学性胀罐（氢胀罐）

①产生原因：高酸性制品中的有机酸、花青素与金属容器内壁起化学反应，产生氢气，导致内压增大而引起胀罐。

②防治措施：罐体宜采用涂层完好的抗酸全涂料钢板制罐，以提高罐体对酸的抗腐蚀性能；防止空罐内壁受机械损伤，出现露铁现象。

（3）微生物性胀罐

①产生原因：杀菌不严格、原料等污染过重、密封不好。由于微生物污染使内容物发生分解产生N_2、CO_2、H_2S等，这些气体的积累会使罐内压力大于罐外压力，使罐头胀罐。

在微生物作用产气的同时往往还会产毒，因此，由微生物造成胀罐的罐头不能食用。

②防治措施：严格加工过程各环节的卫生管理，保持原料的清洁卫生。根据不同的罐头产品选择合理的杀菌方式，严格杀菌操作程序。罐头容器要合格规范，严格密封。杀菌后要及时冷却，并且要注意冷却水的卫生。

2. 酸败

①产生原因。指罐头内容物发生酸败，其主要在一些低酸性食品中发生。产生的原因是杀菌条件不够或密封不严，使罐头感染一些嗜热细菌、脂肪杆菌等嫌气性微生物，它们分解内容物中的糖类，产生乳酸、乙酸、甲酸等，有时只产酸，不产气，不表现胀罐，又被称为“平盖酸败”，严重时使汁液浑浊。

②防治措施：必须保持原料的清洁、新鲜，严格密封，严格杀菌，适当降低内容物的 pH 措施。

3. 变色

变色主要为褐变（酶褐变和非酶褐变）、花青素变化。

防治措施：原料去皮、切分后进行护色、抽空处理；桃果应该去掉果核部位（无色花青素），原料热烫处理；注意注液用糖溶液的转化；工艺过程中避免与金属用具等接触；罐头贮藏尽量降低贮藏温度。

4. 泄漏

泄漏是罐头密封结构有缺陷，或由于撞击而破坏密封结构，或罐壁腐蚀而穿孔使微生物侵入的现象。

罐壁腐蚀生锈的原因：由于原料处理时使用亚硫酸，蛋白质受热分解产生硫化物等，使金属内壁腐蚀生成硫化铁、硫化锡等，进而使金属内壁“生锈”，严重时产生“泄漏”。排气不好或密封不好时也会引起金属氧化腐蚀，造成“生锈”或“泄漏”。

防治措施：注意密封工艺、搬运减少撞击。防止罐壁腐蚀生锈应注意：原料、糖液热处理要充分，以较好地排除二氧化硫；罐头保藏时注意反正置；罐头贮藏时尽量降低温度和湿度。

任务训练：　黄桃罐头加工

【任务要点】

（1）排气工艺：使密封后罐制品顶隙内形成一定真空的过程。

（2）密封工艺是与排气工艺紧密结合，在排气后立即将罐体密封的操作。

（3）杀菌工艺是在排气、密封后杀灭罐内的致病菌和腐败微生物的操作。

【任务准备】

黄肉桃，俗称黄桃，属于桃类的一种。黄桃在我国西北、西南一带栽培较多，随着食品罐藏加工业的发展，其在华北、华东、东北等地栽培面积也日益扩大。黄桃肉的主要特点是果皮、果肉均呈金黄色或橙黄色，肉质较紧、致密而韧，黏核较多。黄肉桃除少量鲜食外，主要用于加工。

1. 原料选择

选择合适的黄桃，一般要求中熟肉质稍脆，果皮和肉皆橙黄，质细而致密，甜酸含量高且比例适当，果心果核小，肉质厚，耐煮性好，香味浓，可食部分比例大，无病虫害，无损伤，如大久保、玉露、黄露。

2. 原料准备

原料黄肉桃、白糖、氢氧化钠、盐酸、食盐、罐头瓶、不锈钢锅、杀菌锅、排气箱、水果挖核器、封罐机、不锈钢刀等。

3. 加工工艺流程

原料选择→清洗→去皮→切半挖核→预煮→修整→装罐→排气→封罐→杀菌→冷却→保温检验→成品。

【任务实施】

1. 原料选择

选用不溶质性的韧肉型品种。要求果形大，肉质厚，组织细致，桃肉橙黄色，汁液清，加工性能良好。果实在八成熟时采收。

2. 选果清洗

选用成熟度一致、果形均匀、无病虫、无机械损伤果，用流动的清水冲洗，洗去表皮污物。

3. 去皮、漂洗

为保持口感一致，需去掉果皮。配制浓度为4%～8%的氢氧化钠溶液，加热至90℃～95℃，倒入桃片，浸泡30～60s，经浸碱处理后，用清水冲洗，反复搓擦，使表皮脱落。再将桃倒入0.3%的盐酸液中，中和2～3min。最后用流动水漂洗残留的碱液，直到没有碱液。也可以手工去皮。

4. 切半挖核

沿缝合线用刀对切，注意防止切偏。切半后，将桃片立即浸在1%～2%的食盐水中护色。然后用挖核刀挖去果核，防止挖破挖核面，保持挖核面光滑。

5. 烫漂

将桃片盛于钢丝筐中，在95℃～100℃的热水中预煮4～8min，以煮透不烂为度，入冷水急速冷却。要注意控制时间、温度，否则容易变色。

6. 修整装罐

用刀削去毛边和残留的皮屑，挖去斑疤等。选出果片完整、表面光滑、挖核面圆滑、果肉呈金黄色或黄色的桃块，供装罐用。

将合格的桃片装入罐中，排列成覆瓦状。装罐量为净重的55%~60%。注入糖水（每75kg水加20kg的砂糖和150g柠檬酸，煮后用绒布过滤，糖水温度不低于85℃），留顶隙68mm为度。罐盖与胶圈在100℃沸水中煮5min。

7. 排气封罐

将罐头放入排气箱中，热力排气为85℃~90℃，排气10min（罐内中心温度达80℃以上）。将罐头从排气箱中取出后立即密封，罐盖放正、压紧，旋口瓶立即旋紧。

8. 杀菌冷却

密封后及时杀菌，500g玻璃罐在沸水中煮25min，360g装四旋瓶在沸水中煮20min。杀菌后的玻璃罐头要用冷水分段冷却至35℃~40℃。也可以放空气中自然倒置冷却。

9. 擦罐、保温

擦去罐头表面水分，放在20℃左右的仓库内贮存7天，即可进行敲验。贴商标、装箱后出厂。

10. 质量标准与评价

成品呈金黄色或黄色，同一罐中黄桃色泽应一致，糖水透明，允许存在少许果肉碎屑。有糖水黄桃罐头的风味，无异味。桃片完整，允许稍有毛边，同一罐内果块均匀一致。果肉重量不低于净重的60%，含糖量为14%~18%（开罐浓度以折光计计）。

知识拓展

识别罐藏的代码

罐头食品产品代号内容包括3个方面：厂名代号、生产日期代号、产品品种名称代号。

1. 厂名代号（第一行）

过去，国产罐头食品的营销是以出口国际市场为主，国内经营外销罐头的业务统一由原中国粮油食品进出口公司及其所属分公司负责，使用统一的商标牌号，但不注明具体罐头食品生产企业的厂名。外贸部门掌握的商标，每个商标由几十家出口罐头厂共同使用。产品出厂、出口到国外，如果发生质量等问题，很难找到是哪一家工厂生产的，无法联系索赔退货，也无法促使工厂改进产品质量。因此，厂名代号对企业管理或质量管理起到很大的作用。

厂名代号由省（自治区、直辖市）代号和厂名代号共同组成，一般每个英文字母代表一个省（自治区、直辖市），但有6个英文字母同时代表2个省（自治区、直辖市）。区域代号见表5-3。

表5-3　区域代号

序号	地区	代号	序号	地区	代号
1	北京市	A	14	江西省	N
2	上海市	B	15	山西省	O

续表

序号	地区	代号	序号	地区	代号
3	辽宁省	C	16	湖南省	P
4	吉林省	D	17	福建省	Q
5	黑龙江省	E	18	广东省、海南省	R
6	内蒙古自治区、宁夏回族自治区	F	19	广西壮族自治区	S
7	河北省、天津市	G	20	四川省、重庆市	T
8	山东省	H	21	云南省	U
9	河南省	I	22	贵州省	V
10	陕西省	J	23	湖北省	W
11	江苏省	K	24	甘肃省、青海省	X
12	浙江省	L	25	新疆维吾尔自治区、西藏自治区	Y
13	安徽省	M	26	台湾地区	Z

厂名代号由省（自治区、直辖市）代号英文字母后面按厂顺序，以阿拉伯数字排列，例如：上海梅林食品有限公司为B2，广州鹰金钱企业集团公司为R1，江苏亲亲集团股份有限公司为K3，等等。

国产罐头食品经过几十年出口到100多个国家和地区，罐头食品厂名代号已经在国外进口商和消费者心目中留下了深刻的印象。不少国外进口商签订合同时不仅指定要什么商标的产品，更明确指定需要什么厂代号的产品，价格比同样商标的其他产品要贵。

2. 生产日期代号（第二行）

（1）年代号：以公历年份的最后两个字为代表，如2002年以“02”为年代号。

（2）月代号：1~9月份的代号在年代号后面打成“01”“02”……“09”，或间隔一字距离打成“1”“2”……“9”；10~12月份的代号，在年代号后直接打“10”“11”“12”，不另间隔。

（3）日代号：以罐头生产日代表，1~9日的代号是在月代号后面打成“01”“02”……“09”，或间隔一字距离打成“1”“2”……“9”；10~31日的代号在月代号后面直接打“10”“11”……“31”，不另间隔。

（4）班代号：如工厂需要加班代号，以阿拉伯字为代表，在厂代号后面间隔一字距离打上班次代号。

3. 产品品种名称代号（第三行）

罐头食品包装容器，除玻璃罐可以看到里面的内容物外，其他如马口铁罐、软罐头包装袋均无法看到里面的内容物。我国马口铁罐的直径和高度均采用国际标准。一种相同的罐型适装品种从几种到几十种不等，而内容物装罐、密封、杀菌、冷却以后放入仓库，一般不可能立即贴上商标纸。因此，如果同一种罐型装有几种品种的内容物或者几种规格，放入一个仓库内，很容易混淆不清，难以区别。如果产品出厂、出国以后，商标纸脱落也很难区分。

产品品种名称代号，主要根据罐头食品生产原料种类和加工工艺分为10大类，其类别编号和首位数见表5-4。

表5-4 产品品种名称代号

序号	类别	首位数	序号	类别	首位数
1	猪肉类罐头	0（01~099，首位“0”可免打）	6	虾贝蟹类罐头	5
2	牛羊兔类罐头	1	7	糖水、糖浆水果类罐头	6
3	禽类罐头	2	8	果酱、果冻、果汁类罐头	7
4	油浸、茄汁鱼类罐头	3	9	蔬菜类罐头	8
5	调味鱼类罐头	4	10	其他类罐头	9

例如，午餐肉罐头品种代号为“08”，首位数0可免打，简化为“8”。品种代号见表5-5。

表5-5 品种代号

序号	品名	品种代号	序号	品名	品种代号
1	清蒸牛肉罐头	151	6	糖水橘子罐头	601
2	咖喱鸡肉罐头	209	7	草莓酱罐头	701
3	油浸鲭鱼罐头	301	8	青豆罐头	801
4	红烧黄鱼罐头	401	9	花生米罐头	901
5	油炸蚝罐头	501			

如果企业生产的某一罐头品种有几种规格，可以在产品名称代号后面间隔一字的位置，打阿拉伯数字，以作区分。例如青豆罐头大小规格分5个级别，1号豆可以不打规格代号，2号豆为“2”，3号豆为“3”，4号豆为“4”，5号豆为“5”。

举例：上海梅林食品有限公司（厂代号为B2），于1998年5月26日第二班生产的青豆罐头（3号青豆）罐盖打印代号应为：

B2 2

98 05 26

801 3

【练习与思考】

（1）简述罐藏加工原理。

（2）常见的果蔬罐制品加工工艺流程是怎样的？

任务九 果蔬速冻加工

学习目标

【知识目标】

通过对果蔬速冻基本原理的学习，掌握速冻对果蔬质量的影响。

【能力目标】

能对菠菜进行速冻加工。

速冻是食品工业中发展迅速的一种新技术，速冻后食品营养损失降低。速冻保藏的食品属于冷冻食品。

果蔬速冻是将处理的原料在-35℃下，30min或更少的时间内进行均匀冻结，再在-20℃~-18℃的低温条件下保藏的方法。

20世纪二三十年代，美国、新西兰等国家开始研究速冻蔬菜，并开始有商业销售；我国福州市于1972年首先进行速冻蔬菜出口，20世纪80年代开始在国内市场出现速冻蔬菜。速冻蔬菜以蔬菜为主，占速冻果蔬总量的80%以上，比其他方式更能保持食品的新鲜色泽、风味和营养成分。

我国速冻蔬菜主要有甜玉米、芋头、菠菜、芦笋、青刀豆、土豆、胡萝卜、香菇，主要销往欧美国家及日本。

果蔬速冻原理

果蔬速冻是以迅速结晶的理论为基础，先低温冻结形成冰晶体，再在稍高温度保藏，即将经过处理的果蔬原料，在-35℃下冷冻30min，使果蔬快速通过冰晶体最高形成阶段，进行均匀冻结；然后在-20℃~-18℃的低温条件下保藏。它是现代食品冷冻的最新技术和方法。

（一）低温对微生物的影响

温度是影响微生物的有机体生长与生存的重要因素。微生物生长、繁殖都有适宜的温度范围，高于或低于此温度，微生物活动即受到抑制、停止甚至死亡。多数微生物在低于0℃的温度下生长即被抑制，其繁殖的临界温度是-12℃。因此，冷冻食品的冻藏温度一般要求低于-12℃，通常都采用-18℃或更低温度。

（二）低温对酶的影响

多数酶的适宜活动温度是30℃～40℃。低温只能使酶活动减慢，不能完全抑制酶活动。防止微生物繁殖的临界温度（-12℃），也不足以有效地抑制酶的活性及各种生物化学反应，要达到这些要求，就要低于-18℃。当温度在-18℃以下，酶的活性受到显著抑制，因此冻藏温度以-18℃较为适宜。

冷冻速度对产品质量的影响

在冷冻过程中，晶体形成的大小与晶核的数目直接相关，而晶核数目的多少又与冷冻速度有关。冷冻速度会直接影响速冻产品质量。

当进行缓慢冻结时，在细胞与细胞之间首先出现晶核，此时形成的晶核较少。随着冷冻的进行，水分在少数晶核上结合，冰晶体体积不断增大，首先在细胞间隙中增长扩大，造成细胞的机械损伤破裂。解冻后脱汁现象严重，质地腐软，风味劣变，影响产品质地。

快速冻结则不同，果蔬在几十分钟内通过最大晶核生成区（-5℃～-1℃），由于冻结速度快，细胞内外同时达到形成冰晶的温度条件，此时在细胞内外同时产生晶核，晶核在细胞内外广泛形成，形成的晶核数目多、分布广，这样冰晶体较小。这种细小晶体全面、广泛的分布使细胞内外压力相同，细胞膜稳定，不损伤细胞组织，解冻后，可恢复植物组织原来的状态，保持原有的色、香、味和质地。冻结速度一般与品温、产品大小、与冷却介质接触面积及冷却介质导热快慢有关，在实际生产过程中要综合考虑。

速冻方法和设备

（一）鼓风冷冻法

鼓风冷冻法是利用低温空气在鼓风机推动下形成一定速度的气流对产品冻结。一般多采用隧道式鼓风冷冻机。这种方法是将产品放在传送带或筛盘上以一定速度通过隧道，冷空气由鼓风机吹过冷凝管道再送入隧道穿流于产品之间，产品与冷风逆流而行。这种冷冻法通常采用的冷空气温度为-34℃～-18℃，风速在30～100m/min。

主要设备包括隧道式鼓风冷冻机、螺旋式连续速冻器。

（二）流化冷冻法

流化冷冻法是在进行冷冻时，将颗粒产品放在一个有孔眼的网带上或有扎眼的盘子上，铺放厚度为2.5～12.5cm，冷空气以足够的速度由网带下方向上强烈吹送，将产品吹起，但不带走，风速至少375m/min，冷冻温度为-34℃。这种方法增加了冷空气与物料的接触面积，冷却迅速、均匀，冷冻速度快，一般几分钟至十几分钟就可冻结。这种方法适用于小型单体产品的速冻，如青豌豆、甜玉米、蘑菇、草莓，以及各种切分成小块的蔬菜。

主要设备有带式流化速冻装置。

（三）间接接触冷冻法

间接接触冷冻法是利用被制冷剂冷却的金属空心平板与物料密切接触而达到冷冻降温。主要装置是在绝热的厢橱内装置可以移动的空心金属板，制冷剂在平板的空心内部流动，产品则放置在上下两空心平板之间紧密接触，进行热交换，通常冷冻温度在-45℃。这种方法适用于小型的产品加工，要求产品应扁平，厚度要薄。

主要设备包括间隙式接触冷冻厢、半自动接触冷冻厢、全自动接触冷冻厢。

（四）浸渍冷冻法

将产品直接浸渍于液体制冷剂中进行冻结。液体是热的良导体，在浸渍冷冻中它与产品接触面积最大，冷冻速度最快。常用的液体制冷剂有氯化钠、氯化钙、甘油和冰水等。这种方法主要适用于包装食品，否则会影响制品的风味。

（五）低温冷冻法

低温冷冻法是将制冷剂直接喷淋于产品上，产品在沸点很低的制冷剂进行相变的条件下（液态变为气态）获得迅速冷冻的方法。这是通过制冷剂在沸腾相变过程中需要吸收大量的热，这些热量由产品中吸取而使其降温。常用的制冷剂是液态氮，沸点为-195.81℃；其次是干冰，沸点是-78.5℃。1~3mm 厚的物料，在 1~5min 内即可冻至-18℃以下，而且冻结范围广，冻结过程中无氧化现象发生，冻结品质量高。

主要设备有液氮快速冻结装置。

四 果蔬速冻工艺要点

果蔬速冻工艺步骤主要为：原料选择→清洗→去皮、蒂、核（蔬菜去根）→切分→清洗→杀菌（蔬菜烫漂）→速冻→称重→包装→贮藏。

（一）原料选择

选择适宜冷冻加工的果蔬品种，要求含纤维少、蛋白质高、淀粉多、含水量低、对冷冻抵抗力强，原料要求新鲜、规格整齐，无病虫害，农药残留、微生物等指标符合 HACCP 认证要求。按食用成熟度采收，最好当日采收及时加工，以确保产品质量。

（二）预处理

进入车间的原料，及时进行处理，处理温度控制在 15℃以下为宜。预处理包括对原料的挑选、分级、去除不可食用部分、清洗、切分、去核；以及有些果蔬的驱虫、保脆、护色处理。

1. 挑选

对原料逐个挑选，除去带伤、病虫害、畸形、不成熟或过熟原料，按大小、长短分级，去除老叶、黄叶、皮蒂筋等不可食部分，把色泽一致、大小一致、成熟度一致的挑选出来放一批次。

2. 清洗

以流动水冲洗，每次洗涤数量不宜过多，通过漂洗槽洗去果实表面的泥沙、尘土及污物。为除去果皮上附着的农药，可用0.5%~1%盐酸浸洗后以水冲净。

对质地柔软的果品，如草莓、葡萄、西瓜等，可用万分之五的高锰酸钾消毒 5~10min。对一些易遭虫害的蔬菜，如菜豆、西兰花等，采用 2%~3%的盐水浸泡 20~30min 进行驱虫处理。

对一些速冻后脆性明显减弱的果蔬，一般采用将原料浸泡在 0.5%~1%的碳酸钙或氯化钙溶液中 10~20min，以增加其硬度和脆度。

3. 切分

根据产品要求进行去皮切分，使产品的长短、粗细、块形大小、厚薄、形状一致，符合产品标准要求，剔除不合格品。

4. 护色

有些原料，如马铃薯、苹果在去皮后常常会引起褐变，这类产品在去皮切分后应立即浸泡在溶液中进行护色。常使用0.2%~0.4%的二氧化硫溶液、2%的盐水溶液、0.3%~0.5%的柠檬酸溶液等，既可抑制氧化，又可降低酶促反应。

（三）烫漂

研究发现，新鲜蔬菜冷冻后品质变劣与酶活性有关，即使在-73℃低温状态下，仍然保持某些酶的活性。通过烫漂抑制酶活性，软化组织，去掉不良风味，达到破坏引起产品褐变的氧化酶和杀灭致病菌及降低细菌总数的目的。

烫漂实际是热烫——漂洗冷却过程。热烫可以用沸水，也可以用蒸汽，热烫处理过程必须在适宜的温度和时间进行，因蔬菜的种类、季节不同而各不相同。热烫后蔬菜应立即浸入到冷水中，以确保色泽鲜艳、香味良好，否则产品易变色。

世界上第一次将蔬菜冷冻加工，是在蔬菜新鲜状态下进行的，后来发现在-18℃条件下贮藏几周后，蔬菜的风味、色泽均明显变劣。20 世纪 20 年代末，美国首先提出把蔬菜在沸水和蒸汽中处理，以降低酶活性，杀灭微生物，这个过程即为烫漂，一直沿用到现在。现如今，烫漂采用 95℃以上热水或蒸汽，热烫 2~3min，品温要达到 70℃以上。

（四）冷却、沥干

热烫后冷却，水温越低，冷却效果越好，一般水温在 5℃~10℃。也有用冷水喷淋装置和冷风冷却。

冷却后应将水沥干或甩干，防止冻结时结坨块。

沥干水的原料，条件适合，可用布料机对原料均匀布料，实现均匀冻结提高质量。

（五）速冻

果蔬产品的速冻，要求速冻温度为-35℃~0℃，当产品中心温度降至-18℃时，结束冻结。而后在-18℃左右的温度下长期冻结贮藏。

（六）包装

通过对速冻果蔬包装，可以有效地控制速冻果蔬在长期贮藏过程中发生的冰晶升华，即水分由固体的冰蒸发而造成产品干燥；防止产品长期贮藏接触空气而氧化变色；便于运输和销售；防止污染，保持产品卫生。

（七）冻藏

产品贮藏于冷库内，要求贮温控制在-18℃以下，而且要求温度稳定、少波动，防止重结晶发生。

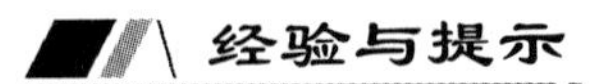

经验与提示

速冻常见现象

1. 变色

在低温状态下，某些酶仍然保持活性，或者加工中热烫时间不足，蔬菜在冷藏中还会发生酶促褐变，而使冻菜失绿变黄，降低冻品的风味；若热烫时间过长，也会使绿色蔬菜变黄，蔬菜组织脆性变低，风味变淡，并损失部分可溶性营养物质。因此，在长期冻藏中或加工中应掌握好烫漂温度和时间防止发生变色。

防治方法：对原料进行护色处理，或对烫漂用水必须经常更新，抑或用适量的碳酸氢钠水溶液进行调节，把水质控制在 pH=7~8 范围内，以达到保色的目的。

2. 流汁

解冻后，融化的水不能被细胞吸收，大量汁液流失，组织软烂，口感、风味、品质均下降。

防治方法：提高冻结速度，减少温度波动。

3. 干耗

速冻中随着热量被带走，部分水分也会被带走。这是速冻品表面冰晶直接升华所致。

防治方法：可加冰衣、改善包装。

4. 果蔬变味

果蔬变味有以下几种情况：①具有刺激性气味的果蔬气味使味淡的果蔬串味；②冷库的冷臭造成食品变味；③速冻工艺不规范，如原料受冻过分慢冻、烫漂不足、冻结或温度波动，以及反复冻结，都会使果蔬组织变化、胞液流失而造成变味；④含蛋白质和脂肪的果蔬氧化后发生的变味。后两种变味往往使口感下降。变味多发生在冻藏阶段。

5. 口感劣变

口感的劣变主要是指制品的变硬、变生和纤维化等。在冻藏期间，主要是制品的蛋白质冷冻变性后质地变硬，使脂肪氧化变黏、水分蒸发，以及氧化造成纤维老化等。

任务训练 1： 速冻菠菜加工

【任务要点】

（1）原料设备选择：选择适合速冻的品种及设备。

（2）掌握加工工艺要点：烫漂、速冻。

（3）对产品质量评定。

【任务准备】

速冻菠菜是将菠菜经预处理后，置于-40℃~-30℃的低温下快速冻结的一种冷冻方法。冻结后中心温度达-18℃。其具有方便、卫生和供应期不受季节限制的优点。速冻菠菜在食用前一般需要解冻或部分解冻，使冰晶融解，待菠菜恢复新鲜状态后再烹调。速冻菠菜解冻的过程要快，可放在电冰箱的冷藏柜内（0℃~5℃），或冷水中，或室温下解冻，一经解冻应立即烹调。

1. 原料、设备准备

菠菜原料、长方形小铁盘、竹筐、振荡筛或离心机、冷冻机、塑料袋、瓦楞纸箱、包装机、速冻设备、冻藏设备。

2. 加工工艺流程

原料选择→修整与清洗→烫漂与冷却→沥水与冻结→包冰衣→包装→冷藏。

【任务实施】

1. 原料选择

菠菜适于速冻加工的品种主要有急先锋、巴卡、欧莱、胜先锋、全能等。

用于速冻的菠菜必须是采收后不久的新鲜产品，原料要求鲜嫩、浓绿色、叶大、肥厚、株形完整，收获时不散株、不浸水，不得用力捆扎、叠高重压，无机械伤、无病虫害，长度为150~300mm。原料越新鲜，冻品品质越佳。

2. 修整与清洗

加工时应逐株挑选，除去黄叶，切除根须，拣出散株、抽薹株。从根茎以下0.5cm处切去根部，并根据植株的大小分成不同等级。要注意防止堆压酸化、褪色；防止组织老化，风味变劣，甚至产生异味。

将菠菜投入流水中充分冲洗，清洗时也要逐株漂洗，洗去泥沙等杂物。

3. 烫漂与冷却

菠菜在热烫时，由于下部与上部叶片的老嫩程度及含水率不同，因此烫漂时洗净的菠菜叶片应朝上竖放于筐内，下部浸入沸水中 30s，然后再将叶片全部浸入烫漂 1min。热烫时，在水中加入一定量的食盐或氯化钙、柠檬酸、维生素，可以防止蔬菜氧化变色。

为了保持菠菜的浓绿色，热烫后迅速将原料用 3℃～5℃的冷水浸漂、喷淋，或用冷风机冷凉到 5℃以下。若不及时冷却或冷却的温度不够低，会使叶绿素受到破坏，失去鲜绿光泽，贮藏中逐渐由绿色变为黄褐色。所以，冷却时应经常检测冷却池中的水温，随时加冰降温。

4. 沥水与冻结

冷却后的原料在冻结前，需用振荡筛或离心机等沥去沾留在表面的水分，以免在冻结中原料互相粘连或粘在设备上。为使原料快速冻结，通常采用盘装。将沥干水分的原料平放在长方形小冰铁盘中，每盘装 500g，共放两层，各层的根部分别排在盘的两侧。排盘时，先取一半菜根部朝向一侧，整齐地平铺在小冰铁盘里，超出盘的叶部折回，再将另一半菜的根部朝向盘的另一侧，按照同样方法再排一层，便成为整齐的长方形。冷冻的速度越快，蔬菜新鲜品质的保存程度越高。经过上述工序的原料，应立即送入冷冻机中，在-40℃～-30℃的低温下冻结，要求 30min 内原料的中心温度达到-18℃～-15℃。

5. 包冰衣

使速冻菜从冰铁盘中脱离（又称脱盘），置于竹筐中，再将竹筐浸入 20℃～30℃的冷水中，经 2～3s 提出，冻菜的表面水分很快形成一层透明的薄冰。这样可以防止冻品氧化变色，减少质量损失，延长贮藏期。包冰衣应在不高于 5℃的冷藏室中进行。

6. 包装

包装的工序包括称重、装袋、封口和装箱，均须在 5℃以下的冷藏室中进行。按照出口规格的要求，用塑料袋包装封口，每个塑料袋装 500g。然后用瓦楞纸箱装箱，每箱装 20 袋，每箱净重 10kg。装箱完毕，粘封口胶带纸，标上品名、重量及生产日期，运至冷藏库冷藏。

7. 冷藏

冷藏库内温度应保持在-21℃～-18℃，温度波动不能超过±1℃；空气相对湿度保持在 95%～100%，波幅不超过 5%。冻品中心温度要在-15℃以下。一般安全贮藏期为 12～18 个月。运输和销售期间也应尽量控制稳定的低温，如果温度大幅度变动，使冻品反复解冻和冻结，将严重影响产品的质量。

8. 质量标准

产品呈青绿色，且具有其特有的滋味与气味，无异味，组织鲜嫩，茎叶肥厚，株形完整，食之无纤维感。细菌总数不超过 1.0×10^{5} 个/g，大肠菌群、大肠杆菌、葡萄球菌、沙门氏菌均为阴性。

任务训练2：速冻西兰花

【任务要点】

（1）原料设备选择：选择适合速冻的品种及设备。

（2）掌握加工工艺要点：烫漂、速冻。

（3）对产品质量评定。

【任务准备】

1. 原料选择

西兰花适于速冻加工的品种主要有绿花菜、白花菜等。

2. 原料设备准备

西兰花、不锈钢刀具、盆、锅、速冻设备、冻藏设备、聚乙烯塑料袋、塑料薄膜热合机、柠檬酸等。

3. 加工工艺流程

原料→盐水浸泡→清洗→切花球→热烫→冷却→冻结→包装→贮藏。

【任务实施】

1. 原料选择

选择新鲜幼嫩的西兰花，花球呈鲜绿色或白色，结实紧密，无散蕾现象，原料成熟度适当，无病变、腐烂虫害，无污染。

花球大小常见规格是：①长度3~5cm，花球直径3~5cm；②长度2~4cm，花球直径2~4cm；③长度4~6cm，花球直径4~6cm。

2. 盐水浸泡与清洗

西兰花是蔬菜中最容易生虫的，可以用3%的盐水浸泡5min，能起到驱虫的作用，同时用刀削净表面霉点和异色部分。用刀时要小心，避免损伤花球，然后放入清水中洗净。

3. 切花球

用刀将小花球逐个切下，按照先外后里的顺序。切成的花球大小为球径5~7cm，花柄4~5cm，总长度控制在10cm以内。对于花柄直径超过1. 5cm的用刀切开，切开的深度在1. 5 cm左右，以利于热烫。

4. 烫漂

热烫的步骤是：放于沸水98℃±1℃中烫漂50~60s，在沸水中加0. 1%的柠檬酸。小花球热烫要均匀，热烫后马上冷却。

采收季节不同，烫漂口感不同。霜降前西兰花内含淀粉，所以不甜且不溶于水，口感较脆；霜降后西兰花内的淀粉在酶的作用下变成葡萄糖，葡萄糖溶于水，因此西兰花口感较甜但较软。

5. 冻结

冻结温度在-35℃以下，至冻品中心温度在-18℃以下。

6. 包装、冻藏

用聚乙烯塑料袋包装，每袋0. 25~0. 5kg。然后装入纸箱中，每箱 20kg，在-18℃下贮藏。

7. 质量标准

（1）色泽：呈青菜花的鲜绿色，色泽一致。

（2）风味：具有青花菜特有的气味和滋味，无异味。

（3）组织形态：新鲜，食之无粗纤维感，球形完整，无斑点、腐烂等。

知识拓展

速冻对果蔬的影响

1. 相互结合的细胞引起分离

在冷冻过程中，细胞间隙中的游离水一般含可溶性物质较少，其冻结点高，所以首先形成冰晶。而细胞内的原生质体仍然保持过冷状态，细胞内过冷的水分比细胞外的冰晶体具有较高的蒸气压和自由能，因而促使细胞内的水分向细胞间隙移动，不断结合到细胞间隙的冰晶核上去。此时，细胞间隙所形成的冰晶体越来越大，产生机械性挤压，使原来相互结合的细胞引起分离，解冻后不能恢复原来的状态，不能吸收冰晶融解所产生的水分而流出汁液，组织变软。

2. 细胞受到破裂损伤

果蔬组织的细胞内有大的液胞，水分含量高，易冻结成大的冰晶体，产生较大的“冻结膨胀压”，而果蔬组织细胞的细胞壁缺乏弹性，因而易被大冰晶体刺破或胀破，即细胞受到破裂损伤，解冻后组织软化流水。冷冻处理增加了细胞膜或细胞壁对水分和离子的渗透性。

在缓慢冻结的情况下，冰晶体主要在细胞间隙中形成，细胞内水分不断外流，原生质体中无机盐浓度不断上升，使蛋白质变性或不可逆的凝固，造成细胞死亡，组织解体，质地软化。

3. 细胞中溶解的微量气体膨胀

组织细胞中溶解于液体中的微量气体，在液体结冰时发生游离而使体积增加数百倍，这样会损害细胞和组织，引起质地的改变。果蔬的组织结构脆弱，细胞壁较薄，含水量高，当冻结进行缓慢时，就会造成严重的组织结构的改变。

4. 蛋白质变性

产品中的结合水与原生质、胶体、蛋白质、淀粉等结合，在冻结时，水分从其中分离出来而结冰，这也是一个脱水过程，这个过程往往是不可逆的。尤其是缓慢的冻结，其脱水程度更大。原生质胶体和蛋白质等分子过多失去结合水，分子受压凝集，结构破坏；或者由于无机盐过于浓缩，产生盐析作用而使蛋白质等变性。这些情况都会使相关物质失去对水的亲和力，水分即不能再与之重新结合。

5. 酶的变化

大多数酶在冻结中仍有活性。果蔬在冻结和贮藏过程中出现的化学变化，一般都与酶的活性和氧的存在相关。果蔬在冻结前及冻结冻藏期间，由于加热、H^+、叶绿素酶、脂肪氧化酶等作用，使果蔬发生色变，如叶绿素变成脱镁叶绿素，由绿色变为灰绿色等。

6. 营养成分得到保护

冷冻过程对果蔬的营养成分也有影响。一般来说，冷冻对果蔬营养成分有保护作用，温度越低，保护作用越强，因为有机物化学反应速率与温度呈正相关。

【练习与思考】

（1）简述果蔬速冻的原理。

（2）冷冻速度对产品质量有什么影响?

（3）如何防止速冻产品在贮藏期间的变色、干耗?

任务十 MP果蔬加工技术

学习目标

【知识目标】

掌握MP果蔬加工技术的基本原理。

【能力目标】

掌握MP果蔬加工技术工艺及操作要点、加工中常见的问题及解决途径。

MP果蔬即最少加工果蔬、轻度加工果蔬、鲜切果蔬，它是指以新鲜果蔬，经分级、清洗、整修、去皮、切分、保鲜、包装等处理后，经过冷链运输到冷柜销售的即食或即用的果蔬制品。

MP果蔬是美国于20世纪50年代开始研究的，20世纪60年代在美国开始进入商业化生产。20世纪80年代以来，在美国、欧洲、日本等国家和地区得到较快发展。

目前，工业化生产的MP果蔬品种主要有甘蓝、胡萝卜、生菜、韭葱、芹菜、马铃薯、苹果、梨、桃、草莓、菠萝等。

MP 果蔬生产在我国虽然起步较晚，在工业化生产过程中仍存在很多问题，但是其具有广阔的市场。因为果蔬免去了使用前的清洗、去皮、切割、去核等处理，节省了时间，减少了产品的运输费用和垃圾的处理费用。

将采收后或经贮藏后的新鲜果蔬加工后能广泛用于快餐业、饭店、单位食堂、冰激凌、零售或进一步加工。除了优质新鲜外，人们对于食用简便性也提出了越来越高的要求。

MP 果蔬与速冻果蔬产品相比，虽然保藏时间短，但它更能保持果蔬的新鲜质地和营养价值，无须冻结和解冻，食用更方便，生产成本低，在本国或本地区销售具有一定优势。由于果蔬具有清洁、卫生、新鲜、方便等特点，因而深受消费者的喜爱。

MP 果蔬加工的基本原理

MP 果蔬加工方式介于果蔬储藏与加工之间。MP 果蔬可利用度高（100%可食用），可满足人们追求天然、营养、快节奏的生活方式的需求。

传统的果蔬保鲜技术是针对完整果蔬进行的，保鲜效果好，果蔬经过一定的加工处理，比新鲜果蔬产品要稳定得多，完整果蔬的表面有一层外皮和蜡质层保护，有一定的抗病力。鲜切果蔬的外皮除掉后组织暴露在空气中，容易变色，且易受微生物侵染，它的货架期不仅没有延长，而且明显缩短。

MP 果蔬必须解决的基本问题是变色、微生物繁殖。果蔬组织在切分后呼吸作用和代谢反应急剧加快，品质迅速下降。切割造成机械损伤，导致果蔬切分表面木质化或褐变，失去新鲜产品的特征，大大降低了切分果蔬的商品价值。另一方面，保护层的消失必然导致切割果蔬微生物的繁殖加速败坏腐烂，尤其是致病菌的生长还会导致安全问题。因此，MP 果蔬的保鲜主要是保持品质、防褐变和防病害腐烂。其保鲜方法主要有低温保鲜、气调保鲜和食品添加剂处理等方法，并且常常需要几种方法配合使用。

（一）低温保鲜

当温度降低时，果蔬的一切生理活动都会变得缓慢，从而延缓果蔬的衰老和褐变，同时也抑制了微生物的活动，所以鲜切果蔬的品质的保持，最重要的是低温贮藏，温度对品质的影响最大。

但不同果蔬对低温的忍耐力是不同的，各品质都有最佳贮藏温度，尽量避免温度降低带来的低温伤害，一旦发生冷害或冻害，果蔬会产生异味、褐变严重。

一些微生物在低温下仍然可以生长繁殖，所以还要结合其他保护措施，如酸处理、防腐剂处理。

目前，低温冷链技术是保持鲜切果蔬色香味的重要手段，其成本低、保鲜时间较长。

（二）气调保鲜

鲜切果蔬在空气中易发生褐变，被微生物污染且代谢旺盛。采用气调包装，在适宜的低氧气、高二氧化碳气体环境中，能降低其呼吸强度，抑制乙烯产生，延缓衰老，延长货架期，同时也能抑制好气性微生物生长，防止腐败变质。但二氧化碳含量过高或氧气含量过低，都会产生不利的代谢反应与生理紊乱，需注意调节。此外，切割的果蔬也会产生乙烯，可以加入乙烯吸收剂。

气调保鲜是非常环保的保鲜手段，常采用自发调节气体包装，它是使用适宜的透气性包装材料被动地产生一个气调环境，或者采用特定的气体混合物及结合透气性包装材料主动地产生一个气调环境。

（三）食品添加剂处理

低温保鲜和气调保鲜能较好地保持 MP 果蔬品质，但不能完全抑制褐变和微生物生长繁殖，为加强保鲜效果，使用某些食品添加剂处理有时候是必要的。

MP 果蔬的褐变主要是酶褐变，其发生需要 3 个条件：底物、酶和氧。防止酶褐变主要从控制酶和氧两方面入手。主要措施有加抑制剂抑制酶活性和隔绝氧气接触。

可以使用能有效抑制微生物生长繁殖的食品添加剂处理。另外，醋酸、柠檬酸对微生物也有一定的抑制作用，可结合护色处理达到酸化防腐的目的。

MP 果蔬的加工设备

主要加工设备有切割机、浸渍洗净槽、输送机、离心脱水机、真空预冷机或其他预冷装置、真空封口机、冷藏库等。MP 果蔬运输或配送时一般要使用冷藏车（配有制冷机），短距离的可用保温车（无制冷机）。

加工工艺

加工工艺流程主要包括：采收→挑选→去皮→切分→原料处理→清洗→冷却→脱水→包装预冷→成品→冷藏、运销。

（一）采收

要得到品质较好、抗病力强、耐腐败的原料，果蔬采收期的确定非常重要。如果是就地销售的即食蔬菜，可以采用充分成熟的果蔬。采收过早，果蔬营养积累较少，单产量较小，产量低、品质差，果蔬产品本身固有的色、香、味还未充分表现出来，耐贮性也差，果蔬口感受到影响；采收过晚，产品已经成熟，接近衰老阶段，采后必然不耐藏，腐烂速度明显加快。

（二）挑选

剔除萎蔫次级果蔬、剔除外黄叶，用清水洗涤，送往输送机。

（三）去皮

可以用手工去皮、机械去皮或化学处理去皮。应特别注意与果蔬接触的刀刃部分最好是不锈钢材质的，因此有些果蔬成分容易与含铁刀刃反应。

（四）切分

按产品质量要求，切片、切粒或切条等，要均匀一致且比较美观。

（五）原料处理

为了防止褐变、微生物的繁殖，可以根据具体情况对原料进行适当处理，如酸化处理、烫漂处理，降低其出现衰老、变质的概率。

（六）清洗、冷却

果蔬经切割后，在装满冷水的洗净槽里洗净并冷却。叶菜类除用冷水浸渍方式冷却外，也可采用真空冷却。其原理是利用减压使水分蒸发时夺取产品的气化热，从而使产品冷却的同时还有干燥效果，所以真空冷却有时可省去脱水工序。

（七）脱水

果蔬洗净冷却后，需控掉水分，否则微生物容易繁殖，可装入布袋用离心机脱水处理。

（八）包装、预冷

经脱水处理的果蔬，即可进行抽真空包装或普通包装。包装后尽快将果蔬送预冷装置到规定的温度。真空预冷则先预冷后包装。

四 MP 果蔬加工常见问题

MP 果蔬加工目前没有相应的卫生标准。现在采用的是综合果蔬保鲜与加工的卫生标准。因为 MP 果蔬容易腐败，有时还会带有致病菌，因此，对加工工厂等现场卫生管理、品质管理相当严格。最好实施 GMP（生产质量管理规范）或 HACCP 认证管理。

（一）去皮

不管哪种去皮方法都会严重破坏水果、蔬菜的细胞壁，使细胞汁液大量流出，增加了微生物生长及酶褐变的可能性，因而损害产品质量；某些脱皮剂可以在实验中增加保护细胞壁的成分，但理想的方法还是采用锋利的切割刀具进行手工去皮。

（二）切分大小和刀刃的锋利程度

切分大小是影响切分果蔬品质的重要因素，切分越小，果蔬的保藏性越差，所以尽量缩短切分后暴露在空气里的时间。另外，刀刃的锋利程度与切割果蔬的保藏时间有关。钝刀切割，切面受伤多，容易引起变色、腐败。

（三）洗净和控水

果蔬去皮切分后，失去了保护层，有营养的部分暴露在空气中，容易受微生物感染。切面病原菌数与贮藏中的品质密切相关，病原菌数越多导致贮藏时间越短。因此在加工过程中一定要彻底清洗，洗净是延长切分果蔬贮藏时间的重要处理过程，不仅可洗去尘土、污物，还可以洗去表面的细胞液，减轻变色。

水分存在也是腐败的重要因素，所以，可以用离心机适当脱水。

（四）烫漂与保脆

烫漂目的是抑制其酶活性、软化纤维组织、去掉辛辣涩味等，以便烹调加工。烫漂的温度一般为 90℃~100℃，品温要达 70℃以上。

烫漂时间一般为 1~5min，烫漂后应迅速捞起，立即放入浓度为0.1%的果蔬保脆剂水溶液中冷却洗涤数秒钟，并使品温降到 10℃~12℃备用。

（五）防褐护色

将果蔬片投入到酸性溶液酒石酸、柠檬酸等溶液中、护色防褐剂水溶液浸泡 2~3h。捞出后投入浓度为0.05%的天然色素护色伴侣水溶液中浸泡 30min。

（六）包装

包装是有效隔绝氧气的方法，可以避免果蔬褐变、萎蔫，在包装袋内，形成低氧、高二氧化碳的环境，呼吸作用降低，但需较快食用。

经验与提示

鲜切果蔬基础知识

如今通过“互联网+生鲜”的方式，众多生鲜移动电商已经在市场里摸索，寻找最佳的模式销售。很多以线上接单、线下配送方式销售。对鲜切果蔬生鲜移动电商来说，完成的是“线上下单+后台分拣+线下配送”的电商行业最基础的产业链模式。

鲜切果蔬包括净菜。净菜及净菜配送作为一种新兴的食品行业，近几年发展较快。净菜是把蔬菜的不可食部分去除，并进行系列加工处理而得到的直接可以烹、炒、调食用的蔬菜总称。

鲜切果蔬使人们从繁重的家庭劳动中解脱出来。随着人们生活水平的提高，生活节奏的加快，特别是工薪阶层，常常为调配一日三餐而伤脑筋，净菜配送就解决了这一问题。

净菜的关键是价格问题。由于净菜加工及配送企业一般都有自己的蔬菜基地，保证蔬菜新鲜度的同时免去了中间商环节，作为成本核算，净菜垃圾处理费用是一定要考虑的。

净菜减少了家庭、城市垃圾，保护了环境。由于净菜几乎为直接可食部分，也不需再次清洗，方便垃圾统一处理。

净菜配送应注意的问题：①认真搞好市场定位。净菜配送中心必须选择生活节奏快的中等以上城市，根据本地大部分工薪阶层的收入合理制定配菜价格。②必须有无公害蔬菜基地。为保障人们的身体健康，净菜配送中心必须建立自己的无公害蔬菜基地或与无公害蔬菜基地形成紧密的结合体。③在净菜配送的同时，结合社会的发展、消费者的需求进行多层次的配送服务，是净菜社会化发展的必然趋势。为了消费者的健康，净菜配送是按人体营养的需要合理搭配菜品。④搞好从蔬菜采收到消费食用各个环节的卫生。具体应注意以下问题：严把原料采购关，做到不采购不合格、不卫生的新鲜蔬菜；做到蔬菜的采购、加工、销售一条龙；

认真搞好生产人员、设备、环境的卫生。

任务训练：花椰菜 MP 加工技术

【任务准备】

1. 原料选择

花椰菜选择鲜嫩洁白，花球紧密结实，无异色、斑疤，无病虫害者。

2. 原料准备

花椰菜、锋利的不锈钢刀具、盆、PAPE 复合袋、离心机、包装机、维生素 C、柠檬酸、盐、砧板等。

3. 加工工艺流程

原料选择→去叶→浸盐水→漂洗→切小花球→护色→包装、预冷→冷藏或运销。

【任务实施】

（1）原料选择。

（2）去叶。用刀修整剔除菜叶，并削除表面少量的霉点、异色部分，按色泽划分为白色和乳白色两种。

（3）浸盐水。将去叶后的花椰菜置于 2%～3%的盐水溶液中浸泡 10～15min，以驱净小虫为原则。

（4）漂洗。浸盐水后的物料用清水漂洗，漂净小虫体和其他杂质污物。

（5）切小花球。漂洗后的物料沥水，然后从茎部切下大花球，再切小花球，按成品规格操作，不能损伤其他小花球，茎部切削要平正。小花球以直径 3～5cm，茎长在 2cm 以内为宜。

（6）护色。切分后的花椰菜投入0.2%异维生素 C 钠、0.2%柠檬酸、0.2%$CaCl_2$ 混合溶液浸泡 15～20min。

（7）包装、预冷。护色后的原料捞起沥去溶液，随即用 PAPE 复合袋抽真空包装，真空度为 0.05MPa。然后送入预冷装置冷至 0℃～1℃。

（8）冷藏、运销。预冷装箱后的 1℃产品入冷库冷藏或直接运销，冷藏运销温度应控制在 0℃～1℃。

知识拓展

净菜创业计划书编写

创业计划书是整个创业过程的灵魂，它决定了投资交易的成败。选定净菜创业目标与创业的动机后，要对资金、人脉、市场等方面的条件进行研究分析风险以避免失败，因此就必须提供一份完整的创业计划书。

一般来说，创业计划书中应该包括创业的种类、资金规划及基金来源、资金总额的分配比例、阶段目标、财务预估、行销策略、可能风险评估、创业的动机、团队名册、预定员工人数，具体内容如下。

1. 封面

封面应美观和具有艺术性，能给人留下良好的印象。

2. 计划摘要

摘要要简明、生动，突出亮点，以便别人评审计划并作出判断。它主要包括净菜公司介绍、管理者及其组织、主要产品和业务范围、市场概貌、营销策略、销售计划、生产管理计划、财务计划、资金需求状况等。

3. 企业介绍

对净菜公司做介绍，重点是介绍公司理念和公司的战略目标。

4. 行业分析

正确评价净菜行业的基本特点、竞争状况，以及未来的发展趋势等内容。

分析典型问题，如净菜行业发展、总收入、总销售额、净菜行业的障碍、回报率、经济发展对净菜行业的影响。

5. 净菜配送产品介绍

主要包括以下内容：净菜配送的概念、性能及特性；主要产品介绍；净菜配送的市场竞争力；净菜配送产品的研究和开发过程；发展新产品的计划和成本分析；产品的市场前景预测；产品的品牌和专利等。

在净菜配送介绍部分，企业家要对净菜配送做出详细、准确的说明，要通俗易懂，让外行的投资者也能明白。可以附上产品原型、照片或其他介绍。

6. 人员及组织结构

在创业计划书中，对公司结构简要介绍，必须要对主要管理人员所具有的能力、职务和责任、经历及背景进行介绍。

7. 市场预测

包括净菜市场现状综述、竞争对手、目标顾客和目标市场、产品的市场地位等。

8. 营销策略

主要包括净菜营销渠道的选择、营销队伍和管理、促销计划和广告策略、价格决策。

9. 制造计划

主要包括产品制造和技术设备现状；新产品投产计划；质量控制和质量改进计划。

10. 财务规划

重点是现金流量表、资产负债表以及损益表的制备。对流动资金需要预先有周详的计划和进行过程中的严格控制。

11. 风险与风险管理

主要包括以下几方面：在市场、竞争和技术方面的基本风险；怎样应付这些风险；资本怎样扩展；未来五年表现；估计误差范围对关键性参数做最好和最坏的设定。

【练习与思考】

（1）简述鲜切果蔬加工的原理。

（2）鲜切果蔬加工产品放置时间比较久后通常会有哪些变化？

参 考 文 献

[1] 刘新社，杜保伟. 果蔬贮藏与加工技术 [M]. 北京：中国轻工业出版社，2017.

[2] 李海林，刘静. 果蔬贮藏加工学 [M]. 北京：中国计量出版社，2011.

[3] 赵晨霞. 果蔬贮运与加工 [M]. 北京：中国农业出版社，2002.

[4] 赵丽芹. 园艺产品贮藏加工学 [M]. 北京：中国轻工业出版社，2001.

[5] 李自强. 园艺产品贮藏与加工技术 [M]. 重庆：重庆大学出版社，2013.

[6] 张东杰，翟爱华，薛柱新. 果蔬贮藏加工学 [M]. 长春：东北林业大学出版社，2001.

[7] 林海，郝瑞芳. 园艺产品贮藏与加工 [M]. 北京：中国轻工业出版社，2017.

[8] 赵晨霞. 园艺产品贮藏与加工 [M]. 北京：中国农业出版社，2006.

[9] 秦文，吴卫国，翟爱华. 农产品贮藏与加工学 [M]. 北京：中国计量出版社，2010.

[10] 罗云波，蔡同一. 园艺产品贮藏加工学—贮藏篇 [M]. 北京：中国农业大学出版社，2001.

[11] 罗云波，蔡同一. 园艺产品贮藏加工学—加工篇 [M]. 北京：中国农业大学出版社，2001.

[12] 杨巨斌，朱慧芬. 果脯蜜饯加工技术手册 [M]. 北京：科学出版社，1988.

[13] 陈学平. 果蔬产品加工工艺学 [M]. 北京：中国农业出版社，1996.

[14] 郝丽平. 园艺产品贮藏加工学 [M]. 北京：中国农业大学出版社，2008.

[15] 邓伯勋. 园艺产品贮藏运销学 [M]. 北京：中国农业大学出版社，2002.

[16] 韦三立. 花卉贮藏保鲜 [M]. 北京：中国农业出版社，2001.

[17] 徐小芳，杜宗绪. 园艺产品质量检测 [M]. 北京：中国农业出版社，2005.

[18] 赵丽芹. 果蔬加工工艺学 [M]. 北京：中国轻工业出版社，2002.

[19] 王丽琼. 果蔬贮藏与加工 [M]. 北京：中国农业大学出版社，2008.

[20] 陈功. 净菜加工技术 [M]. 北京：中国轻工业出版社，2001.

[21] 张德权. 蔬菜深加工新技术 [M]. 北京：化学工业出版社，2003.

[22] 陈月英. 果蔬贮藏技术 [M]. 北京：化学工业出版社，2008.

[23] 胡安生，王少峰. 水果保鲜及商品化处理 [M]. 北京：中国农业出版社，1998.